JavaEE
零基础入门

史胜辉　王春明　沈学华◎编著

清華大学出版社
北　京

内 容 简 介

本书包含Java基础和Java Web编程两部分。在保证Java体系结构完整的同时,更注重Java的实用性。叙述深入浅出,既能达到相当的理论高度,又通俗易懂;既适合做教材,也适合自学。书中有一个完整的网上书店的案例贯穿于下篇的每个章节。

全书分为上、下两篇。上篇是Java基础,主要介绍与Java开发相关的一些基础知识;下篇是Java Web开发,主要介绍JSP动态网页开发的相关知识。本书的最大特点是实用,书中列举了大量的实例,将一些知识点很好地组织到示例中,通过示例来讲解相关内容。

本书既可以供本科及大专院校用作"Java程序设计"课程教材,也可以作为JavaWeb开发的入门教材。

图书在版编目(CIP)数据

JavaEE零基础入门/史胜辉,王春明,沈学华编著.—北京:清华大学出版社,2021.1
ISBN 978-7-302-56938-1

Ⅰ.①J… Ⅱ.①史… ②王… ③沈… Ⅲ.①JAVA语言—程序设计—教材 Ⅳ.①TP312.8

中国版本图书馆CIP数据核字(2020)第228152号

责任编辑:袁勤勇 杨 枫
封面设计:杨玉兰
责任校对:白 蕾
责任印制:丛怀宇
出版发行:清华大学出版社
网 址:http://www.tup.com.cn,http://www.wqbook.com
地 址:北京清华大学学研大厦A座 邮 编:100084
社 总 机:010-62770175 邮 购:010-83470235
投稿与读者服务:010-62776969,c-service@tup.tsinghua.edu.cn
质量反馈:010-62772015,zhiliang@tup.tsinghua.edu.cn
课件下载:http://www.tup.com.cn,010-83470236
印 装 者:三河市龙大印装有限公司
经 销:全国新华书店
开 本:185mm×260mm **印 张**:22.25 **字 数**:497千字
版 次:2021年1月第1版 **印 次**:2021年1月第1次印刷
定 价:69.00元

产品编号:090738-01

前言

PREFACE

“Java 程序设计”课程是计算机专业的一门重要的专业基础课，因此被广泛地开设在各大学的计算机专业中，一般为 32 ~ 80 学时。但由于内容侧重点不同、课时多少不一，任课教师很难选到一本合适的教材。其原因主要是教材内容和教材体系结构满足不了教学要求，教材内容多少与学时不相符。本教材的编写很好地解决了这一问题。如果是 32 个学时，可以只学习上篇的内容；如果是 48~80 学时，可加学下篇部分或全部内容，给组织教学带来很大的灵活性。

Java 的内容繁多，不可能在一本教材中全部包含进来，这就涉及取舍的问题。本教材的内容有两个部分：Java 基础知识和 Java Web 开发的相关知识。内容组织主要侧重于 Web 开发基础，也就是常说的 JavaEE 基础部分。因此在内容的选择上遵循实用的原则，即够用就好。教材的所有内容都是围绕 Web 开发进行选择的。本教材的特点如下。

在内容上，Java 基础知识的讲授是通过对 Java 和C++ 对比进行讲解的。很多学校都是先开设 C 或C++ 课程，因此有些学生已经有了一些 C 的基础知识，在内容组织时充分考虑到了这一点。例如，在 C 中有指针的概念，而在 Java 中没有指针的概念，但它们之间还有一些内在联系，通过这样的对比讲解可加深学生对课程的理解。当然，没有 C 的基础，使用本教材也不会有困难。在 Web 开发部分，除了 JSP 和 Servlet 以外，教材还增加了 JSP 标签、EL 表达式、过滤器等和 Web 开发相关的内容。

在结构上，结合案例组织 Web 开发相关知识内容。Web 开发具有很强的实用性，因此设计开发了一个完整的网络在线书店系统，这个系统包括前台和后台两个部分。前台包括图书的增、删、改、查等基本功能，后台包括图书查询、购物车管理等功能。在教材中，JSP 和 Servlet 等知识点完全融入案例中，每个案例都是网络在线书店的一部分，学生每学完一部分都会有一种成就感，这样就可以充分调动学生学习的积极性。

全书分为上、下两篇。上篇是 Java 基础，主要介绍 Java 的基础知识。第 1~3 章主要讲述 Java 编程的基本概念和基本语法，第 4、5 章主要讲述类的基本概念，第 6 章主要介绍 Java API 中常用的几个类，第 7~9 章介绍异常、线程和输入输出流的概念，第 10 章介绍数据库编程的相关知识。下篇是 Java Web 开发，主要介绍 JSP 动态网页开发的相关知识。第 11 章介绍 Java Web 开发的基本概念，第 12~15 章介绍 Servlet、JSP 和 JavaBean 的基础知识，第 16 章介绍过滤器的基础知识，第 17 章介绍 JSTL 和 EL 表达式，第 18 章介绍 JSP 自定义标签。

本书的第 1~5 章由王春明编写，第 6~9 章和第 18 章由沈学华编写，第 10~17 章由史胜辉编写。本书在编写过程中得到了陈建平、王杰华、顾翔、陈森博、魏晓宁、陆培军、王丹丹、丁浩的大力支持，在此表示衷心感谢！

编者

2020 年 10 月

目录

CONTENTS

上篇　Java基础

下篇 Java Web 开发

上　篇

Java 基础

第 1 章 Java 语言概述与编程环境

CHAPTER

Java 是 1995 年由 Sun Microsystems 公司(简称 Sun)发布的一种新型的、面向对象的程序设计语言。Java 不仅能够编写嵌入网页中具有声音和动画功能的小应用程序,而且还能够应用于独立的大中型应用程序,其强大的网络功能可以把整个 Internet 作为一个统一的运行平台,极大地拓展了传统单机或 Client/Server 模式应用程序的外延和内涵。

自 1995 年 Sun 推出 Java 语言之后,全世界的目光都被这个神奇的语言所吸引。二十多年来,Java 就像爪哇咖啡一样誉满全球,成为企业级应用平台的霸主,而 Java 语言也如同咖啡一般醇香诱人。

1.1 Java 的诞生

Java 语言的起源可追溯到 1991 年。Java 语言起初被称为 OAK 语言,是 Sun 为一些消费性电子产品设计的一个通用环境。他们最初的目的只是为了开发一种独立于平台的软件技术,而且在网络出现之前,OAK 可以说是默默无闻,甚至差点夭折。但是,网络的出现改变了 OAK 的命运。

在 Java 出现以前,Internet 上的信息内容都是一些乏味死板的 HTML 文档。这对于那些迷恋于 Web 浏览的人们来说简直不可容忍。他们迫切希望能在 Web 中看到一些交互式的内容,开发人员也极希望能够在 Web 上创建一类无须考虑软硬件平台就可以执行的应用程序,当然这些程序还要有极大的安全保障。对于用户的这种要求,传统的编程语言显得无能为力。Sun 的工程师敏锐地察觉到了这一点,从 1994 年起,他们开始将 OAK 技术应用于 Web 上,并且开发出了 HotJava 的第一个版本。

1995 年 5 月 23 日,Sun 在 SunWorld'95 会议上正式发布第一个 Java 版本和 HotJava 浏览器。那一年,Sun 虽然推出了 Java,但这只是一种语言,而要想开发复杂的应用程序,必须有一个强大的开发库支持才行。因此,Sun 在 1996 年 1 月 23 日发布了 JDK 1.0。这个版本包括两部分:运行环境(即 JRE)和开发环境(Java Development Kit,JDK)。在运行环境中包括核心 API、集成 API、用户界面 API、发布技术、Java 虚拟机(JVM) 5 个部分。

1997 年 2 月 18 日，Sun 发布了 JDK 1.1。JDK 1.1 相对于 JDK 1.0 最大的改进就是为 JVM 增加了 JIT (Just-In-Time，即时)编译器。JIT 和传统的编译器不同，传统的编译器是编译一条，运行完后再将其扔掉，而 JIT 会将经常用到的指令保存在内存中，在下次调用时就不需要再编译了。这样 JDK 在效率上有了非常大的提升。

Sun 在推出 JDK 1.1 后，接着又推出了数个 JDK 1.x 版本。自从 Sun 推出 Java 后，JDK 的下载量不断飙升。

1998 年 12 月 4 日，Sun 发布了 Java 历史上最重要的 JDK 1.2。这个版本标志着 Java 已经进入 Java 2 时代。1998 年也是 Java 开始迅猛发展的一年，在这一年中 Sun 发布了 JSP/Servlet、EJB 规范。

Java 在其 SDK 1.2 之后的版本都统称为 Java 2，在 Java 2 的规格里重新组织了 Java 平台的集成方法，将 Java 分成 3 种不同规范的版本，分别介绍如下。

J2EE——Java 2 Enterprise Edition，可扩展的、企业级应用的 Java 平台。

J2SE——Java 2 Standard Edition，用于工作站、PC 的 Java 2 标准平台。

J2ME——Java 2 Micro Edition，用于嵌入式应用的 Java 2 平台。

这些版本标志着 Java 已经吹响了向企业、桌面和移动 3 个领域进军的号角。

在 Java 2 时代，Sun 对 Java 进行了很多革命性的改变，而这些革命性的改变一直沿用到现在，对 Java 的发展形成了深远的影响。

从 JDK 1.2 开始，Sun 以平均两年一个版本的速度推出新的 JDK。

2000 年 5 月 8 日，Sun 对 JDK 1.2 进行了重大升级，推出了 JDK 1.3。在 JDK 1.3 时代，相应的应用程序服务器(如第一个稳定版本 Tomcat 3.x)得到了广泛的应用，WebLogic 等商业应用服务器也渐渐被接受。

进入 21 世纪以来，曾经在.NET 平台和 Java 平台之间发生了一次声势浩大的孰优孰劣的论战，Java 的主要问题就是性能。因此，Sun 将主要精力放到了 Java 的性能上。

2002 年 2 月 13 日，Sun 发布了 JDK 1.4。在 JDK 1.4 中，Sun 对 Hotspot 虚拟机的锁机制进行改进，使 JDK 1.4 的性能有了质的飞跃。同时，由于 Compaq、Fujitsu、SAS、Symbian、IBM 等公司的参与，JDK 1.4 成为发展最快的一个 JDK 版本。到 JDK 1.4 为止，已经可以使用 Java 实现大多数的应用了。

2004 年 10 月，Sun 发布了人们期待已久的 JDK 1.5，同时，Sun 将相应的 J2SE 改名为 J2SE 5.0。与 JDK 1.4 不同，JDK 1.4 的主题是性能，而 J2SE 5.0 的主题是易用。Sun 之所以将版本号 1.5 改为 5.0，就是预示着 J2SE 5.0 较以前的 J2SE 版本有着很大的改进。Sun 不仅为 J2SE 5.0 增加了诸如泛型、增强的 for 语句、可变数目参数、注释(annotations)、自动拆箱(unboxing)和装箱等功能，同时，也是更新的企业级规范，如通过注释等新特性改善了 EJB 的复杂性，并推出了 EJB 3.0 规范。同时又针对 JSP 的前端界面设计推出了 JSF。这个 JSF 类似于 ASP.NET 的服务端控件。通过它可以很快地建立复杂的 JSP 界面。

到 2006 年年底，Sun 再接再厉地推出了 J2SE 6.0 的测试版，2007 年年初推出它的正式版。在推出 J2SE 6.0 的同时，J2SE 7.0 项目也已经启动。

J2EE 建立于 J2SE 之上，经过多年实践证明，J2EE 的确是最优秀的企业级应用开发平台，自 JDK 5.0 开始，Sun 将 J2EE 改称 JavaEE，目的是强调 J2EE 的核心是 Java 企业应用，避免将 J2EE 误解为一套独立于 Java 的技术方案。

JavaEE 是 Java 平台企业版的简称(Java Platform Enterprise Edition)，用于开发便于组装、健壮、可扩展、安全的服务器端 Java 应用，具有 Web 服务、组件模型以及通信 API 等特性，为面向服务的架构(SOA)以及开发 Web 2.0 应用提供了支持。

如今，JavaEE 平台已经成为电信、金融、电子商务、保险、证券等各行业的大型应用系统的首选开发平台。

2011 年，Oracle 公司收购了 Sun，因此，Java 现在归在 Oracle 公司名下。Java 在 Oracle 公司的管理下，有了比较大的变化，特别是在 2014 年后，Java 的版本更新速度明显加快，几乎是每年出一个新的版本，到 2020 年 7 月，最新版本是 Java14.0.1。在 Java 发展的二十几年的时间里，经历了无数的风风雨雨。现在 Java 已经成为一种相当成熟的语言了。在这二十多年的发展中，Java 平台吸引了数百万的开发者，在网络计算遍及全球的今天，更是有数亿台设备使用了 Java 技术。

1.2　Java 主要特性

Java 语言的主要特性如下。

(1) Java 语言是简单的。Java 语言的语法与 C 语言和C++ 语言很接近，使得大多数程序员很容易学习和使用。另一方面，Java 丢弃了C++ 中很少使用的、很难理解的、令人迷惑的那些特性，如操作符重载、多继承、自动的强制类型转换。特别地，Java 语言不使用指针，并提供了自动的垃圾收集，使得程序员不必为内存管理而担忧。

(2) Java 语言是一种纯面向对象的程序设计语言。Java 语言提供类、接口和继承等原语，为了简单起见，只支持类之间的单继承，但支持接口之间的多继承，并支持类与接口之间的实现机制。Java 语言全面支持动态绑定，而C++ 语言只对虚函数使用动态绑定。

(3) Java 语言是分布式的。Java 语言支持 Internet 应用的开发，在基本的 Java 应用编程接口中有一个网络应用编程接口(java.net)，它提供了用于网络应用编程的类库，包括 URL、URLConnection、Socket、ServerSocket 等。Java 的 RMI(远程方法激活)机制也是开发分布式应用的重要手段。

(4) Java 语言是健壮的。Java 的强类型机制、异常处理、垃圾自动收集等是 Java 程序健壮性的重要保证。对指针的丢弃是 Java 的明智选择。Java 的安全检查机制使得 Java 更具健壮性。

(5) Java 语言是安全的。Java 通常被用在网络环境中，为此，Java 提供了一个安全机制以防恶意代码的攻击。除了 Java 语言具有的许多安全特性以外，Java 对通过网络下载的类具有一个安全防范机制(类 ClassLoader)，如分配不同的名字空间以防替代本地的同名类、字节代码检查，并提供安全管理机制(类 SecurityManager)让 Java 应用设置安全哨兵。

(6) Java 语言是体系结构中立的。Java 源程序(后缀为.java 的文件)在 Java 平台上被编译为体系结构中立的字节码格式(后缀为.class 的文件),然后可以在实现这个 Java 平台的任何系统中运行。这种途径适合异构的网络环境和软件的分发。

(7) Java 语言是可移植的。这种可移植性来源于体系结构中立性,另外,Java 还严格规定了各个基本数据类型的长度。Java 系统本身也具有很强的可移植性,Java 编译器是用 Java 实现的,Java 的运行环境是用 ANSI C 实现的。

(8) Java 语言是解释型的。如前所述,Java 程序在 Java 平台上被编译为字节码格式,然后可以在实现这个 Java 平台的任何系统中运行。在运行时,Java 平台中的 Java 解释器对这些字节码进行解释执行,执行过程中需要的类在连接阶段被载入到运行环境中。

(9) Java 是高性能的。与那些解释型的高级脚本语言相比,Java 的确是高性能的。事实上,Java 的运行速度随着 JIT 编译器技术的发展越来越接近于C++ 。

(10) Java 语言是多线程的。在 Java 语言中,线程是一种特殊的对象,它由 Thread 类或其子类来创建。Thread 类已经实现了 Runnable 接口,因此,任何一个线程均有它的 run()方法,而 run()方法中包含了线程所要运行的代码。线程的活动由一组方法来控制。Java 语言支持多个线程同时执行,并提供多线程之间的同步机制(关键字为 synchronized) 。

(11) Java 语言是动态的。Java 语言的设计目标之一是适应动态变化的环境。Java 程序需要的类能够被动态地载入到运行环境中,也可以通过网络来载入所需要的类。这也有利于软件的升级。另外,Java 中的类有一个运行时刻的表示,能进行运行时刻的类型检查。

(12) 由于 Java 的语法直接来源于 C/C++,所以 Java 的程序控制语句与 C/C++ 一样,在此不再多说。这里重点介绍一下 Java 与 C/C++ 的不同。

① Java 中取消了指针。在 C/C++ 语言编程过程中,指针可能引起许多错误,这些复杂的指针算法所产生的错误常常让人迷惑不解,导致 C/C++ 程序员在此浪费了大量的时间。考虑到这种原因,Java 中取消了指针。指针的功能被引用(reference)取代,这使得 Java 中对复杂数据结构的实现更加容易,因为用对象和对象数组实现复杂的数据结构更可靠。

② 在 Java 中没有 C/C++ 中应用广泛的函数。C/C++ 中通过函数实现的功能在 Java 中都是通过类和方法来实现的。

③ Java 中没有采用多重继承。C++ 支持多重继承,这是一个从多个父类中派生一个类的有效办法,但这种派生很复杂,也很容易产生问题。因此,Java 中没有采用多重继承,但 Java 采用了接口的多重实现。

④ Java 中没有使用 goto 语句。在使用其他高级语言编程时,过多地使用 goto 语句会使程序变得十分混乱,因此,Java 中没有使用 goto 语句。Java 中使用了多重 break 和 continue 语句(允许 break 和 continue 语句使用标签)实现C++ 的 goto 语句的功能。

⑤ 在C++ 中有 3 种数据结构:联合、结构和类;Java 中只有类,它可以实现上述三者的功能。

⑥ 在 Java 中,字符串是一类特定的对象,这使得字符串更具有一致性和可预见性。在 C/C++ 中,字符串是通过字符数组实现的,但是由于数组的空间不是动态分配的,这容

易出现越界错误，例如，常有预先设定的字符数组不能容纳后输入的字符串。

⑦ Java 中不需要 # define 语句或预处理器。在 Java 中一个类的信息必须包含在一个文件中，而 C/C++ 中有关类的信息可能分散在多个文件中。

⑧ Java 中数据类型可自动强制转换。

Java 语言的优良特性使得 Java 应用具有无比的健壮性和可靠性，这也减少了应用系统的维护费用。Java 对对象技术的全面支持和 Java 平台内嵌的 API 能缩短应用系统的开发时间并降低成本。Java 的“编译一次，到处可运行”特性使得它能够提供一个随处可用的开放结构和在多平台之间传递信息的低成本方式。特别是 Java 企业应用编程接口(Java Enterprise APIs)为企业计算及电子商务应用系统提供了有关技术和丰富的类库。

1.3　Java JDK 开发环境

Oracle 的 Java JDK 有 Mac OS、Linux、Windows x64 等版本，它们的建立过程略有不同。JDK 由 Java 编译器、预先编写的数百个类和 JVM 组成。JDK 是一切 Java 应用程序的基础，所有的 Java 应用程序都是构建在这个之上的。目前已经正式发布的最新版本是 JDK14.0.1。这里以 Windows x64 版本的 Java JDK 为例，说明其建立过程。从网上下载 Java 软件的步骤如下。

(1) 通过以下网址进入 Oracle 下载首页，如图 1-1 所示。

https://www.oracle.com/cn/java/technologies/javase-downloads.html。

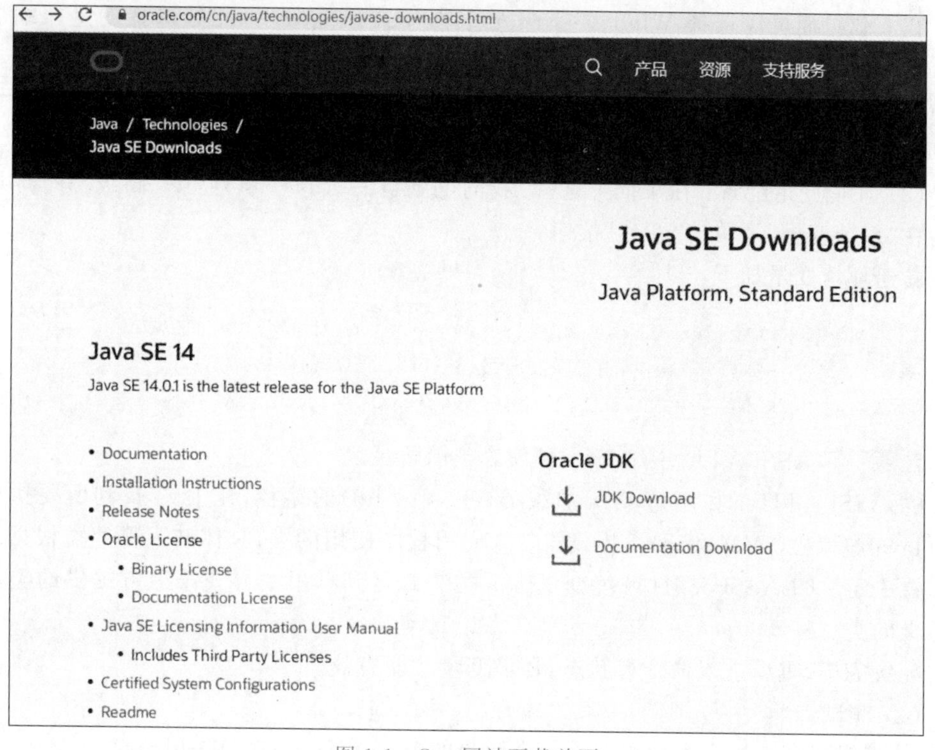

图 1-1　Sun 网站下载首页

从图 1-1 可以看到，当前最新版本是 JDK14。页面上有两个下载链接：JDK Download 和 Documentation Download，分别表示下载 JDK 和下载 JDK 的帮助文档。这个帮助文档包含了 JDK 中所有 API 的使用说明，读者学习过程中可以参考此文档。

单击 JDK Download 按钮，进入下一页，选择开发平台，页面如图 1-2 所示。

Java SE Development Kit 14

This software is licensed under the Oracle Technology Network License Agreement for Oracle Java SE

Product / File Description	File Size	Download
Linux Debian Package	157.92 MB	jdk-14.0.1_linux-x64_bin.deb
Linux RPM Package	165.04 MB	jdk-14.0.1_linux-x64_bin.rpm
Linux Compressed Archive	182.04 MB	jdk-14.0.1_linux-x64_bin.tar.gz
macOS Installer	175.77 MB	jdk-14.0.1_osx-x64_bin.dmg
macOS Compressed Archive	176.19 MB	jdk-14.0.1_osx-x64_bin.tar.gz
Windows x64 Installer	162.07 MB	jdk-14.0.1_windows-x64_bin.exe
Windows x64 Compressed Archive	181.53 MB	jdk-14.0.1_windows-x64_bin.zip

图 1-2 JDK14 下载页面

在下载页面可以选择 Windows x64 安装版本或压缩版本，此处选择的是压缩版本 Windows x64 Compressed Archive。

(2) 在 Windows 下解压 jdk-14.0.1_windows-x64_bin 文件，安装 JDK 到如下目录：C:\Program Files\Java\jdk-14.0.1。

(3) 环境变量配置：在桌面上选择“我的电脑”(右键)→“属性”→“高级”→“环境变量”；在“系统变量”下单击“新建”按钮。

新建环境变量如下：

```
JAVA_HOME=C:\Program Files\Java\jdk-14.0.1  (用于指定 JDK 的位置)
PATH=%JAVA_HOME% \bin  (用于在安装路径下识别 Java 命令)
CLASSPATH=.;% JAVA_HOME% \\Lib\\tools.jar;% JAVA_HOME% \\Lib\\dt.jar
```

注意：CLASSPATH 中第一个“.”代表当前目录。

CLASSPATH 的作用是 Java 加载类(class or lib)的路径，让 Java 找到所要执行的类。Java 虚拟机(JVM)借助类装载器装入应用程序使用的类，具体装入哪些类根据当时的需要决定。CLASSPATH 环境变量告诉类装载器到哪里去寻找第三方提供的类和用户定义的类。

配置完毕，重新进入命令行状态，环境变量才能有效。

(4) 测试。

① 编辑程序。用文本编辑器写一个简单的 Java 程序 HelloWorld.java。

程序清单：ch01\\HelloWorld.java

```
public class HelloWorld {
  public static void main(String\ args) {
    System.out.println("Hello World!");
  }
}
```

这个例子就是著名的"Hello World!"，它的功能就是显示"Hello World!"。

注意：该文件名称必须为"HelloWorld.java"，区分大小写，即文件名和程序中 public class 后的类名是一样的。

Java 源代码的编写，可用任意文本编辑工具，如记事本等，一般在 JDK 环境开发时选用 UltraEdit 等 Java 专用编辑工具编写源程序，它们能对关键词等着色提示。保存文件时要注意扩展名必须是 java。初学者最好将文件夹选项中"查看"页中的"隐藏已知文件类型的扩展名"选项取消，确认保存的源程序文件的扩展名为 java，以免误将".java"文件保存成".java.txt"文件。

② 编译。在 DOS 命令提示符下执行：javac HelloWorld.java。

如果正常，将生成 HelloWorld.class 文件。

③ 运行。在 DOS 命令提示符下执行：java HelloWorld（注意大小写，保证类名一致）。

1.4　Java 程序运行原理

用 Java 语言编写的 Java 源程序，经 Java 编译器编译后形成字节码，这些字节码由 Java 运行系统负责解释和执行。解释和执行的过程可分为以下 3 步。

（1）字节码的装入。这是由类装载器完成的。类装载器负责装入运行程序需要的所有代码，包括被程序代码中的类所继承的类和调用的类。

（2）字节码校验。字节码校验器对字节码进行安全性校验。

（3）字节码的翻译和执行。可以取两种途径之一来实现：一种是解释型工作方式，通过解释器将字节码翻译成机器码，然后由即时运行部件立即将机器码送硬件执行；另一种是编译型工作方式，通过代码生成器先将字节码翻译成适用于本系统的机器码，然后再送硬件执行。Java 运行系统一般采用解释型工作方式。

Java 语言程序的编译、解释和执行过程如图 1-3 所示。字节码（Bytecode）由 Java 虚拟机（Java Virtual Machine，JVM）解释执行。

编译一个.java 文件时，对于.java 文件中的每个类，它们都有一个与程序中的类名完全相同的类文件输出（.class 文件）。因此，源程序编译后有可能获得数量较多的.class 文件。一个有效的程序就是一系列.class 文件，它们可以封装和压缩到一个 JAR 文件里。Java 解释器负责对这些文件的寻找、装载和解释。

Java 解释器的工作程序如下：首先，它找到环境变量 CLASSPATH。CLASSPATH 包含了一个或多个目录，它们作为一种特殊的"根"使用，从这里展开对.class 文件的搜

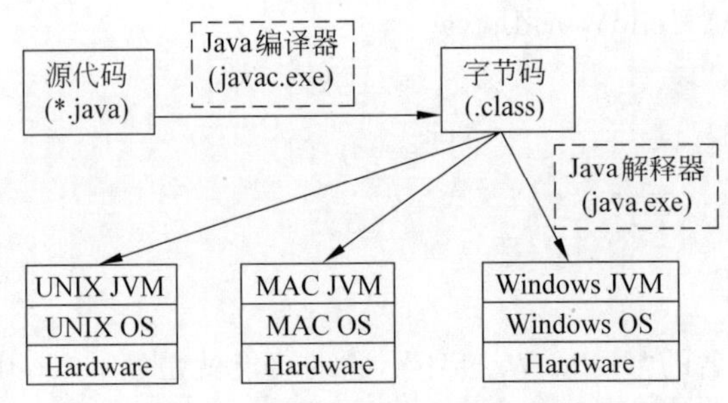

图 1-3　Java 语言程序的编译、解释和执行过程

索。从那个根开始,解释器会寻找包名,并将每个点号"."替换成一个斜杠,从而生成从 CLASSPATH 根开始的一个路径名(如 package tab.bir.biz 会变成 tab\\bir\\biz 或者 tab/bir/biz;具体是正斜杠还是反斜杠由操作系统决定)。随后将它们连接到一起,成为 CLASSPATH 内的入口。以后搜索.class 文件时,就可从这些地方开始查找与准备创建的类名对应的名字。此外,它也会搜索一些标准目录——这些目录与 Java 解释器驻留的地方有关。

Java 的可移植性意味着可一次性编写和编译程序,然后在许多不同的处理器和操作系统上运行。使用字节码和解释程序可以获得 Java 的可移植性。Java 程序经编译产生字节码,随后 Java 字节码就会在专门为各种计算平台设计的 Java 虚拟机的控制下执行。字节码和 JVM 组合意味着在不知道它将使用哪种计算平台的情况下即可编写 Java 程序。例如,在 Microsoft Windows 系统上编写程序并编译成字节码,随后可以让该字节码程序在使用 UNIX 操作系统的工作站上执行。

还可以选用其他优秀的集成开发环境(Integrated Development Environments, IDE)开发 Java 软件。这些 IDE 通过提供可与 JDK 交互作用的编辑器来改进开发效率。

1.5　开发工具 Eclipse 介绍

Eclipse 是著名的、跨平台的自由集成开发环境(IDE)。最初主要用于 Java 语言开发,通过安装不同的插件,Eclipse 可以支持不同的计算机语言,如C++ 和 Python 等开发工具。Eclipse 的本身只是一个框架平台,但是众多插件的支持使得 Eclipse 拥有其他功能相对固定的 IDE 软件很难具有的灵活性。许多软件开发商以 Eclipse 为框架开发自己的 IDE。

Eclipse 最初由 OTI 和 IBM 两家公司的 IDE 产品开发组创建,起始于 1999 年 4 月。IBM 提供了最初的 Eclipse 代码基础,包括 Platform、JDT 和 PDE。Eclipse 项目由 IBM 发起,围绕着 Eclipse 项目已经发展成为一个庞大的 Eclipse 联盟,有 150 多家软件公司参与到 Eclipse 项目中,其中包括 Borland、Rational Software、Red Hat 及 Sybase 等。Eclipse 是一个开放源码项目,它其实是 Visual Age for Java 的替代品,其界面与先前的 Visual Age for Java 差不多,但由于其开放源码,任何人都可以免费得到,并可以在此基础上开发各自的插件,因此越来越受到人们关注。随后还有包括 Oracle 在内的许多大公司也纷纷加入了该项目,Eclipse 的目标是成为可进行任何语言开发的 IDE 集成者,使用者只需下载各种语言的插件即可。

1.5.1　Eclipse 的安装

Eclipse 在运行时需要 Java JDK,因此,在安装 Eclipse 之前必须先安装 JDK。

(1) 下载 Eclipse。

在 https://www.eclipse.org/downloads/下载 Eclipse2020-06,这是当前最新版本,下载后是一个.exe 的安装文件 eclipse-inst-win64.exe。

(2) 运行安装程序 eclipse-inst-win64.exe。

如图 1-4 所示为安装的图示,这里选择第一项 Eclipse IDE for Java Developers 即可。如果在本书的下篇中要用到 Web 开发可以选择第四项。当单击第二项进行安装时要指定 JDK 的安装路径,此处的路径是 C:\Program Files\Java\jdk-14.0.1。此版本的 Eclipse 要求 JDK1.8 以上的版本,也就是 Java8 以上的版本。

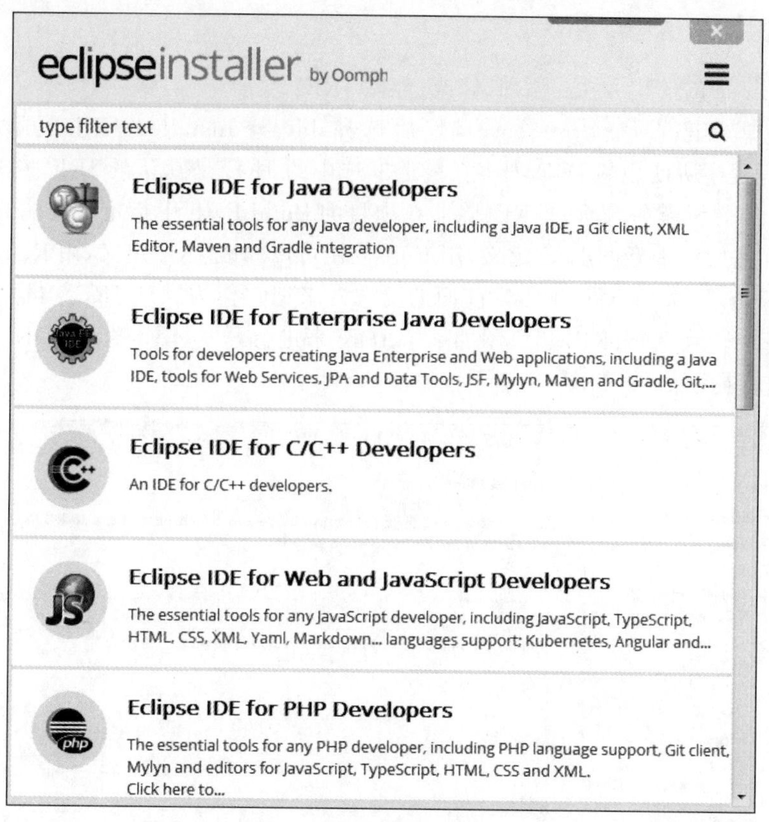

图 1-4　Eclipse2020-06 安装图示

(3) 安装完成后在桌面上双击 eclipse 图标启动 eclipse,出现如图 1-5 所示的画面,此处是配置 eclipse 的工作空间,其作用是将创建的工程及代码保存在这个目录下,而且在不同的 Workspace 中可以配置不同的字符集。此处的 Workspace 配置在 E:\Program

Files (x86)\workspace14 目录下。

图 1-5 配置工作空间(Workspace)

1.5.2 Eclipse 的使用

(1) Eclipse 的使用方法：添加、修改、删除 JRE。

通过菜单 Window→Preferences，然后选择 Java→Installed JREs，可以打开用于 Eclipse 编写程序所使用的 JRE 列表。复选框选中的 JRE 是默认的 JRE，它被项目里面所有的项目作为编译和启动的 JRE(除非在项目的 Build Path 中指定了其他的 JRE)。可以通过 Add 按钮添加新的 JRE 定义，用 Edit 按钮可以修改 JRE 定义，用 Remove 按钮可以删除 JRE 定义，选中不同的 JRE 前面的复选框来把它作为默认 JRE。虽然 Eclipse 能够自动找到并显示一个 JRE，建议添加一个 JDK 来进行开发，便于查看 JDK 类源码和编码时能够显示提示信息，如图 1-6 所示。

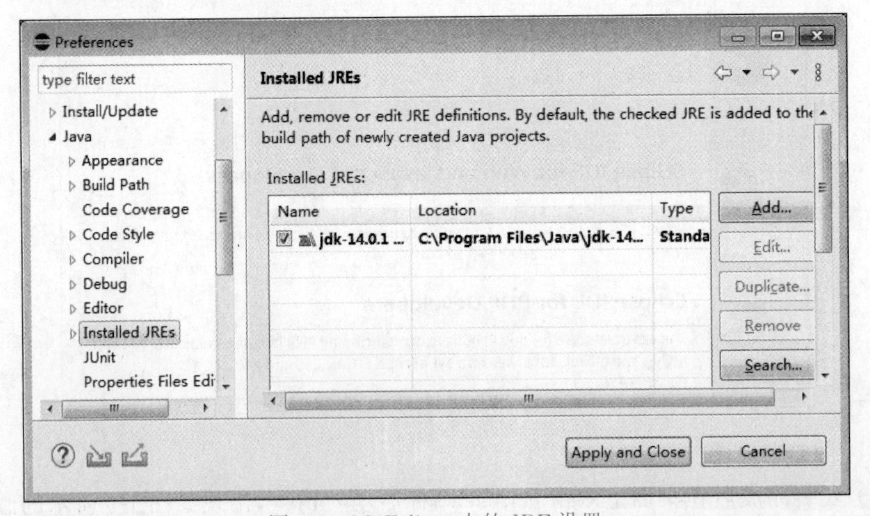

图 1-6 MyEclipse 中的 JRE 设置

在 Eclipse 的编辑器中编写代码以及编译后会显示检查出来的错误或者警告并在出

问题的代码行首的隔条上显示红色的灯泡。

单击灯泡或者按下快捷键 Ctrl+1(或者菜单 Edit→Quick Fix)可以显示修正意见。

(2) 安装插件。

一般的 Eclipse 插件只需要复制到 Eclipse 安装目录的 plugins 下面就可以安装完毕,这样的插件一般是单独的 jar 文件。

默认情况下,Eclipse 的代码编辑器是不显示行号的,要显示它可以通过菜单 Window→Preferences 来打开 Preferences 设置对话框,展开节点 General→Editors→Text Editors,在右侧的设置中选中复选框 Show line numbers 即可。

(3) 手工和自动编译。

如果是特别大的项目,例如几千个源代码,使用 Eclipse 来自动编译将会是一场噩梦。因为每输入一行代码都会自动启动编译器检查进程,严重时屏幕甚至会卡着不动。这时可以切换 Eclipse 的自动编译为手工编译。取消菜单 Project→Build Automatically 的选中状态后,项目就变成了手工编译状态;再次单击菜单可以重新切换回自动编译状态。这时再输入代码就不会自动检查编译错误了,也不会生成编译后的类文件,这样有助于快速地写代码。此时要进行编译可以选择菜单 Project→Build Project 来编译当前项目,或者用 Project→Build All 来编译所有项目。

(4) 生成 getter 和 setter 的方法。

在写 JavaBean 的时候常常要写一些模式化的 get×××()和 set×××()这样的方法,可以用 Eclipse 来自动生成这些模板化的方法。先进行变量定义 private String name; 然后选择菜单 Source→Generate Getters and Setters...,或者在编辑器中右击,选择菜单 Source→Generate Getters and Setters...,就可以打开 Generate Getters and Setters 对话框,在对话框中选择要生成的方法,然后单击 OK 按钮即可。

(5) 格式化源代码。

有时代码手写得很乱,这时可以先选中要格式化的代码,通过选择菜单 Source→Format,或者在编辑器中右击,选择菜单 Source→Format 或者通过快捷键 Ctrl+Shift+F 来快速地将代码格式化成便于阅读的格式。这个操作在 Eclipse 中也可以格式化 XML、JSP、HTML 等源文件。

(6) 注释和取消注释。

使用快捷键 Ctrl+/可以将选中的代码快速地添加或者去掉两个斜线(//)风格的注释。

1.6　简单 Java 程序结构

Java 是面向对象的语言,设计 Java 程序实际上就是定义类。

例 1-1　显示"Welcome to Java world!"。

程序清单:ch01\\ HelloWorld.java

```
//一个简单的 Java 程序示例
public class HelloWorld{
```

```
    public static void main(String args){
        System.out.println("Welcome to Java world!");
    }
}
```

程序输出如下：

```
Welcome to Java world!
```

这个程序前边测试 JDK 时已见过，这里再做进一步的分析。

(1) Java 程序是面向对象的程序，每一个语句都要包含在类中。程序中，首先用关键字 class 来声明一个新的类，其类名为 HelloWorld，它是一个公共类(public)。整个类定义由大括号“{}”括起来。

(2) java 文件必须包含一个公共类。public 表示的是类的访问权限，表示该类是可以公共访问的。public 类的名字必须和程序的文件名一致。一个 Java 程序中可以定义多个类，但是最多只能有一个公共类。

(3) 命名规则：类名首字母大写。若有几个单词，则每个首字母都是大写的，如 HelloWorld。

(4) main()方法也只能有一个，作为程序的入口。public 是 main()的访问权限，该方法具有公有的可访问性，意味着任何其他程序均可调用此方法，static 指明该方法是一个类方法，意味着此方法与实例无关，它可以通过类名直接调用；void 则指明 main()方法不返回任何值。

(5) main()方法定义中的 String args 是传递给 main()方法的参数，参数名为 args，它是类 String 的一个实例，参数可以为 0 个或多个，每个参数用“类名 参数名”来指定，多个参数间用逗号分隔。

(6) System 是一个系统类，System.out 表示的是一个输出流对象。println()是输出流的方法。

(7) Java 区分大小写。Java 编译器不要求缩排代码，但是好的编程设计习惯主张缩排代码。该编译器不需要连行符就可以将一个语句扩充到多行上。但要注意不能在字符串的中间中断一行。要这样做，必须使用连接运算符。

(8) 所有的 Java 语句均以分号结尾。

(9) Java 有以下三种形式的注释。

第一种是 C 语言的传统注释方式，即将“/ * ”和“ * /”之间的文本都视为注释，这种注释可以跨越多行。

第二种是C++ 风格的注释，即将“//”之后直到行尾的文本都视为注释，这种注释只能包含一行。

第三种是 Java 新增加的注释方式，即将“/ * * ”和“ * /”之间的文本都视为注释，这种注释也可以跨越多行。这种注释方式生成的注释将作为 Javadoc 文档保存。

源程序编写后，在命令提示符中输入编译命令：

```
javac HelloWorld.java
```

进行编译。如果没有报错，接着输入：

```
java HelloWorld
```

运行程序。控制台就会出现：

```
Welcome to Java world!
```

习　题　1

1. Java语言的特点是什么？
2. 什么叫Java虚拟机？什么叫Java平台？Java虚拟机与Java平台的关系如何？
3. Java程序是由什么组成的？一个程序中必须有public类吗？Java源文件的命名规则是怎样的？
4. 开发与运行Java程序需要经过哪些主要步骤和过程？
5. 怎样区分应用程序和小应用程序？应用程序的主类和小应用程序的主类必须用public修饰吗？
6. 安装JDK之后如何设置JDK系统的PATH和CLASSPATH？它们的作用是什么？

第 2 章 Java 编程基础

CHAPTER

Java 语言由语法规则和类库两部分组成，其中语法规则确定了 Java 程序的书写规范。Java 语言与 C/C++ 语言有着紧密的联系，Java 中的许多术语来自C++，语法也来自C++。因此 Java 的语法和C++ 的语法相似。

Java 的部分功能来自其类库，类库包含有数百种预先写入的类，这些类提供了从简单的数字格式化到建立网络连接和访问关系数据库的所有方法。

2.1 标识符与关键字

2.1.1 标识符

标识符是类、变量和方法等的名字，标识符区别大小写，未规定最大长度。

Java 中的标识符可以包括空格之外的任何字符，但必须以字母、美元符号($)、下画线字符(_)作为开头，不能以数字作为开头，也不能用 Java 语言的关键字来作为标识符。与 C/C++ 语言不同的是，Java 语言还可以将一些非拉丁字母(如汉字)包含在标识符中，这是因为 Java 语言使用的是 Unicode 字符集，它包含 65 535 个字符，适用于多种人类自然语言。

标识符的选用原则是使标识符尽量表达所要表示的类、变量、方法等的含义。以下是 Java 有效的标识符：Identifier、userName、User_name、_sys_varl、$ change、江苏、长江。

2.1.2 关键字

Java 有 48 个关键字，比其他大多数语言都要少。关键字在编程语言中有特殊的含义。这些关键字有 abstract、boolean、break、byte、case、cast、catch、char、class、continue、default、do、double、else、extends、false、final、finally、float、for、if、implements、import、instanceof、int、interface、long、native、new、null、package、private、protected、public、return、short、static、 super、switch、synchronized、this、throw、throws、transient、true、try、void、volatile、while。

以下是有关关键字的重要注意事项：

(1) true、false和null为小写，而不像在C++语言中那样为大写。

(2) 无sizeof运算符。

(3) goto和const不是Java编程语言中使用的关键字。

2.2 数据类型

数据类型指定变量可以包含的数据的类型。与某些语言不同，Java的数据类型很特殊。除了null，Java数据类型可以分为基本数据类型和引用类型两大类。任何数据都一定是上述数据类型的一种。Java数据类型结构如图2-1所示。

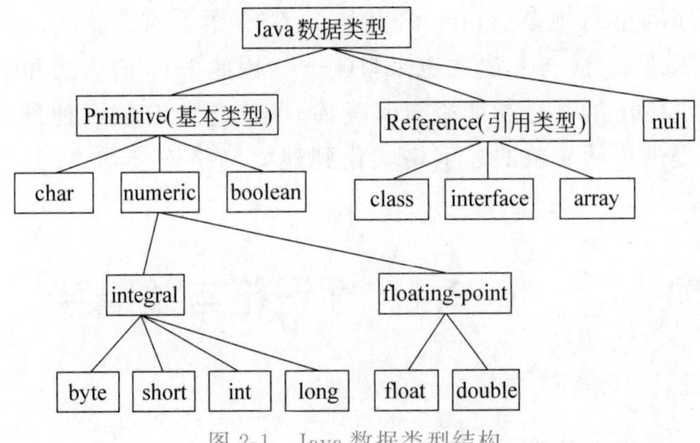

图2-1 Java数据类型结构

在Java中"引用"是指向一个对象在内存中的位置，在本质上是一种带有很强的完整性和安全性限制的指针，当声明某个类、接口或数组类型的一个变量时，那个变量的值总是某个对象的引用或者是null引用。与C++中指针不同的是，指针可以有++、−−运算，而引用无此运算。

Java具有8个基本数据类型，可以分为四大类：布尔型、字符型、整数型和浮点型。为了将它们与更加复杂的数据类型(如引用类型)区分开来，将这些数据类型称为基本数据类型。这些类型的数据与常量的类型基本相同。

可使用int、short、long和byte四个数据类型来包含整型数据。使用double和float两个数据类型来包含浮点数据。基本数据类型boolean只包含两个可能值中的一个：true或false。

表2-1为整数型和浮点型变量的取值范围。

对包含单一字符文本的变量使用基本数据类型char。若要显示具有一个以上字符的文本，则使用String类，在后面的章节中进行介绍。

Java还为每个原始类型提供了封装类，如表2-2所示。

表 2-1　Java 基本数据类型的取值范围

数据类型	所占字节	表示范围
long(长整型)	8	$-2^{63} \sim 2^{63}-1$
int(整型)	4	$-2^{31} \sim 2^{31}-1$
short(短整型)	2	$-2^{15} \sim 2^{15}-1$
byte(位)	1	−128～127
char(Unicode 集字符)	2	0～65 535
boolean(布尔)	1	true 或 false
float(单精度)	4	−3.4E38～3.4E38
double(双精度)	8	−1.7E308～1.7E308

表 2-2　Java 原始类型封装类

原始类型	boolean	char	byte	short	int	long	float	double
封装类	Boolean	Character	Byte	Short	Integer	Long	Float	Double

引用类型和原始类型具有不同的语义，它们的行为完全不同。例如，假定一个方法中有两个局部变量，一个变量为 int 原始类型，另一个变量是对一个 Integer 对象的引用，不能对原始类型调用方法，但可以对引用类型调用方法，例如：

```
int i=5;                       //原始类型
Integer j=new Integer(10);     //对象引用
i.hashCode();                  //错误
j.hashCode();                  //正确
```

2.3　常量与变量

2.3.1　常量

1. 整型常量

在 Java 语言中，整型常量有 3 种形式，分别是十进制、八进制和十六进制。

十进制数不加前缀，八进制数加前缀 0，十六进制数加前缀 0x 或 0X。如 123、0123(十进制数为 83)、0x123(十进制数为 291)。

若要以二进制显示输出结果，则使用 Integer 和 Long 类的静态方法 toBinaryString()。如果想要四舍五入，则需要使用 java.lang.math 中的 round()方法。

如：

```
int a=62478;
System.out.println("int a="+Integer.toBinaryString(a));
                                      //输出: int a=1111010000001110
```

2. 浮点型常量

浮点数有两种表示方法，即标准表示法和科学记数法。浮点数又分为单精度数(float)和双精度数(double)。如 123.456f、123.456(无 f 或 F 后缀，默认为 double 型)。

3. 布尔型常量

布尔型常量有两个值：true 和 false，它们分别表示真和假。一般通过测量布尔值来判断是否执行某个步骤。

4. 字符型常量

字符型常量是一个单一的字符，其形式是由两个单引号括起来的一个字符。

Java 的字符型常量的表示方法有如下 4 种。

(1) 用单引号括起来的单个字符，这些字符包含在 Unicode 字符集中，如'A', 'a', '好', '\t'。

注意：两个单引号引起来的内容不能是单引号和反斜杠，即(''')和('\')是不正确的写法。

(2) 用单引号括起来的八进制 Unicode 字符，形式是'\ddd'，其中 d 的范围是 0～7，表示字符范围在'\000'～'\377'，如'\012'。

(3) 用单引号括起来的十六进制 Unicode 字符，形式是'\uxxxx'，u 字母后面带 4 位十六进制数，它可以表示全部 Unicode 字符，如'\u2af3'。

(4) 对于一些不能显示的特殊字符采用转义字符来表示。Java 常用转义字符如表 2-3 所示。

表 2-3 Java 常用转义字符

转义字符形式	功 能
\'	单引号字符
\"	双引号字符
\\	反斜杠字符
\r	回车
\n	换行
\f	走纸换页
\t	横向跳格
\b	退格
\ddd	1～3 位八进制数(ddd)所代表的字符
\uxxxx	1～4 位十六进制数(xxxx)所代表的字符

例如：

```
System.out.println("And then Jim said,\"Who's at the door \"");
```

注意：字符值使用单引号，字符串使用双引号。与 C/C++ 不同，Java 中的字符型数据是 16 位无符号型数据，它表示 Unicode 集，而不仅是 ASCII 集，例如'\u0061'表示 ISO 拉丁码的'a'，'\u4e2d'表示汉字'中'，所以字符常量共有 65 536 个。

5. 字符串常量

字符串常量是由双引号("")括起来的一串字符，如"This is a string.\n"。与 C/C++ 语言中不同的是，Java 中的字符串常量是作为 String 类的一个对象来处理的，而不是通过字符数组来实现的。

例 2-1　下面的程序使用了两个 Unicode 的转义字符，它们用其十六进制代码来表示 Unicode 字符。

程序清单：ch02\EscapeRout.java

```
public class EscapeRout{
public static void main(String[] args){
1       System.out.println("a\u0022.length() +\u0022b".length());
2       System.out.println("a".length()+"b".length());
3       System.out.println("a\".length()+\"b".length());
    }
}
```

程序中，第 1 行中的\u0022 为双引号(")的十六进制表示，而不是转义表示，该行相当于"a".length()+"b".length()，输出 2；第 2 行很明显输出 2；第 3 行中双引号(\")是转义表示的，输出的字符串内容相当于 a \" . l e n g t h ( ) + \" b，输出 14。

2.3.2　变量

变量主要用来保存数据，是用标识符命名的数据项，是程序运行过程中可以改变值的量。在程序中，通过变量名来引用变量包含的数据。变量使用前要先声明。

1. 变量声明

声明一个变量的方式为

```
变量类型 变量名;
```

Java 是强类型的语言，即每一个变量必须有一个数据类型。变量的类型决定了它可以容纳什么类型的数值以及可以对它进行怎样的操作。变量声明的位置决定了该变量的作用域。

2. 变量的初始化

在 Java 程序中，任何变量都必须经初始化后才能被使用。变量可以在它们声明时初始化，也可以利用一个赋值语句来初始化。变量的数据类型必须与赋给它的数值的数据类型相匹配。

下面是程序中的局部变量声明，其初始化如下。

整型：

```
int x=8, total=1000;
long y=12345678L;
```

```
byte z=55;
short s=128;
```

浮点型：

```
float f=234.5F;
double d=-1.5E-8, square=95.8;
```

其他类型：

```
char c1='a', c2='中', c3='\u4e2d',c4=20013;
boolean t=true;
```

在 Java 语言中，基本数据类型主要用在两个地方，一个是类中的成员变量，一个是局部变量。当它们作为类的成员变量使用时，默认情况下编译器会给其一个默认值。但是，当基本数据类型当作局部变量使用时，如在循环语句中当作循环条件来使用，此时与类成员不同，系统不会自动对局部变量进行初始化。在这方面，Java 与其他语言有所不同。如在C++ 中，如果变量没有初始化，那么系统只是抛出一个警告信息，但仍然可以正常运行。Java 的这种做法是比较安全的。

3. 引用型变量

引用变量将类名、接口和数组作为数据类型。引用变量实际上不包含数据，它引用包含数据的某个类的一个实例。例如，字符串数据(字符集合)不属于 8 种 Java 基本数据类型中的任意一种，但字符串数据包含在 String 类的一个实例中，Java 使用 String 类引用变量来访问字符串数组。下面分析其访问原理。

就像声明基本变量那样声明 String 引用变量，首先指定数据类型为类名 String，然后指定要使用的变量名称。下面的代码声明了数据类型为 String 的引用变量 s：

```
String s;
```

此代码会创建一个名为 s 的变量，但是不会将它初始化为一个值。它也不会指向一个 String 实例，实际上，它不会指向任何地方，而且也不会有值。可以将某个值赋给 String 变量 s，就像赋给基本变量值一样。下面的代码会将字符 Hello Again 赋给名为 s 的 String 变量：

```
s="Hello Again";
```

也可以在声明 String 变量时为它赋值，就像为基本变量赋值一样：

```
String s="Hello Again";
```

图 2-2 说明了 char 基本变量和 String 引用变量的存储原理。

```
char c='A';
String s="Hello Again";
```

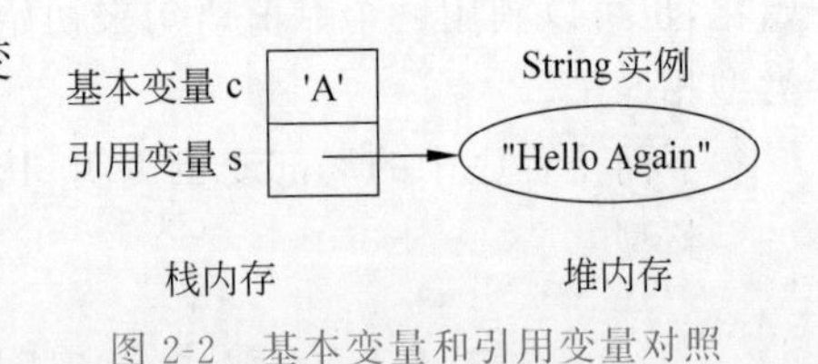

图 2-2 基本变量和引用变量对照

图 2-2 中显示实际上变量 c 是包含字符值'A'的

一个基本变量,而变量 s 是指向包含"Hello Again"的 String 类的一个实例的引用变量。

Java 在对变量进行内存分配时,把内存划分成两种：一种是栈内存;另一种是堆内存。

栈内存是向低地址扩展的数据结构,是一块连续的内存的区域,栈顶的地址和栈的最大容量是系统预先规定好的。

堆内存是向高地址扩展的数据结构,是不连续的内存区域。这是由于系统是用链表来存储空闲的内存地址的,自然是不连续的,而链表的遍历方向是由低地址向高地址。堆的大小受限于计算机系统中有效的虚拟内存。堆获得的空间比较灵活,也比较大。

在程序中定义的一些基本类型的变量和对象的引用变量都是在栈内存中分配的,当在一段代码块定义一个变量时,Java 就在栈中为这个变量分配内存空间,当超过变量的作用域后,Java 会自动释放掉为该变量分配的内存空间,该内存空间可以立即被另作他用。

堆内存用来存放由 new 创建的对象和数组,在堆中分配的内存,由 Java 虚拟机的自动垃圾回收器来管理。在堆中产生了一个数组或者对象之后,还可以在栈中定义一个特殊的变量,让栈中的这个变量的取值等于数组或对象在堆内存中的首地址,栈中的这个变量就成了数组或对象的引用变量,以后就可以在程序中使用栈中的引用变量来访问堆中的数组或者对象,引用变量就相当于是为数组或者对象起的一个名称。引用变量是普通的变量,定义时在栈中分配,引用变量在程序运行到其作用域之外后被释放。而数组和对象本身在堆中分配,即使程序运行到使用 new 产生数组或者对象的语句所在的代码块之外,数组和对象本身占据的内存也不会被释放,数组和对象在没有引用变量指向它时,才变为垃圾,不能再被使用,但仍然占据内存空间,在随后的一个不确定的时间被垃圾回收器收走(释放掉)。栈中的引用变量指向堆内存中的实例对象,这其实就是 Java 中的指针。

例 2-2　涉及基本数据类型变量和引用变量的 Java 程序。

程序清单：ch02\Variable.java

```
public class Variable
{
    public static void main(String[] args)
    {
        char c='A';
        int i=1;
        double d=2.5;
        boolean b=true;
        final double SALES_TAX_RATE=7.5;
        String s="Hello Again";
        System.out.println("c=" +c);
        System.out.println("i=" +i);
        System.out.println("c=" +d);
        System.out.println("b=" +b);
```

```
        System.out.println("SALES TAX RATE=" +SALES_TAX_RATE);
        System.out.println("s=" +s);
        System.out.println("length of s=" +s.length());
    }
}
```

程序运行结果如下：

```
c=A
i=1
c=2.5
b=true
SALES_TAX_RATE=7.5
s=Hello Again
length of s=11
```

main()方法包括声明和初始化4个基本变量、1个基本常量和1个String引用变量的代码。

程序语句调用System.out对象中的方法println()。调用方法意味着要向它发送消息询问它是否要执行。要编写一个调用某方法的语句，可编写对该类或对象的一个引用(System.out)，紧接着写一个句号或一个点，然后添加要使用的方法名[println()]。

上面的第一个语句通常会发送下面的参数：

```
("c=" +c)
```

值"c="只是一个String字面值，这里使用的"+"号是连接运算符，它可以将该字面值与变量c的内容连接起来一同显示。调用println()方法之前，连接运算符会自动将数字或布尔值转换为字符串值。

2.3.3 整型变量

整数类型分为int、byte 、short 和 long 共4种。

1. int 型变量

使用关键字int来定义int型整型变量。

例如：

```
int x,tom,langshan,年龄;
int x=12,tom=-1230,人数=20,ntu;
```

数据在内存中均以补码形式存储，二进制数的最高位(左边的第一位)是符号位，用来区分正数或负数，正数最高位是0，负数最高位是1。

对于"int x=7;"，内存的存储状态为00000000 00000000 00000000 00000111。

对于"int x=−8;"，内存的存储状态为11111111 11111111 11111111 11111000。

2. byte 型变量

使用关键字byte来定义byte型整型变量。

例如：

```
byte  x,myntu_1,年龄;
byte  x=-12,rom=28,人数=98,ntu_1;
```

3. short 型变量

使用关键字 short 来定义 short 型整型变量。

例如：

```
short x,tom_12,温度=20;
```

4. long 型变量

使用关键字 long 来定义 long 型变量。

例如：

```
long x,tom_12,中国人口;
```

2.3.4 浮点类型变量

浮点类型分 float 和 double 两种。

编译器按照 IEEE(国际电子电器工程师协会)制定的 IEEE 浮点数表示法进行浮点运算。这种结构是一种科学表示法,用符号(正或负)、指数和尾数来表示,底数被确定为 2,也就是把一个浮点数表示为尾数乘以 2 的指数次方再加上符号。

1. float 型变量

使用关键字 float 来定义 float 型变量。

例如：

```
float x,float tom_12,漂亮,tom=1234.987f;
```

2. double 型变量

用关键字 double 来定义 double 型变量,内存分配给 double 型变量 8 个字节,占 64 位。

例如：

```
double x;double tom_12,langshan,漂亮=9876.098d;
```

Java 默认不带有小数的数字字面值(如 100)的数据类型为 int,默认带有小数的数字字面值(如 3.14) 的数据类型为 double。如果要初始化 float 变量,则必须在该数字值的后面写一个 F,告诉 Java 它的数据类型值是 float 而不是 double,如 float f=1.2F。

2.3.5 字符类型变量

使用关键字 char 来定义字符类型变量。

内存分配给 char 型变量 2 个字节,与整数类型都是带符号的数不同,char 型为无符号数,char 型变量的取值范围是 0～65 535。

例如：

```
char c='A',ntcity='好',狼山='美';
```

对于“char x='a';”,内存 x 中存储的是 97,97 是字符 a 在 Unicode 表中的排序位置。因此,允许将上面的语句写成 char x=97。

要观察一个字符在 Unicode 表中的顺序位置,必须使用 int 类型转换,如(int) 'a'。如果要得到一个 0～65 536 的数所代表的 Unicode 表中相应位置上的字符也必须使用 char 型显示转换。

下面的代码求给定的字符在 Unicode 表中的位置。

```
public static int getValue(char c){
  int i=(int)c;
  return i;
}
```

与 C/C++ 不同,Java 不提供无符号整数类型。但可以把字符型数据当作整数数据来操作。

例如:

```
int three=3;char one='1';char four=(char)(three+one); //four='4'
```

上例中,在计算加法时,字符型变量 one 先被转化为整数,进行相加,然后把结果又转化为字符型。

2.3.6 布尔类型变量

使用关键字 boolean 来定义逻辑变量:

```
boolean x, tom_12;
```

布尔类型变量的取值为 true 或 false。

2.3.7 基本数据类型的转换

Java 中 6 个基本数据类型具有不同的容量。byte 类型的变量可以保存的最大值为 127,int 类型变量可保存的最大值为 2.1 万亿,float 类型变量的容量为 3.4E38,double 类型变量的容量为 1.79E308,后者的容量显然更大。

当我们把一种基本数据类型变量的值赋给另一种基本类型变量时,就涉及数据类型转换。这些类型按数据容量从低到高的顺序为:byte→char→short→int→long→float→double。

1. 自动类型转换

自动类型转换指低级变量可以直接转换为高级变量。如低级类型为 char 型,向高级类型(整型)转换时,会转换为对应的 ASCII 值,例如:

```
char c='c';
int i=c;
System.out.println("output:" i);  //输出: output:99;
```

对于 byte、short、char 三种类型而言，它们是平级的，因此不能相互自动转换，可以使用下述的强制类型转换：

```
short i=99;
char ch=(char)i;
System.out.println("output:" ch); //输出: output:c;
```

2. 强制类型转换

将高级变量转换为低级变量时，可以使用强制类型转换。采用下面这种语句格式：

```
int i=99;
byte b=(byte)i;
char c=(char)i;
float f=(float)i;
```

这种转换可能会导致溢出或精度的下降，如果容忍可能出现的误差，可以使用这种转换。表 2-4 给出了简单数据类型之间的转换规则。

表 2-4　简单数据类型之间的转换规则

		int	long	float	double	char	byte	short
double ↑	int	—	自动	自动	自动	强制	强制	强制
float ↑	long	强制	—	自动	自动	强制	强制	强制
long ↑	float	强制	强制	—	自动	强制	强制	强制
int ↑ ↖	double	强制	强制	强制	—	强制	强制	强制
short　char ↑	char	自动	自动	自动	自动	—	强制	强制
byte	byte	自动	自动	自动	自动	强制	—	自动
	short	自动	自动	自动	自动	强制	强制	—

3. 包装类过渡类型转换

Java 共有 8 个包装类，分别是 Boolean、Byte、Character、Short、Integer、Long、Float 和 Double。从字面上可以看出它们分别对应于基本数据类型 boolean、byte、char、short、int、long、float 和 double。

简单类型的变量转换为相应的包装类，可以利用包装类的构造函数转换为相应类的实例，即 Boolean(boolean value)、Character(char value)、Integer(int value)、Long(long value)、Float(float value)、Double(double value)。而在各个包装类中，总有形为×××Value()的方法，来得到其对应的简单类型数据。利用这种方法，也可以实现不同数值型变量间的转换。例如，对于一个双精度实型类，intValue()可以得到其对应的整型变量，而 doubleValue()可以得到其对应的双精度实型变量。

在进行简单数据类型之间的转换(自动转换或强制转换)时，总是可以利用包装类进行中间过渡。

一般情况下，首先声明一个变量，再生成一个对应的包装类，然后就可以利用包装类的各种方法进行类型转换了。例如：

当希望把 float 型转换为 double 型时：

```
float f1=100.00f;
Float F1=new Float(f1);
Double d1=F1.doubleValue(); //F1.doubleValue()为 Float 类的返回 double 型值的
方法
```

当希望把 double 型转换为 int 型时：

```
double d1=100.00;
Double D1=new Double(d1);
int i1=D1.intValue();
```

当希望把 int 型转换为 double 型时，自动转换：

```
int id=200;
double da=id;
```

4. 将基本数据类型转换为字符串型

几乎从 java.lang.Object 类派生的所有类提供了 toString()方法，即将该类转换为字符串。例如：Character、Integer、Float、Double、Boolean、Short 等类的 toString()方法，用于将字符、整数、浮点数、双精度数、逻辑数、短整型等类转换为字符串。

字符串与数据相加运算会自动将数据转换为字符串，例如：

```
int myint=1234;
float myflt=1234.56f;
String myintString="" +myint;  // myintString="1234"
String myfltString="" +myflt;  // myfltString="1234.56"
```

其他数据类型可以利用同样的方法转换成字符串。

5. 将字符型直接作为数值转换为其他数据类型

将字符型变量转换为数值型变量实际上有两种情况：第一种情况是将其转换成对应的 ASCII;第二种情况是将其转换成对应的数值，例如，'5'就是指的数值 5，而不是其 ASCII 值 35H，对于这种转换，可以使用 Character 的 getNumericValue(char ch)方法。

6. 将字符串转换成数据

字符串转换成 int 数据有以下两个方法：

(1) "int i=Integer.parseInt(my_str);" 或"i=Integer.parseInt(my_str, int radix);"。

(2)"int i=Integer.valueOf(my_str).intValue();"。

例如：

```
String mystr="1234"; int myInt;
myInt=Integer.parseInt(mystr);
myInt=Integer.valueOf(mystr).intValue();
```

字符串转换成 byte、short、int、float、double、long 等数据类型，可以分别采用 Byte、

Short、Integer、Float、Double、Long 类的相应方法。

7. 十进制到其他进制的转换

可以利用 Integer 或 Long 的 toBinaryString()、toHexString()、toOctalString()和 toString()方法将 byte、short、float 和 double 等数据类型转换成其他二进制、十六进制和八进制的字符串形式。

功能更加强大的是其 toString(int/long i, int radix)方法，可以将一个十进制数转换成任意进制的字符串形式。

十进制整数转换成二进制整数，返回结果是一个字符串：

```
Integer.toBinaryString(int i);
```

8. 其他进制到十进制的转换

Integer 和 Long 提供的 valueOf(String source, int radix)方法，可以将任意进制的字符串转换成十进制数据。例如：

五进制字符串 14414 转换成十进制整数：

```
System.out.println(Integer.valueOf("14414", 5));  //结果是 1234
```

例 2-3 编写一个程序，用 parseInt()方法将字符串 100 由十六进制转换为十进制的 int 型数据。再用 valueOf()方法将字符串 12345678 转换为 long 型数据。

程序清单：ch02\TestparseInt.java

```
public class TestparseInt{
    public static void main(String args[ ]){
        String str1="100";
        String str2="12345678";
        int int1=Integer.parseInt(str1,16);
        long lng=Long.valueOf(str2).LongValue();
        System.out.println(int1);
        System.out.println(lng);
    }
}
```

程序运行所得结果为 256 和 12345678。

例 2-4 编写一个程序，用 valueOf()方法将 long 型数据 12345678 转换为字符串。再用 toString()方法将十进制 int 型数据 100 转换为十六进制数表示的字符串。

程序清单：ch02\Testvalue.java

```
public class Testvalue{
    public static void main(String args[ ])     {
        long lng=12345678;
        int int1=100;
        String str1=String.valueOf(lng);
        String str2=Integer.toString(int1,16).toUpperCase();
        System.out.println(str1);
```

```
        System.out.println(str2);
    }
}
```

程序运行所得结果为 12345678 和 64。

2.3.8 Java 中的引用类型

引用类型的变量非常类似于 C/C++ 的指针。区分引用类型和原始类型并理解引用的语义是很重要的。分析如下语句：

```
StringBuffer str=new StringBuffer("Hello world");
```

该语句包含如下 3 个步骤(如图 2-3 所示)：

(1) new StringBuffer("Hello world")申请了堆内存，把创建好的 StringBuffer 对象放进去。

(2) StringBuffer str 声明了一个引用变量 str。这个引用变量本身是存储在栈内存上的，可以用来指向某个 StringBuffer 类型的对象。或者换一种说法，这个引用变量可以用来保存某个 StringBuffer 对象的地址。

(3) 当中这个赋值符号把两者关联起来，也就是把刚申请的那一内存的地址保存成 str 的值。

基本数据类型的赋值操作"="意味着将实际的数值存入基本数据类型变量，并非引用，它是实际的数据复制。而引用数据类型的赋值操作"="传递的是堆内存中实例的地址，并非实际的数据复制。

对于如下语句：

```
StringBuffer str2=str;
```

这个赋值语句实际上就是把 str 中保存的地址复制给 str2，StringBuffer 对象本身并没有复制。所以两个引用变量指向的是堆内存中的同一个字符串对象，如图 2-4 所示。

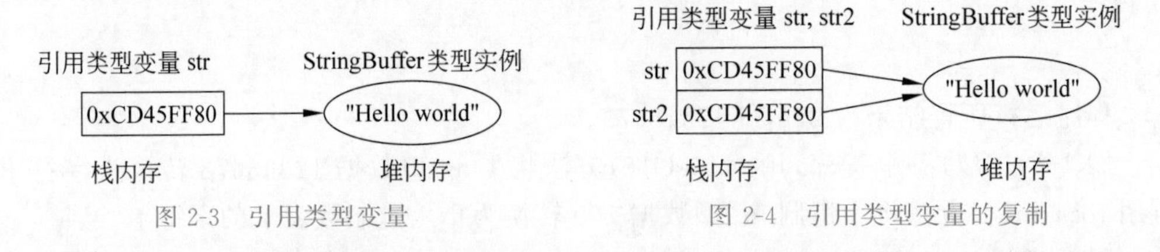

图 2-3 引用类型变量　　　图 2-4 引用类型变量的复制

明白了赋值，判断相等的问题(就是==操作符)也就简单了。当我们写语句"if(str2==str)"时，只是判断两个引用变量的值(也就是引用的对象地址)是否相等，并不是判断被指向的对象内容是否相同。

比较两个引用变量所指向的内容是否相等，采用 equals()方法，语句为

```
if(str2.equals(str));
```

实际上两个引用变量的值相同，则肯定是指向同一个对象，所以对象内容必定相同。

但是两个内容相同的对象，它们的地址可能不一样，如克隆出来的多个对象之间，地址就不同。

针对引用类型变量的final修饰符也是容易混淆的地方。实际上final只是修饰引用变量的值(也就是限定引用变量保存的地址不能变)。至于该引用变量指向的对象内容是否能变是无法控制的。所以，对于如下语句：

```
final StringBuffer strConst=new StringBuffer();
```

可以修改它指向的对象的内容，如：

```
strConst.append(" ");
```

但是不能修改它的值，如：

```
strConst=null;
```

2.4 运算符与表达式

用来表示各种运算的符号称为运算符。根据参加运算的对象的数量，分为单目运算符、双目运算符和三目运算符。单目运算符若放在运算对象的前面称为前缀单目运算符；若放在运算对象的后面称为后缀单目运算符。双目运算符都是放在两个运算对象的中间。三目运算符在Java语言中只有一个(条件运算符)，是夹在三个运算对象之间的。

Java语言的运算符十分丰富，有30多种，其分类大致如图2-5所示。

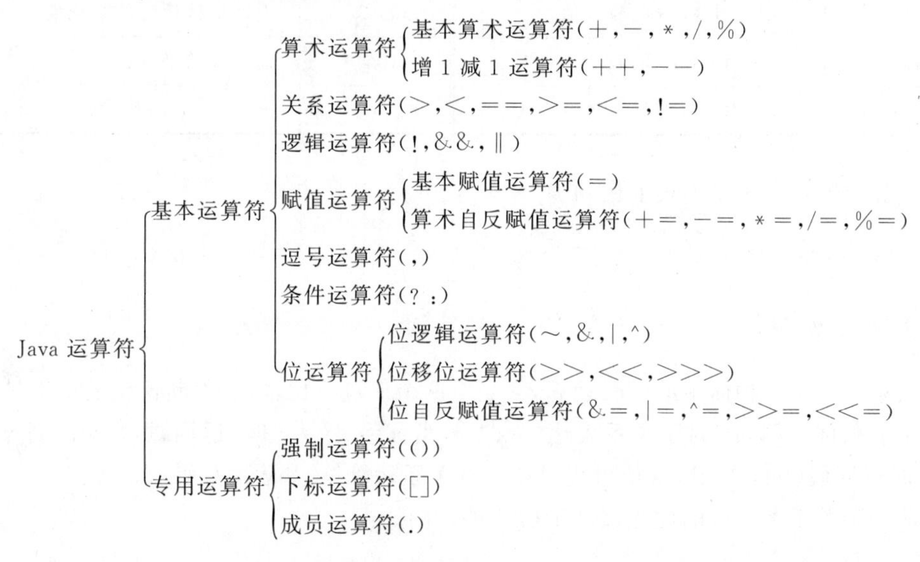

图2-5 Java语言的运算符分类

用运算符把运算对象连接起来所组成的运算式在Java语言中称为“表达式”。每个表达式都可以按照运算符的运算规则进行运算，并最终获得一个值，称为表达式的值。

计算表达式的值时，如果表达式中出现多个运算符，就会碰到哪个先算，哪个后算的问题,这个问题称为运算符的优先级。Java语言规定了运算符的优先级和结合性,在表达式求值时按优先级高低次序执行。

同级别的运算符还规定了结合性。若是自左向右先碰到谁先算谁,则结合性称为自左向右的;若是自右向左先碰到谁先算谁,则结合性称为自右向左的。

2.4.1 算术运算

算术操作符对表示数字的常量或变量进行算术运算,由操作数和算术运算符组成算术表达式。Java使用的算术运算符包括加、减、乘和除(+、-、*、/)。Java使用圆括号将一个表达式的几部分组合到一起并根据标准的代数规则建立优先地位。除此之外,Java还使用取模运算符(%)生成两个数相除所得的余数。与C/C++不同,Java取模运算符的操作数允许为浮点数。

如果两个运算符的优先级别相同,如30-6+8,则按规定的结合方向处理。算术运算符的结合方向为“自左至右”,即“左结合性”。因此,上述表达式的执行顺序为30-6+8=(30-6)+8=24+8=32,即先算左边的减法,再算右边的加法。

Java提供了一个Math类用于完成取幂、四舍五入和许多其他任务。表2-5列出了Math类的某些方法。

表2-5 常用的Math类方法

方法	描述	方法	描述
abs(x)	返回x的绝对值	random()	返回0.0~1.0的随机数
max(x,y)	返回x,y的较大值	round(x)	返回最接近x的整数值
min(x,y)	返回x,y的较小值	sqrt(x)	返回x的平方根
pow(x,y)	返回y的x次幂		

例如,计算10的平方根的语句为

```
double answer=Math.sqrt(10);
```

2.4.2 关系运算

关系运算是一种简单的逻辑运算,它是对两个值进行比较,并判断比较的结果是否满足给定的条件。例如:对于关系表达式x>y,当x=5、y=2时,返回真(true);当x=2、y=5时返回假(false)。Java语言提供了6种关系运算符,如表2-6所示。

前4种关系运算符的优先级高于后2种。例如:

```
z==x<y 等价于 z==(x<y)
```

关系运算符的优先级要低于算术运算符,在所有的运算符中,赋值运算符的优先级最低。如:

```
t=z>x+y 等价于 t=(z>(x+y))
```

表 2-6　Java 语言提供的 6 种关系运算符

关系运算符	描　述	优 先 级
<	小于	优先级相同(高)
<=	小于或等于	
>	大于	
>=	大于或等于	
==	等于	优先级相同(低)
!=	不等于	

关系操作符“==”和“!=”用于比较基本数据类型变量或对象的引用变量。对于引用变量,“==”操作符比较的是引用变量自身的引用值,而不是对象的实际内容。要比较对象的实际内容,需要使用方法 equals()。equals()方法比较的是对象的实际内容。

关系运算符==与 equals()的区别示例如下:

```
public class A1 {
  public static void main (String[ ] args) {
      Integer n1=new Integer(47);
      Integer n2=new Integer(47);
      Integer n3=n1;
      System.out.println(n1==n2);         //结果为 false
      System.out.println(n1==n3);         //结果为 true
      System.out.println(n1.equals(n2)); //结果为 true
  }
}
```

2.4.3　逻辑运算

逻辑运算符是对两个关系式或逻辑值进行逻辑运算的,运算结果仍是逻辑值。Java 语言提供了 6 种逻辑运算符,如表 2-7 所示。

表 2-7　Java 语言提供的 6 种逻辑运算符

逻辑运算符	描　述	优 先 级
!	布尔逻辑非(NOT)运算	高
&	布尔逻辑与(AND)运算	↓
^	布尔逻辑异或(XOR)运算	↓
|	布尔逻辑或(OR)运算	↓
&&	短路逻辑与(AND)运算	↓
||	短路逻辑或(OR)运算	低

需要注意的是，与 C/C++ 不同，在 Java 中不能用 0 表示假，用 1（或其他非 0 值）表示真。只能用 true 和 false 表示真和假。

布尔逻辑非运算符（!），如!a，是对逻辑量 a 的值取反，即如果 a 的值为真，则!a 为假；如果 a 的值为假，则!a 为真。

布尔逻辑与运算符（&），如 a&b，表示只有当逻辑量 a 和 b 的值同时为真时，a&b 才为真，a 和 b 中只要有一个为假，则 a&b 的值就为假。

布尔逻辑或运算符（|），如 a|b，表示只有当逻辑量 a 和 b 的值同时为真时，a|b 就为真，只有当 a 和 b 同时为假时，a|b 的值才为假。

布尔逻辑异或运算符（^），如 a^b，表示只有当逻辑量 a 和 b 的值取不同时，a^b 的值为真，a 和 b 的值相同时，a^b 的值就为假。

关系运算符的优先级低于"!"，而高于其他逻辑运算符。例如：

```
! a&b|c^x>y
```

上述表达式的执行顺序为：((!a)&b)|(c^(x>y))。

短路与运算符（&&）表示当第一个表达式的值为假时，它不再判断第二个表达式的值，而是直接返回 false。

短路或运算符（||）表示当第一个表达式的值为真时，它不再判断第二个表达式的值，而是直接返回 true。

利用短路表达式可以避免一些不必要的错误，例如：

```
(y! =0) & (x/y<5)
```

可以确保当 y 为 0 时返回假，而不再判断 x/y<5，从而避免了除数为 0 的错误。

2.4.4 位运算

位运算是一种对运算对象按二进制位进行操作的运算。位运算不允许只操作其中的某一位，而是对整个数据按二进制位进行运算。例如，对一个字节的数据进行位运算时，是对其中的 8 个二进制位进行运算。位运算的对象只能是整型数据（包括字符型），运算结果仍是整型数据。表 2-8 列出了 Java 提供的 7 种位运算符。

表 2-8 Java 提供的 7 种位运算符

<table>
<tr><th>位运算符</th><th>描述</th><th>位运算符</th><th>描述</th></tr>
<tr><td>~</td><td>按位非（NOT）运算</td><td>>></td><td>算术（或有符号）右移运算</td></tr>
<tr><td>&</td><td>按位与（AND）运算</td><td><<</td><td>左移运算</td></tr>
<tr><td>^</td><td>按位异或（XOR）运算</td><td>>>></td><td>逻辑（或无符号）右移运算</td></tr>
<tr><td>|</td><td>按位或（OR）运算</td><td></td><td></td></tr>
</table>

位逻辑运算符~、&、^、| 与普通布尔逻辑运算符的区别：它们的操作数是整型数据，而不是逻辑量。例如，设 a、b 均为无符号短整型变量：

a为二进制数0000 0000 0100 1001B

b为二进制数0000 0000 0101 0011B，则：

～a的结果为1111 1111 1011 0110B；

a&b的结果为0000 0000 0100 0001B；

a|b的结果为0000 0000 0101 1011B；

a^b的结果为0000 0000 0001 1010B。

位移位运算符是将数据看成二进制数，对其进行向左或向右移动若干位的运算。位移位运算符分为左移和右移两种，均为双目运算符。第一个运算对象是移位对象，第二个运算对象是所移的二进制位数。

移位时，移出的位数全部丢弃，移出的空位补入的数与左移还是右移有关。如果是左移，则规定补入的数全部是0；如果是右移，还与被移位的数据是否带符号有关。若是不带符号数，则补入的数全部为0；若是带符号数，则补入的数全部等于原数的最左端位上的原数(即原符号位)。

位移位运算符是同级别的，结合性是自左向右。

例如，设无符号短整型变量a的二进制数为0000 0000 0100 1001，则：

a<<3的结果为0000 0010 0100 1000；

a>>4的结果为0000 0000 0000 0100。

又如，设短整型变量a为－4，对应的二进制数为1111 1111 1111 1100，则：

a<<3的结果为－32，对应的二进制数为1111 1111 1110 0000；

a>>4的结果为－1，对应的二进制数为1111 1111 1111 1111。

逻辑(或无符号)右移运算符(>>>)仅作简单的移位操作，没有任何算术意义。右移后，左边空出的位总是用0填充。逻辑(或无符号)右移运算符只能用于int和long整型数据，如果应用于byte或short整型数据，则系统会自动将byte或short型数据扩展成int型。

x>>>y的移位规则：如果x为int型，则该表达式表示将整数x右移(y%32)位，而不是右移y位；如果x为long型，则该表达式表示将整数x右移(y%64)位。所以，对于任意int型(32位)整数x，x>>>32运算后，x将保持原值不变，而不是变成了0，因为它表示将x右移了(32%32=0)位。例如：

```
int a=123, b;  //123=1111011B
b=a>>>33;      //33%32=1,将 a 的内容逻辑(或无符号)右移 1 位
System.out.println("b="+b);
```

输出结果：

```
b=61           //61=0111101B
```

位运算符还可以与赋值号组合使用，形成复合赋值运算符。例如：

```
a<<=b;    //等价于 a=a<<b
a>>=b;    //等价于 a=a>>b
a>>>=b;   //等价于 a=a>>>b
```

```
a&=b;       //等价于 a=a&b
a^=b;       //等价于 a=a^b
a|=b;       //等价于 a=a|b
```

如果对 char、byte、short 类型的数值进行移位处理，在移位之前，它们会被转换为 int 类型，并且得到的结果也是一个 int 类型的值。

2.4.5 赋值运算

赋值运算符是双目运算符，赋值运算符的前面必须是变量，后面是表达式。

由于任何运算符和运算对象组成的式子都是表达式，所以由赋值运算符连接运算对象组成的式子"变量＝表达式"也是表达式，称为赋值表达式。每个表达式都有值，所以赋值表达式也有值，其值等于赋值运算符右边表达式的值，也就赋予左边变量的那个值。例如：

```
a=(b=3);
```

Java 规定赋值运算符的结合性为"自右至左"，即右结合性，所以上面的式子可以将括号去掉，直接写成：

```
a=b=3;
```

Java 提供了复合赋值运算符：＋＝、－＝、*＝、/＝、%＝。例如：

```
a+=b;  //相当于 a=a+b;
a-=b;  //相当于 a=a-b;
a*=b;  //相当于 a=a*b;
a/=b;  //相当于 a=a/b;
a%=b;  //相当于 a=a%b;
```

2.4.6 条件运算

条件运算符是三目运算符，它是由两个符号"?"和":"组合而成的。条件运算符提供了编写 if-else 语句的快捷方式。使用条件运算符来替代一个简单的 if-else 语句。此语句的一般结构如下：

```
variable=expression  value1:value2;
```

其三个运算对象都是表达式。第一个运算对象是逻辑表达式，后两个表达式是类型相同的任何表达式。如果表达式 expression 为 true，则将 value1 赋给变量 variable。如果表达式为 false，则将 value2 赋给变量 variable。

考虑下面的 if-else 语句：

```
int j;
if (i==1) j=5;
else j=6;
```

使用条件运算符，仅需一行代码：

```
int j=(i==1)? 5: 6;
```

条件运算符的结合方向为“自右至左”。例如：

```
i=x>y? x:w>z? w:z;
```

先计算右边条件表达式（w＞z? w：z）的值（设为 m），再计算左边条件表达式（x＞y? x：m）的值，最后将结果赋值给 i。

2.4.7 特殊操作符

除了上面介绍的几类运算符之外，Java 语言还支持其他一些特殊操作运算符，如表 2-9 所示。

表 2-9 Java 语言支持的一些特殊操作运算符

运 算 符	描 述
[]	用于声明数组，创建数组以及访问数组元素
.	用于访问对象实例或者类的成员函数
(type)	将某一个值转换为 type 类型
new	创建一个新的对象或者新的数组
instanceof	判断第一个运算对象是否为第二个运算对象的实例

instanceof 是 Java 的一个二元操作符，和＝＝、＞、＜等是同一类操作。由于它是由字母组成的，所以也是 Java 的保留关键字。它的作用是测试它左边的对象是不是它右边的类的实例，返回 boolean 类型的数据。

例如：

```
String s="I am an Object! "; boolean isObject=s instanceof Object;
```

上述语句声明了一个 String 对象引用 s，s 指向一个 String 类对象（"I am an Object!"），然后用 instancof 来测试它所指向的对象是否是 Object 类的一个实例，显然，这是真的，所以返回 true，也就是 isObject 的值为 true。

在 C/C++ 里，逗号不仅作为函数自变量列表的分隔符使用，也作为进行后续计算的一个运算符使用。逗号(,)运算符使它两边的表达式以从左到右的顺序被执行，并获得右边表达式的值。在 Java 里需要用到逗号的唯一场所就是在 for 循环的递增表达式中使用。例如：

```
int k=0;
for (int i=0,j=1; i <10; i++,j++){
        k=i +j;
}
System.out.println("k="+k);   //输出 k=19
```

这里,逗号(,)运算符将多个表达式当作单个表达式看待,从而规避了 for 语句只答应单个表达式被执行的限制。

2.4.8 运算符的优先级和结合性汇总

在实际的开发中,可能在一个运算符中出现多个运算符,那么计算时,就按照优先级级别的高低进行计算,级别高的运算符先运算,级别低的运算符后计算,各种运算符的优先级与结合性如表 2-10 所示。

表 2-10 Java 运算符的优先级与结合性

优先级	运 算 符	结合性
1	() [] .	从左到右
2	! +(正) −(负) ~ ++ −− new	从右向左
3	* / %	从左向右
4	+(加) −(减)	从左向右
5	<< >> >>>	从左向右
6	< <= > >= instanceof	从左向右
7	== !=	从左向右
8	&	从左向右
9	^	从左向右
10	|	从左向右
11	&&	从左向右
12	||	从左向右
13	?:	从右向左
14	= += −= *= /= %= &= |= ^= ~= <<= >>= >>>=	从右向左

(1) 该表中优先级按照从高到低的顺序书写,也就是优先级为 1 的优先级最高,优先级为 14 的优先级最低。

(2) 结合性从右向左的运算符最典型的就是负号,例如 3+−4,则意义为 3 加−4,负号"−"先和运算符右侧的内容结合。

(3) instanceof 的作用是判断对象是否为某个类或接口类型。

(4) 注意区分正负号和加减号,以及按位与和逻辑与的区别。其实在实际的开发中,不需要去记忆运算符的优先级别,也不要刻意地使用运算符的优先级别,对于不清楚优先级的地方使用小括号替代,例如:

```
int m=12;
int n=m <<1 +2;
```

```
int n=m <<(1 +2); //这样更直观
```

2.4.9 表达式和语句

表达式和语句都属于 Java 的语法，也是 Java 编程中最重要、最基础的部分。语句是完整的表达式单元。

表达式是由运算符、操作数和方法调用，按照语言的语法构造而成的符号序列。表达式主要用来进行计算，并返回计算结果。

Java 语言的语句是一个执行程序的基本单元，它类似于自然语言的句子，可分为以下几类。

(1) 表达式语句；

(2) 复合语句；

(3) 控制语句；

(4) 包语句和引入语句。

其中，表达式语句用分号“;”结尾，具体包括如下几种。

(1) 赋值表达式语句；

(2) ++、--语句；

(3) 方法调用语句；

(4) 对象创建语句；

(5) 变量的声明语句。

例 2-5 编写 Java 程序，判断某年是不是闰年。

程序清单：ch02/LeapYear.java

```
public class LeapYear{
    int year,month,day;
    void setdate(int y,int m,int d) {    //成员方法,设置日期值,无返回值,有三个参数
       year=y;
       month=m;
       day=d;
    }
    boolean isleapyear(){                //判断年份是否为闰年,布尔型返回值,无参数
      return (year%400==0)|(year%100!=0)&(year%4==0);
    }
    void print(){                        //输出日期值,无返回值,无参数
      System.out.println("date is "+year+'-'+month+'-'+day);
    }
    public static void main(String args[]){
       LeapYear a=new LeapYear();        //创建对象
       a.setdate(2012,12,25);            //调用类方法
       a.print();
       System.out.println(a.year+" is a leap year?"+a.isleapyear());
    }
}
```

程序运行结果：

```
date is 2012-12-25
2012 is a leapyear  true
```

2.5 数　组

2.5.1 数组的概念

在 Java 中，数组是一个对象。数组是把同一类型的数据组织在一起的数据结构。通常通过数组元素的索引来访问数组元素。Java 语言的数组则具有它特有的特征，它要求所有数组元素具有相同的数据类型。因此，在一个数组中，数组元素的类型是唯一的，即一个数组里只能存储一种数据类型的数据，而不能存储多种数据类型的数据。

Java 的数组既可以存储基本类型的数据，也可以存储引用数据类型的数据。只要所有数组元素具有相同类型即可。

值得指出的是数组也是一种数据类型，它本身是一种引用类型。例如 int 是一个基本类型，但 int[]（这是定义数组的一种方式）就是一种引用类型了。与 int 类型、String 类型类似，一样可以使用 int[]数据类型来定义变量，也可以使用该类型进行类型转换等。使用 int[]类型来定义变量、进行类型转换时与使用其他普通类型没有任何区别。int[]类型是一种引用类型，创建 int[]类型的对象时也就是创建数组，需要使用创建数组的语法。

因为 Java 语言是面向对象的语言，能很好地支持类与类之间的继承关系，这样可能产生一个数组里可以存放多种数据类型的假象。例如，有一个水果数组，要求每个数组元素都是水果，实际上数组元素既可以是苹果，也可以是香蕉，但这个数组的数组元素的类型还是唯一的，只能是水果类型。

一旦数组的初始化完成，数组在内存中所占的空间将被固定下来，因此数组的长度将不可改变。即使把某个数组元素的数据清空，但它所占的空间依然被保留，依然属于该数组，数组的长度依然不变。

与 C/C++ 不同，Java 不可越界访问数组。由于系统自动进行范围检查，所以必然要付出一些代价：针对每个数组在运行期间对索引的校验，会造成少量的内存开销。但由此换回的是更高的安全性，以及更高的工作效率，为此付出少许代价是值得的。

2.5.2 数组的创建与初始化

Java 语言支持两种语法格式来定义数组：

```
type[] arrayName;
type arrayName[];
```

对这两种语法格式而言，通常推荐使用第一种格式。因为第一种格式不仅具有更好的语意，也具有更好的可读性：对于“type[] arrayName;”方式，很容易理解这是定义一个变量，其中变量名是 arrayName，而变量类型是 type[]。type[]是一种新类型，与 type 类型完全不同，例如 int 类型是基本类型，但 int[]是引用类型。因此，这种方式既容易理解，也符合定义变量的语法。

对于第二种格式"type arrayName[];"它的可读性就差些，看起来好像定义了一个类型为 type 的变量，而变量名是 arrayName[]，这与真实的含义相去甚远。

定义数组时不能指定数组的长度，这是因为数组是一种引用类型，所以使用它定义一个变量时，仅仅表示定义了一个引用变量，这个引用变量还未指向任何有效的内存，所以定义数组时不能指定数组的长度。

只有对数组进行初始化后，才可以使用。所谓初始化，就是为数组的数组元素分配内存空间，并为每个数组元素赋初始值。数组的初始化有以下两种方式。

静态初始化：初始化时由程序员显式指定每个数组元素的初始值，由系统决定需要的数组长度。

动态初始化：初始化时程序员只指定数组长度，由系统为数组元素分配初始值。

静态初始化的语法格式如下：

```
arrayName=new type[]{element1, element2, element3, element4 ...}
                                                    //初始化时给出数组的元素
```

在上面的语法格式中，type 是数组元素的数据类型，此处的 type 必须与定义数组变量时所使用的 type 相同，也可以是定义数组时所使用的 type 的子类；并使用花括号把所有的数组元素括起来，多个数组元素之间以英文逗号(,)隔开，定义初始化值的花括号紧跟[]之后。

值得指出的是，执行静态初始化时，显式指定的数组元素值的类型也必须与 new 关键字后 type 类型相同，或者是其子类的实例。

动态初始化的语法格式如下：

```
arrayName=new type [5];  //初始化时定义数组的长度
```

上面的语句通过运算符 new 创建数组 arrayName 的对象，实际上就是为 arrayName 分配所需的内存单元。其中数组的长度为 5，每个元素都是 type 型变量。

也可以将对数组的声明和分配内存的过程结合成一个语句，例如：

```
int[] AB=new int[5];
```

数组创建后，可以通过以下方式对元素赋值：

```
AB[0]=135;
AB[1]=1520;
AB[2]=2210;
AB[3]=85255;
AB[4]=999;
```

也可以用一个语句代替上述所有语句，即创建数组和为元素赋值在一个语句中完成：

```
int[] AB={6, 80, 2, 55, 451};
```

例 2-6 用三种不同方式创建 AB、AC、AD 三个数组。其中，AB 是 char 型数组，AC 和 AD 都是 int 型数组。

程序清单：ch02/ArrayDemo.java

```
public class ArrayDemo
{
    public static void main(String[] args)
    {
        char[] AB;
        AB=new char[3];
1       AB[0]='a'; AB[1]='b'; AB[2]='c';
        System.out.println(AB[0]);
        System.out.println(AB[1]);
        System.out.println(AB[2]);
        int[] AC=new int[2];
        AC[0]=100; AC[1]=200;
        System.out.println(AC[0]);
        System.out.println(AC[1]);
        int[] AD={10,20,30,40};
        System.out.println(AD[0]);
        System.out.println(AD[1]);
        System.out.println(AD[2]);
        System.out.println(AD[3]);
2       System.out.println(AB.length);
3       System.out.println(AC.length);
4       System.out.println(AD.length);
    }
}
```

程序运行后分行输出：

```
a b c 100 200 10 20 30 40 3 2 4
```

第 1 行中包含了三个语句。Java 允许一行包含多个语句的书写方式，每个语句仍然应以分号结尾。语句 2、3、4 依次显示三个数组的长度，也就是元素的数目。

数组名为引用型变量，具有引用数组的功能。例 2-6 中，AB.length 表示数组 AB 的长度。这里通过数组名 AB 引用该数组，后面的圆点是一个英文句点。句点是一个操作符，跟在它后面的应是被引用对象的属性、方法或变量。这里就是数组 AB 的长度属性。

不管以哪种方式来初始化数组，只要为数组元素分配了内存空间，数组元素就具有了初始值，初始值的获得有两种形式：一种由系统自动分配；一种由程序员指定。

不要同时使用静态初始化和动态初始化，也就是说不要在进行数组初始化时，既指定数组的长度，又为每个数组元素分配初始值。例如：

```
int[] AB=new int[5]{6, 80, 2, 55, 451};   //错误
int[] AB=new int[ ]{6, 80, 2, 55, 451};   //正确
```

数组初始化完成后，就可以使用数组了，包括为数组元素赋值，访问数组元素值和获得数组长度等。

数组元素的访问是通过在数组引用变量后紧跟一个方括号下标，方括号里的下标是数组元素的索引值，数组索引是从0开始的。可以把一个数组元素当成一个普通变量使用，包括为该变量赋值和取出该变量的值，这个变量的类型就是定义数组时使用的类型。

如果访问数组元素时指定的索引小于0，大于或者等于数组的长度，虽然编译程序不会出现任何错误，但运行时将出现异常：java.lang.ArrayIndexOutOfBoundsException：2（数组索引越界异常），在这个异常提示信息后有一个int整数，这个整数就是程序员试图访问的数组索引。

下面的代码试图访问的数组元素索引等于数组长度，将引发数组索引越界异常（程序清单同ArrayDemo.java）：

```
System.out.println(AC[2]);
```

因为访问数组元素指定的索引等于数组长度，所以代码运行时出现异常。

所有数组都提供了一个length属性，通过这个属性可以访问到数组的长度，一旦获得了数组的长度后，就可以通过循环来遍历该数组的每个数组元素，下面的代码示范了输出prices数组的每个元素的值：

```
for (int i=0; i <prices.length; i ++) //使用循环输出 pricese 数组的每个数组元素的值
{
  System.out.println(prices[i]);
}
```

例 2-7　分析以下代码，指出其中的问题。

```
public int searchAccount(int[15] num){
      num=new int[15];
      for(int i=0;i<num.length;i++)
          num[i]=num[i-1]+num[i+1];
      return num;
}
```

该段程序存在如下问题：

(1) 数组的参数说明中不能含有长度(15)的信息。

(2) for循环中，当i=0时，"num[i-1]=num[-1];"越界，产生数组下标越界错误。

(3) return返回类型不是int类型，而是int[]类型，因为num是数组。

下面的代码将示范为动态初始化的数组元素进行赋值，并通过循环方式输出每个数组元素：

```
String[] books=new String[4];
books[0]="JavaEE 实用教程";
books[1]=" Web 程序设计";
```

```
for (int i=0; i <books.length; i++){
    System.out.println(books[i]);
}
```

上面的代码将先输出字符串"JavaEE 实用教程"和"Web 程序设计",然后输出两个 null,因为 books 使用了动态初始化,系统为所有数组元素都分配一个 null 作为初始值,后来程序又为前两个元素赋值,所以看到程序的输出结果。

从上面的代码中不难看出,初始化一个数组后,相当于同时初始化了多个相同类型的变量,通过数组元素的索引就可以自由访问这些变量(实际上都是数组元素)。使用数组元素与使用普通变量并没有什么不同,一样可以对数组元素进行赋值,或者取出数组元素的值。

2.5.3 多维数组

Java 语言里的数组类型是引用类型,数组变量其实是一个引用,这个引用指向真实的数组内存。数组元素类型也可以是引用,如果数组元素为引用类型,它再次指向真实的数组内存,这种存储结构就是多维数组。

前面定义数组的语法:“type[] arrayName;”是典型的一维数组的定义语法,其中 type 是数组元素的类型。如果希望数组元素也是一个引用,而且是指向 int 数组的引用,那可以把上面 type 具体成为 int[],int[]就是一种类型,int[]类型的用法与普通类型并无任何区别,那么上面定义数组的语法就是 int[][] arrayName。

如果把 int 这个类型扩大到 Java 的所有基本类型(不包括数组类型),则出现了定义二维数组的语法:

```
type[][] arrName;
```

Java 语言采用上面的语法格式来定义二维数组,但它的实质还是一维数组,只是其数组元素也是引用,数组元素里保存的引用指向一维数组。

接着对这个“二维数组”执行初始化,执行初始化同样可以把这个数组当成一维数组来初始化,把这个“二维数组”当成一个一维数组,其元素的类型是 type[]类型,则可以采用如下语法进行初始化:

```
arrayName=new type[length][];
```

上面的初始化语法相当于初始化了一个一维数组,这个一维数组的长度是 length。同样,因为这个一维数组的数组元素是引用类型(数组类型)的,所以系统为每个数组元素都分配初始值:null。

这个二维数组实际上完全可以当成一维数组使用:使用 new type[length]初始化一维数组后,相当于定义了 length 个 type 类型的变量;类似地,使用 new type[length][]初始化这个数组后,相当于定义了 length 个 type[]类型的变量,当然,这些 type[]类型的变量都是数组类型,因此必须再次初始化这些数组。

二维数组的元素可以排列成一个矩阵,它的元素用两个下标表示。下面是一个 3 行 4 列的矩阵,共有 12 个元素,行号和列号都从 0 开始:

a[0][0]	a[0][1]	a[0][2]	a[0][3]
a[1][0]	a[1][1]	a[1][2]	a[1][3]
a[2][0]	a[2][1]	a[2][2]	a[2][3]

```
float[][] a=new float[3][4];  //创建一个 3 行 4 列的数组,每个元素都为 float 类型数据
```

二维数组的赋值方法和一维数组类似,例如:

```
a[0][0]=100.0f;
a[0][1]=100.1f;
a[2][1]=102.1f;
```

例 2-8　把二维数组当成一维数组处理。

程序清单:ch02\TestTwoDimension.java

```
public class TestTwoDimension
{
  public static void main(String[] args)
  {
    int[][] a;            //定义一个二维数组
    a=new int[3][];   //初始化 a 是一个长度为 3 的数组,a 数组的数组元素又是引用类型
    for (int i=0; i<a.length; i++)  //把 a 数组当成一维数组,遍历 a 数组的每个数组元素
    {
      System.out.println(a[i]);
    }
  a[0]=new int[2];     //初始化 a 数组的第一个元素
  a[0][1]=6;             //访问 a 数组的第一个元素所指数组的第二个元素
   for (int i=0; i <a[0].length; i ++)
                         //a 数组的第一个元素是一个一维数组,遍历这个一维数组
    {
      System.out.println(a[0][i]);
    }
  }
}
```

程序运行结果分行输出:

```
null null null 0 6
```

下面结合示意图来说明程序 TestTwoDimension.java 的运行过程。

程序的第一行"int[][] a;"在栈内存中定义一个引用变量,这个变量并未指向任何有效的内存空间,此时的堆内存中还未为这行代码分配任何存储区。

程序对 a 数组执行初始化:a=new int[3][];这行代码为让 a 变量指向一块长度为 3 的数组内存,这个长度为 3 的数组里每个数组元素都是引用类型(数组类型),系统为这些数组元素分配默认初始值 null。此时 a 数组在内存中的存储示意如图 2-6 所示。

从图 2-6 可以看出，虽然声明 a 是一个二维数组，但这里丝毫看不出它是一个二维数组的样子，完全是一维数组的样子。这个一维数组的长度是 3，只是这三个数组元素都是引用类型，它们的默认值是 null。所以程序中可以把 a 数组当成一维数组处理，依次遍历 a 数组的每个元素，将看到每个数组元素的值都是 null。

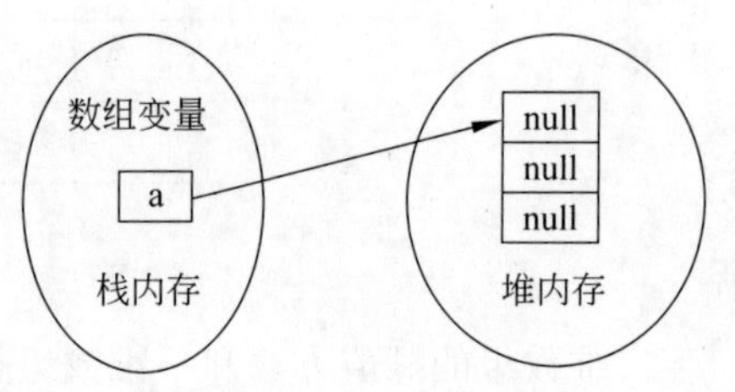

图 2-6 将二维数组当成一维数组初始化

因为 a 数组的元素必须是 int[]数组，所以接下来的程序对 a[0]元素执行初始化，也就是让图 2-6 右边堆内存中的第一个数组元素指向一个有效的数组内存，指向一个长度为 2 的 int 数组。因为程序采用动态初始化 a[0]数组，所以系统将为 a[0]的每个数组元素分配默认初始值 0，然后程序显式为 a[0]数组的第二个元素赋值为 6。此时在内存中的存储示意如图 2-7 所示。图 2-7 中灰色覆盖的数组元素就是程序显式指定的数组元素值。TestTwoDimension.java 接着迭代输出 a[0]数组的每个数组元素，将看到输出 0 和 6。是否可以让图 2-7 中灰色覆盖的数组元素再次指向另一个数组？这样不就可以扩展成三维数组吗？甚至扩展到更多维的数组？不能！至少在这个程序中不能。因为 Java 是强类型的语言，当我们定义 a 数组时，已经确定了 a 数组的数组元素是 int[]类型，则 a[0]数组的数组元素只能是 int 类型，所以灰色覆盖的数组元素里只能存储 int 类型的变量。对于其他弱类型的语言，例如 JavaScript 和 Ruby 等，确实可以把一维数组无限扩展，扩展成二维数组、三维数组……如果想在 Java 语言中实现这种可无限扩展的数组，则可以定义一个 Object[]类型的数组，这个数组的元素是 Object 类型，因此可以再次指向一个 Object[]类型的数组，这样就可以从一维数组扩展到二维数组、三维数组……一直下去。

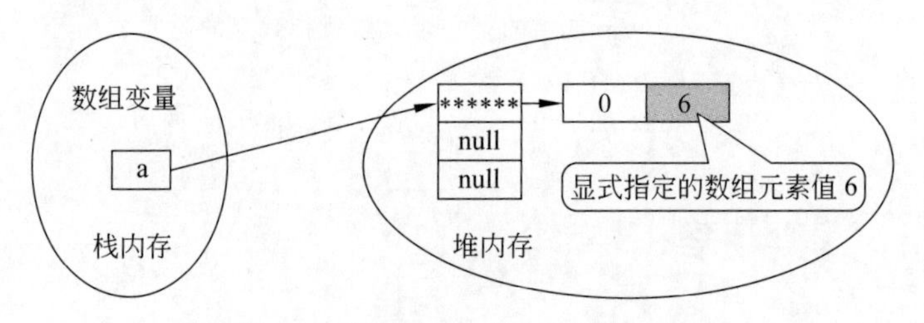

图 2-7 初始化 a[0]后的存储示意

从上面程序中可以看出，初始化多维数组时，可以只指定最左边维的大小；当然，也可以一次指定每一维的大小，例如下面的代码(程序清单同上)：

```
int[][] b=new int[3][4];//同时初始化二维数组的两个维数
```

上面的代码将定义一个 b 数组变量，这个数组变量指向一个长度为 3 的数组，这个数组的每个数组元素又是一个数组类型，它们各指向对应的长度为 4 的 int[]数组，每个数组元素的值为 0。这行代码执行后在内存中存储示意如图 2-8 所示。

还可以使用静态初始化的方式来初始化二维数组，使用静态初始化方式来初始化二维数组时，二维数组的每个数组元素都是一维数组，因此必须指定多个一维数组作为二维

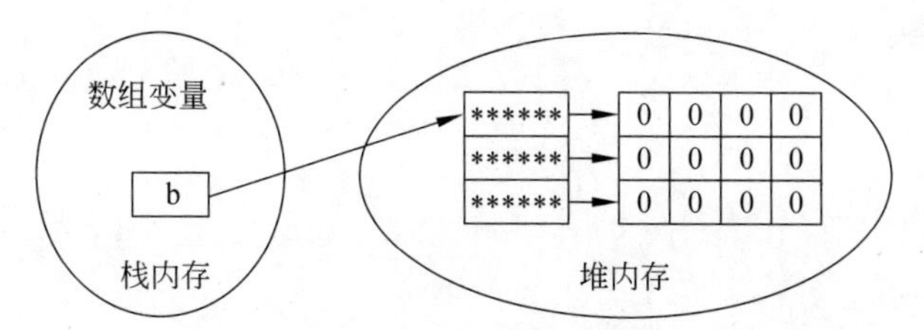

图 2-8　同时初始化二维数组的两个维数后的存储示意

数组的初始化值。

如下代码说明了使用静态初始化的语法来初始化一个二维数组：

```
String[][] str1=new String[][]{new String[3], new String[]{"hello"} };
```

上面的代码执行后，内存中的存储示意如图 2-9 所示。

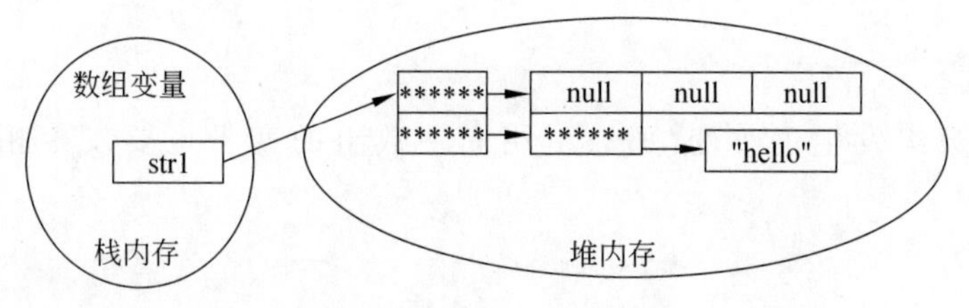

图 2-9　采用静态初始化语法初始化二维数组

通过上面的讲解，我们可以得到一个结论：二维数组是一维数组，其数组元素是一维数组；三维数组也是一维数组，其数组元素是二维数组；四维数组还是一维数组，其数组元素是三维数组，从这个角度来看，Java 语言里多维数组其实是一维数组。

例 2-9　二维数组的实例，在程序中没有为元素 a[2][3]赋值，但是它的输出值为0.0。表明创建数组时，已经将 0 作为初始值赋予每个元素，也就是数组元素的默认值。

程序清单：ch02/TwoDementionArray.java

```
public class TwoDementionArray
{
    public static void main(String[] args)
    {
      float a[][];
      a=new  float[3][4];
      a[0][0]=100.0f;
      a[0][1]=100.1f;
      a[2][1]=102.1f;
      System.out.println(a[0][0]);
      System.out.println(a[0][1]);
      System.out.println(a[2][1]);
      System.out.println(a[2][3]);
    }
}
```

程序运行结果：

```
100.0
100.1
102.1
0.0
```

2.5.4 数组的复制

Java 中数组的复制有以下几种方式。

(1) 将一个数组变量赋值给另一个数组变量。由于 Java 中的数组是引用数据类型，因此 Java 中的数组的复制不同于基本变量的复制。复制后两个变量将引用同一个数组对象。例如：

```
int [ ] firstArray={1,2,3,4};
int [ ] secondArray=firstArray;
```

如果一个数组发生了改变，那么引用同一数组的变量也要发生相同的改变，如图 2-10 所示。

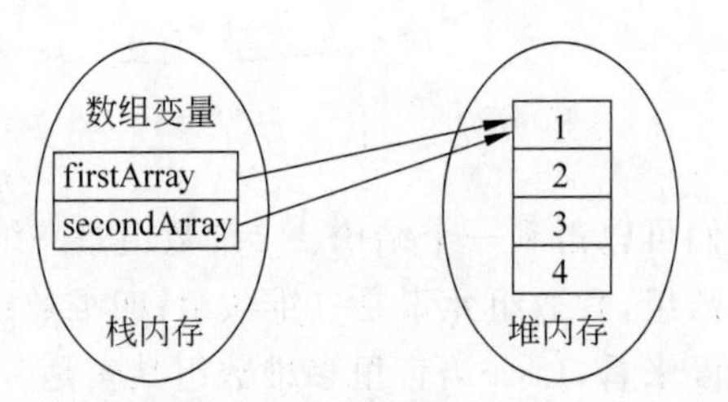

图 2-10 将一个数组变量赋值给另一个数组变量

(2) 使用 for 循环，将一个数组的每个元素值复制到另一个数组中。

(3) 使用 clone()方法，得到数组的值，而不是引用。

(4) 使用 System.arraycopy(s, start1, t, start2, length)方法，s 是原数组，t 是目标数组，start1 和 start2 是开始复制的下标，length 一般是 s 的长度，由于 arraycopy()方法不给目标数组分配内存空间，所以必须要先为 t 分配内存空间。arraycopy()是 System 类里的一个静态方法，可以直接用 System 类名调用。

例 2-10 使用 for、clone 和 arraycopy 复制数组的例子(如图 2-11 所示)。

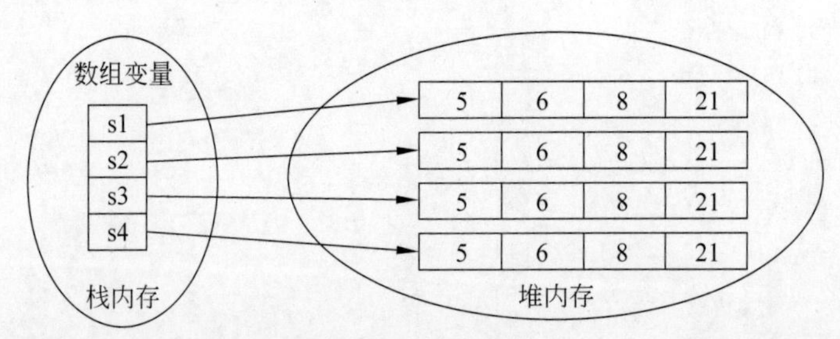

图 2-11 数组的复制示例

程序清单：ch02/UseArray.java

```
public class UseArray{
    public static void main(String[] args){
            int[] s1={5,6,8,21};
            int[] s2=new int[s1.length];  //s2 必须先初始化分配空间
            int[] s3;
            int[] s4=new int[s1.length];  //s4 必须先初始化分配空间
            prnt(s1);
            System.out.println("s2 use for cycled method");
            for(int i=0;i<s1.length;i++){//使用 for 循环复制数组
                    s2[i]=s1[i];
                }
            prnt(s2);
            System.out.println("s3 use clone method");
            s3=(int[]) s1.clone();          //使用 clone 创建 s1 副本,注意 clone 要使
                                              用强制转换
            prnt(s3);
            System.out.println("s4 use arraycopy method");
            System.arraycopy(s1,0,s4,0,s1.length);
            prnt(s4);
    }
    public static void prnt (int [] a){
            for(int i=0;i<a.length;i++){
                    System.out.print(a[i]+"  ");
            }
            System.out.println();
    }
}
```

程序运行结果如下：

```
5  6  8  21
s2 use for cycled method
5  6  8  21
s3 use clone method
5  6  8  21
s4 use arraycopy method
5  6  8  21
```

2.5.5　操作数组的工具类

Java 提供的 Arrays 类里包含了一些 static 修饰方法，static 修饰的方法可以直接通过类名调用，这些方法可以直接操作数组，这个 Arrays 类里包含如下几个 static 修饰的方法。

int binarySearch(type[] a, type key)：使用二分法查询key元素值在a数组中出现的索引；如果a数组不包含key元素值，则返回负数。调用该方法时要求数组中元素已经按升序排列，这样才能得到正确结果。

int binarySearch(type[] a, int fromIndex, int toIndex, type key)：这个方法与前一个方法类似，但它只搜索a数组中fromIndex到toIndex索引的元素。调用该方法时要求数组中元素已经按升序排列，这样才能得到正确结果。

type[] copyOf(type[] original, int newLength)：这个方法将会把original数组复制成一个新数组，其中newLength是新数组的长度。如果newLength小于original数组的长度，则新数组就是原数组的前面newLength个元素；如果newLength大于original数组的长度，则新数组的前面元素就是原数组的所有元素，后面补充0(数值型)、false(布尔型)或者null(引用型)。

type[] copyOfRange(type[] original, int from, int to)：这个方法与前面方法相似，但这个方法只复制original数组的from索引到to索引的元素。

boolean equals(type[] a, type[] a2)：如果a数组和a2数组的长度相等，而且a数组和a2数组的数组元素也一一相同，该方法将返回true。

void fill(type[] a, type val)：该方法将会把a数组的所有元素值都赋值为val。

void fill(type[] a, int fromIndex, int toIndex, type val)：该方法与前一个方法的作用相同，区别只是该方法仅仅将a数组的fromIndex到toIndex索引的数组元素赋值为val。

void sort(type[] a)：该方法对a数组的数组元素进行排序。

void sort(type[] a, int fromIndex, int toIndex)：该方法与前一个方法相似，区别是该方法仅仅对fromIndex到toIndex索引的元素进行排序。

String toString(type[] a)：该方法将一个数组转换成一个字符串。该方法按顺序把多个数组元素连缀在一起，多个数组元素使用英文逗号(,)和空格隔开。

例2-11 Arrays类的用法举例。

程序清单：ch02\TestArrays.java

```
import java.util.Arrays;
public class TestArrays{
  public static void main(String[] args) {
  int[] a=new int[]{3, 4, 5, 6};      //定义一个 a 数组
  int[] a2=new int[]{3, 4, 5, 6};     //定义一个 a2 数组
  System.out.println("a 数组和 a2 数组是否相等: " +Arrays.equals(a, a2));
                                      //将输出 true
  int[] b=Arrays.copyOf(a, 6);        //通过复制 a 数组,生成一个新的 b 数组
  System.out.println("a 数组和 b 数组是否相等: " +Arrays.equals(a, b));
  System.out.println("b 数组的元素为: " +Arrays.toString(b)); //输出 b 数组的元素
  Arrays.fill(b, 2, 4, 1);//将 b 数组的第 2 个元素(包含)到第 4 个元素(不包含)赋值为 1
  System.out.println("b 数组的元素为: " +Arrays.toString(b)); //输出 b 数组的元素
  Arrays.sort(b);                                              //对 b 数组进行排序
```

```
    System.out.println("b 数组的元素为: " +Arrays.toString(b)); //输出 b 数组的元素
  }
}
```

程序运行结果：

```
a 数组和 a2 数组是否相等: true
a 数组和 b 数组是否相等: false
b 数组的元素为: 3,4,5,6,0,0
b 数组的元素为: 3,4,1,1,0,0
b 数组的元素为: 0,0,1,1,3,4
```

Arrays 类属于 java.util 包，为了在程序中使用 Arrays 类，必须在程序中导入 java.util.Arrays 类。

2.5.6 数组的应用举例

例 2-12 开发一个工具函数，将一个浮点数转换成人民币读法字符串，这个程序就需要使用数组。当然这个程序还需要使用程序控制结构中的循环、分支等知识。

实现这个函数的思路是先把这个浮点数分成整数部分和小数部分，提取整数部分很容易，直接将这个浮点数强制类型转换成一个整数即可，这个整数就是浮点数的整数部分；再使用浮点数减去整数将可以得到这个浮点数的小数部分。

然后分开处理整数部分和小数部分，其中小数部分的处理比较简单，直接截断到保留两位数字，转换成几角几分的字符串。整数部分的处理则稍微复杂一点，但只要认真分析不难发现，中国的数字习惯是 4 位一节的，一个 4 位的数字可被转成几千几百几十几，至于后面添加什么单位则不确定，如果这节 4 位数字出现在 1～4 位，则后面添加单位元，如果这节 4 位数字出现在 5～8 位，则后面添加单位万，如果这节 4 位数字出现在 9～12 位，则后面添加单位亿，多于 12 位就暂不考虑了。

因此，实现这个程序的关键就是把一个 4 位数字字符串转换成一个中文读法。

程序清单：ch02\Num2Rmb.java

```
import java.util.Arrays;
public class Num2Rmb{
  private String[] hanArr={"零","壹","贰","叁","肆","伍","陆","柒","捌","玖"};
  private String[] unitArr={"拾","佰","仟"};
  //private String[] divide(double num)把一个浮点数分解成整数部分和小数部分字符串,
  //num 需要被分解的浮点数,return 分解出来的整数部分和小数部分。第一个数组元素是
  //整数部分,第二个数组元素是小数部分
private String[] divide(double num){
  long zheng=  (long)num; //将一个浮点数强制类型转换为 long,即得到它的整数部分
  long xiao=Math.round((num - zheng) * 100);
                              //浮点数减去整数部分乘以 100 再取整得到两位小数
   //下面用了两种方法把整数转换为字符串
  return new String[]{zheng +"", String.valueOf(xiao)};
```

```
    }
    //private String toHanStr(String numStr)把一个4位的数字字符串变成汉字字符串,
    //numStr 需要被转换的4位数字字符串,return 4位的数字字符串被转换成的汉字字符串
    private String toHanStr(String numStr){
      String result="";
      int numLen=numStr.length();
    for (int i=0; i <numLen; i++) {   //依次遍历数字字符串的每一位数字
      int num=numStr.charAt(i) -48; //把char型数字转换成int型数字,因为它们的ASCII
                                    //值恰好相差48
      if (i!=numLen -1 && num !=0)  //如果不是最后一位数字且数字不是零,则需要添加单
                                    //位(仟、佰、拾)
      {
        result +=hanArr[num] +unitArr[numLen -2 -i];
      }
    else   //否则不要添加单位
    {
      result +=hanArr[num];
    }
    }
      return result;
    }
    public static void main(String[] args) {
      Num2Rmb nr=new Num2Rmb();
      System.out.println(Arrays.toString(nr.divide(326811125.45)));
                                            //测试把一个浮点数分解成整数部分和小数部分
      System.out.println(nr.toHanStr("8906"));
                                            //测试把一个4位的数字字符串变成汉字字符串
      }
    }
```

程序运行结果如下：

```
[326811125,45]
捌仟玖佰零陆
```

从上面程序的运行结果来看,初步实现了所需功能,但这个程序并不是这么简单,对0的处理比较复杂。例如,有两个零连在一起时该如何处理呢？如果最高位是零如何处理呢？最低位是零又如何处理呢？因此这个程序还需要继续完善,希望读者能把这个程序写完。

例2-13 判断数组元素是否对称。如{1}、{1,2,0,2,1}、{1,2,3,3,2,1}这样的都是对称数组。

该题中用于判断数组中的元素关于中心对称,也就是说数组中的第一个元素和最后一个元素相同,数组中的第二个元素和倒数第二个元素相同,以此类推,如果比较到中间,所有的元素都相同,则数组对称。

实现思路：把数组长度的一半作为循环的次数，假设变量i从0循环到数组的中心，则对应元素的下标就是：数组.length－i－1，如果对应的元素有一组不相等则数组不对称；如果所有对应元素都相同，则对称。

程序清单：ch02\SymmetryArray.java

```
public class SymmetryArray
{
  public static void main(String[] args)
  {
    int[] n={1,2,0,2,1};
    boolean flag=true;                    //假设对称
    for(int i=0;i <n.length/2;i++){  //循环数组长度的一半次
    if(n[i]!=n[n.length-i-1])        //比较元素
     {
       flag=false;                    //不对称
       break;                         //结束循环
     }
    }
   if(flag){
       System.out.println("对称");
    }
   else{
    System.out.println("不对称");
    }
  }
}
```

程序运行结果：

```
对称
```

在该代码中，flag作为标志变量，值为true代表对称，false代表不对称，因为是两两比较，只需要比较数组的长度一半次即可，如果对应的元素不相同则数组不对称，结束循环。最后判断标志变量的值，就可以获得数组是否对称了。

习 题 2

1. 试分析基本数据类型和引用数据类型的基本特点。
2. 分析以下程序段，得到打印结果________。

```
System.out.println( 1 >>>1);
System.out.println( -1 >>31);
System.out.println( 2 >>1);
System.out.println( 1 <<1);
```

3. 以下 temp 变量的最终取值是________。

```
long temp=(int)3.9;
temp %=2;
```

4. 以下代码运行后得到的输出结果是________。

```
int output=10;
boolean b1=false;
if((b1==true) && ((output+=10)==20)){
   System.out.println("We are equal "+output);
}
else{
    System.out.println("Not equal! "+output);
}
```

5. 以下代码运行后的输出结果是________。

```
int output=10;
boolean b1=false;
if((b1=true) && ((output+=10)==20)){
    System.out.println("We are equal "+output);
}
else{
     System.out.println("Not equal! "+output);
}
```

6. 运行以下程序,将得到的输出结果是________。

```
public class Abs{
    static int a=0x11;
    static int b=0011;
    static int c='\u0011';
    static int d=011;
  public static void main(String args[]){
    System.out.println(a);
    System.out.println(b);
    System.out.println(c);
    System.out.println(d);
  }
}
```

7. 分析下列代码段,i、count 变量的最终取值是________。

```
int i=3;
int count=(i++)+(i++)+(i++);
```

8. 字符'A'的 Unicode 编码为 65。下面代码正确定义了一个代表字符'A'的选项是________。

A. char ch=65;　　B. char ch='\65';
C. char ch='\u0041';　　D. char ch='A';
E. char ch="A";

9. 下面哪些是 Java 关键字？________

A. final　　B. Abstract　　C. Long　　D. static
E. class　　F. main　　G. private　　H. System

10. 下面哪些是不合法的标识符？________

A. do_it_now　　B. _Substitute　　C. 9thMethod　　D. $addMoney
E. %getPath　　F. 2variable　　G. variable2　　H. #myvar

11. 字节型数据的取值范围是________。

12. 请问下面哪些变量定义语句编译时会出错？________

A. float f=1.3;　　B. double D=4096.0;
C. byte b=257;　　D. String s="1";
E. int i=10;　　F. char c="a";
G. char C=4096;　　H. boolean b=null;

13. 如果调用下面的方法且参数值为 67,那么方法的返回值是________。

```
public int maskoff(int N){
    return N^3;
}
```

14. 编写程序将 34.5 和 68.4 两个数相加,并将结果显示成以下形式:

```
x+y=34.5+68.4=***.*
```

第 3 章 CHAPTER

控制结构

计算机程序是由若干条语句组成的语句序列，但是程序的执行并不一定按照语句序列的书写顺序。程序中语句的执行顺序称为“程序结构”。如果程序中的语句是按照书写顺序执行的，称其为“顺序结构”，它是最基本的程序结构；如果某些语句是按照当时的某个条件来决定是否执行，称其为“分支结构”；如果某些语句要反复执行多次，称其为“循环结构”。

3.1 分支结构

分支结构表示在某一条件成立的情况下，进行分流行为的程序结构。分支结构在 Java 语言中有两种形式：条件分支结构与开关分支结构。其中条件分支又有单分支、双分支的基本形式。将分支基本结构嵌套就成为多分支结构，而开关分支结构则是另一种多分支结构。

3.1.1 if 语句

Java 的 if 语句与其他编程语言中所用的 if 语句类似，分为单分支、双分支的基本形式。

单分支结构的 if 语句为

```
if(条件表达式) 语句组
```

其中，if 括号中的条件表达式的值为 true 时，其后的语句组将被执行；当条件表达式值为 false 时，其后的语句组将不被执行。if 语句的逻辑如图 3-1 所示。

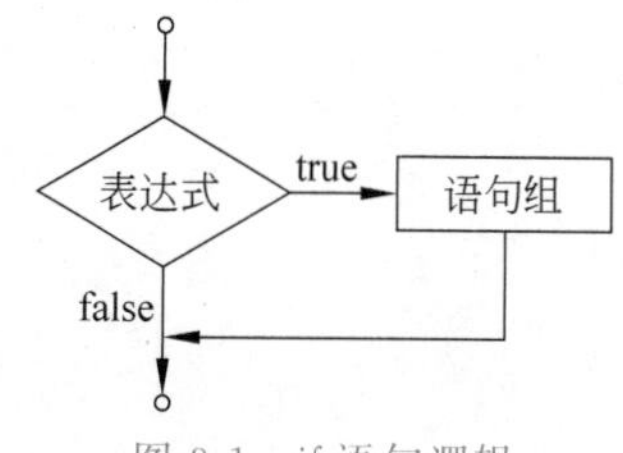

图 3-1 if 语句逻辑

双分支结构也称为 if-else 结构，其语句格式为

```
if(条件表达式) 语句组 1
else 语句组 2
```

其中，if 括号中的表达式值可由任何表达式求得，当表达式值为 true 时，表示 if 括号中的条件为逻辑真，其后的语句组 1 将被执行；当表达式值为 false 时，表示 if 括号中的条件为逻辑假，则语句组 2 将被执行。因此，语句组 1 与语句组 2 在双分支结构中必定会有一个将被执行。if-else 语句的逻辑如图 3-2 所示。

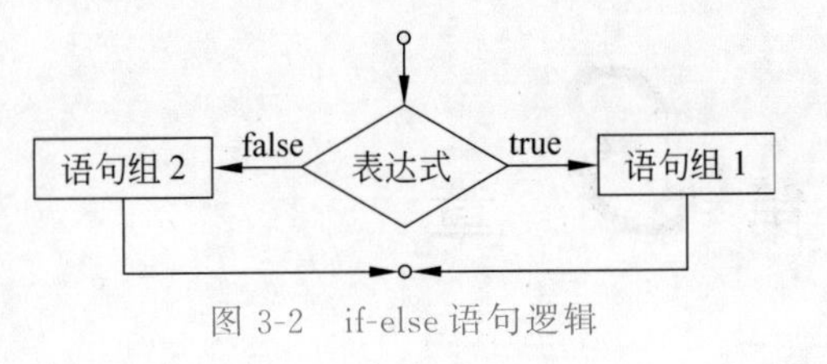

图 3-2 if-else 语句逻辑

if 型的多分支结构的语句实际上是由 if 结构嵌套而成的，其过程及分析与单、双分支情况相同。在理论上，其嵌套的深度(层次)没有限制，但嵌套太深，运行速度变慢，可读性差，查错、调试困难，因此，除了非用此法的情况外，一般可用开关分支结构来代替多路分支结构。

多分支结构的 if 语句为

```
if(条件表达式 1)
  if(表达式 1_1) 语句组 1_1
     else 语句组 1_2
else
  if(条件表达式 2) 语句组 2_1
    else 语句组 2_2
```

在多分支结构中，每个 if 要与对应的 else 配对，当有多个 if 结构嵌套时，else 将与最近的 if 配对。若 if 需要与另一个 else 配对，就可将该 if 与 else 之间的所有语句用一对花括号“{}”括起，这样就改变了 if 与最近的 else 配对的原则。

Java 没有 end if 关键字，所以必须根据约定使用正确的缩排和空白，以使代码易于读取，逻辑易于解释。

例 3-1 if 语句的应用。

程序清单：ch03\IfDemo.java

```
public class IfDemo{
    public static void main(String[] args){
        int c1=2;  int c2=3;
        if (c1==1){
            System.out.println("c1=1");
        }
        else if(c2<=1){
            System.out.println("c2<=1");
        }
        else{
            System.out.println("c1 !=1, c2>1");
        }
    }
}
```

程序运行结果：

```
c1!=1, c2>1
```

例 3-2　将一个字符串中的小写字母变成大写字母，大写字母变成小写字母。

程序清单：ch03\ChangeLetter.java

```
import java.util.*;
public class ChangeLetter{
public static void main(String args[]){
    String s=new String("abcABC123");
    System.out.println(s);
    char a[]=s.toCharArray();
    for(int i=0;i<a.length;i++){
      if(Character.isLowerCase(a[i])){
          a[i]=Character.toUpperCase(a[i]);
      }
      else
        if (Character.isUpperCase(a[i])){
            a[i]=Character.toLowerCase(a[i]);
        }
    }
     s=new String(a);
     System.out.println(s);
}
}
```

程序运行结果：

输入：

```
abcABC123
```

输出：

```
ABCabc123
```

3.1.2　switch 语句

当程序中多分支结构的各分支之间没有相互依赖关系时，可以采用 switch 开关分支结构，其语句为

```
switch(整型/字符型表达式)
{
  case 整型/字符常量 1: 语句 1; [break;]
  case 整型/字符常量 2: 语句 2; [break;]
  ⋮
  case 整型/字符常量 n: 语句 n; [break;]
```

```
  [ default: 语句 n+1; ]
}
```

每一个case构成一个分支。根据switch中的整型/字符表达式值,依次判定case中的整型/字符常量表达式是否与其相等。

(1) 当有一个case的整型/字符常量与其相等,则其后的语句组被执行,若有break语句,则跳出该switch语句;若无break语句,则继续执行下一个case项,直到遇到break语句或右花括号"}"。当有一个以上case的整型/字符常量与其相等,则仅执行第一个case项的语句组。

(2) 当无任何case的整型/字符常量与其相等,且有default项,则跳过所有的case项,执行default项的语句组;若无default项,则不执行switch中的任何语句。

(3) default项可以出现在switch语句中的任何位置。但无论default项出现在何处,程序首先会检查所有的case分支,如没有相符合项,则再寻找default项。

(4) switch语句必须用一对花括号"{}"括起所有项内容。

JDK 7以后的版本可以在switch中使用字符串,示例如下:

```
String s="test";
switch (s) {
case "test" :
    System.out.println("test");
    break ;
case "test1" :
    System.out.println("test1");
    break ;
default :
  System.out.println("break");
    break ;
  }
```

例3-3 switch语句的应用。

程序清单:ch03\SwitchDemo.java

```
public class SwitchDemo{
    public static void main(String[] args){
        int c=2;
        switch(c)
        {
            case 1: System.out.println("case 1 c="+c);
                    break;
            case 3: System.out.println("case 3 c="+c);
                    break;
            case 5: System.out.println("case 5 c="+c);
                    break;
            default: System.out.println("default c="+c);
        }
    }
}
```

该程序运行后输出：default c=2，表示不属于程序中列举的任一事件。

3.2 循环语句

循环是指在给定条件为真时，反复执行某个程序段。它包括当型与直到型循环。当型循环有 for 与 while 两种形式，在进入循环体前必须先判定条件值是否为真（前判断循环），因而，其最少循环次数为 0。而直到型的形式为 do-while，第一次进入循环体不必理会循环条件是否为真（后判断循环），因而，其最少循环次数为 1。

3.2.1 for 循环语句

for 循环语句的基本形式为

```
for(表达式 1;表达式 2;表达式 3)
    循环体语句组
```

执行过程：先计算表达式 1，得到循环变量的初值，代入表达式 2 中，求出表达式 2 的逻辑值。当其逻辑值为真时，执行循环体语句组，否则，退出该循环。当执行完循环体语句组后，再计算表达式 3，再代入表达式 2……。因此，for 循环也可写成：

```
for(初值;条件;增量)
    循环体语句组
```

表达式 1 给循环变量赋初值，不管循环多少次，它只执行一次；表达式 2 是循环条件，当循环条件为真时，方可执行循环体的语句，否则将退出循环体；表达式 3 是每循环一次都必须改变的循环变量表达式，是使循环条件由真变为假的必要过程，也是防止死循环的重要环节。

三个表达式之间要用分号"；"分隔，for 中的两个分号不能省略，而三个表达式可以省略。

省略表达式 1：for(;表达式 2;表达式 3)，表达式 1 须在 for 之前执行。

省略表达式 1 和表达式 3：for(;表达式 2;)，表达式 1 须在 for 之前执行，表达式 3 须在循环体内执行。

省略表达式 1、表达式 2 和表达式 3：for(;;)，表达式 1 须在 for 之前执行，表达式 3 须在循环体内执行。当省略表达式 3 时，将失去控制进入循环体的判断条件，因而在循环体内还必须用 break 语句强制退出本次循环，否则将产生死循环。for 循环语句的框图如图 3-3 所示。

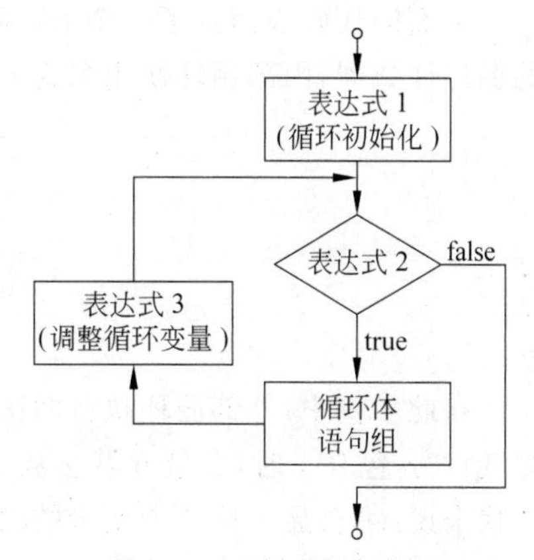

图 3-3　for 循环语句框图

循环体可以是单语句、复合语句，也可以是空语句（用"；"表示）。

例 3-4　用 for 循环语句对数组排序输出的例子。

程序清单：ch03\ForDemo.java

```
import java.util.*;
public class ForDemo{
  public static void main(String[ ] args)
    {
1       int[] a={22,2,222,-1,-110,0};
2       Arrays.sort(a);
3       for(int i=0;i<=5;i++) System.out.print(a[i]+",");
    }
}
```

程序运行结果：

```
-110, -1, 0, 2, 22, 222,
```

由于程序中要用到 Arrays 类，java.util 包中包含了这个类，所以第一行通过 import 语句引入 java.util 包，* 号表示引入包中所有的类。也可以将该语句改成：

```
import java.util.Arrays;
```

这样就只引入 java.util 包中 Arrays 一个类，现在程序中只需要这个类，所以可以改用这个语句。

语句 1 定义了一个 int[]型数组 a。

语句 2 调用 Arrays 类的 sort()方法，将数组元素按数字升序重新排列。sort()方法的原型为

```
public static void sort(int[] a)
```

由于这是一个 static 修饰的类方法，所以可通过类名 Arrays 调用。

语句 3 是 for 循环语句的应用。该语句将数组元素按照排列好的顺序，从第 1 个到第 6 个逐一打印出来。从中可以看到数组元素的顺序已经按数字升序重新排列。

有时可能想在一个称为嵌套循环的循环中编写一个循环，这在处理排列成多行和多列的数据时特别有用。可以使用外部循环在列之间移动，使用内部循环访问每一行。

下面的代码段演示了一个 for 循环位于另外一个 for 循环中。外部循环使用名为 m 的循环计数器，内部循环使用名为 n 的循环计数器。

```
for (int m=1; m<=2; m++){        //外部循环
   for (int n=1; n <=3; n++) {   //内部循环
     System.out.println("嵌套循环: m=" +m +", n=" +n);
   }
}
```

在此示例中，外部循环执行两次，它每次执行时，内部循环都会执行 3 次。也就是说，当变量 m 包含 1 时，变量 n 就会从 1 递增到 2，然后再递增到 3。对于内部循环的每一次迭代来说，都会显示这 2 个变量的内容。总共会调用 6 次 println()方法。

例 3-5 编写程序解决实际问题。已知公鸡 5 元 1 只，母鸡 3 元一只，小鸡 1 元 3 只，要求用 100 元刚好买 100 只鸡，问有多少种采购方案。

程序清单：ch03\BuyChicken.java

```
public class BuyChicken{
  public static void main(String[] args) {
        int I,J,K;
        System.out.println(" 公鸡数 I  母鸡数 J  小鸡数 K ");
        for (I=0;I<=20;I++) {          //I 为公鸡数
             for (J=0;J<=33;J++) {  //J 为母鸡数
                  K=100-I-J;         //K 为小鸡数
                  if (5*I+3*J+K/3.0==100)
                     System.out.println("       "+I+"       "+J+"       "+K);
                  }
             }
        }
}
```

程序运行结果：

```
公鸡数 I  母鸡数 J  小鸡数 K
   0         25        75
   4         18        78
   8         11        81
  12          4        84
```

例 3-6　编写 for 循环嵌套程序，要求输出如下图形：

```
*
**
***
****
*****
******
```

程序清单：ch03\NestFor.java

```
public class NestFor {
 public static void main(String[] args) {
   int i, j;
   for (i=0; i<6; i++) {
     for(j=0; j<=i; j++) {
        System.out.print("*");
     }
     System.out.println();
   }
  }
}
```

例 3-7　应用程序中 main()方法中的参数 args 能接收从键盘输入的字符串。求若干个数的平均数,若干个数以命令行参数的形式从键盘输入。

程序清单：ch03\Average.java

```
public class Average{
    public static void main(String [] args){
        double n,sum=0.0;
        for (int i=0;i<args.length;i++){
            sum=sum+Double.valueOf(args[i]).doubleValue();
          }
        n=sum/args.length;
        System.out.println("平均数:"+n);
    }
}
```

编译通过后,输入如下执行命令：

```
java Average 23 45 67 (回车)
```

程序中的 args[0]、arg[1]、arg[2]分别得到字符串"23"、"45" 和"67"。在源程序中再将这些字符串转化为数值进行运算,得到的结果为

```
平均数: 45
```

例 3-8 计算购房贷款利息。计算购房贷款月供的公式为 $R=PI(1+I)^N/((1+I)^N-1)$。R 为每月需付给银行的钱,简称月供。其中 P 为总贷款额,N 为按月计算的贷款期,I 为按月计算的贷款利息,简称月息。假设总贷款额为 30 万元,贷款期为 30 年,年息 4.59%,即月息 $I=0.0459/12$。用 for 循环程序计算月供。

程序清单：ch03\TestLoan.java

```
public class TestLoan{
  public static void main(String args[ ]){
      double dbp=300000;
      double dbi=0.0459/12;
      int nt=30 * 12;
      double dbpow=1;
      for(int i=0;i<nt;i++) dbpow=dbpow * (1+dbi);
      double dbr=dbp * dbi * dbpow/(dbpow-1);
      System.out.println("你每月需还贷款 R="+dbr+"元");
  }
}
```

程序运行结果：

```
你每月需还贷款 R=1536.1407316943316 元
```

3.2.2 for-each 循环语句

for-each 循环是 JDK 1.5 新增加的功能,提供一种更简洁的语句遍历集合(或数组)

的方法。它的一般形式为

```
for(循环变量类型 循环变量名: 被遍历的对象名){循环体}
```

其中,“循环变量类型”指定了循环变量的取值类型,循环变量用来接收“集合”中的元素。每一次循环,会按顺序从“集合”中取出一个元素存储在循环变量中,如此重复,直到集合中的所有元素都已取出为止。由于循环变量从集合中接收值,所以“循环变量类型”必须与集合中存储的元素类型相同。

例 3-9　for-each 循环举例。

程序清单: ch03\ForEachTest.java

```
public class ForEachTest {
  public static void main(String[] args) {
     int arr[]={1,2,3,4,5,6,7,8};
     for (int a:arr)
      System.out.println(a);
  }
}
```

运行结果为逐行输出数字 1～8。

3.2.3　while 与 do-while 语句

1. while 语句

while 语句的基本形式为

```
while(表达式)
  {
      循环体语句组
  }
```

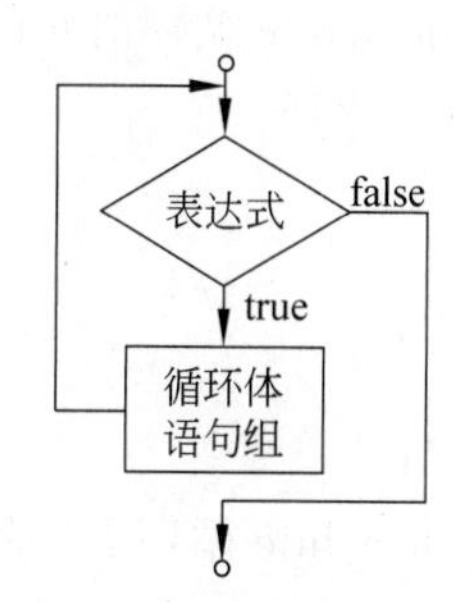

图 3-4　while 循环语句框图

while 循环语句的框图如图 3-4 所示。

while 循环语句功能和 for 循环语句相似,括号中的表达式是一个判断条件,类似于 for 语句中的判断条件,如果条件得到满足,循环才能继续下去。花括号中的语句构成循环体。

当 while 括号中的表达式值为 true 时,循环体语句被执行,否则,退出循环。

while 中的循环变量初值要在该 while 语句之前给出,而循环变量的改变必须在循环体或循环条件语句中完成,与 for(;表达式 2;)的功能相同。

while 中的循环条件可为永真值,如 while(true)。此时,要用 break 语句强制退出该循环,否则会产生死循环。如:

```
int i=5;
```

```
    while(true) {
        if(i==0) break;
        i=i-1;
        System.out.println("sum="+i);
    }
```

例 3-10　用 while 语句计算 1+1/2!+1/3!+1/4! +…的前 20 项的和。

程序清单：ch03\WhileSum.java

```
public class WhileSum
{ public static void main(String[] args)
    { double sum=0,a=1;int i=1;
      while(i<=20)
        { a=a*(1.0/i);
          sum=sum+a;
          i=i+1;
        }
      System.out.println("sum="+sum);
    }
}
```

程序运行结果：

```
sum=1.7182818284590455
```

2. do-while 语句

do-while 循环语句的基本形式为

```
do
   {
      循环体语句组
   }
while(表达式);
```

do-while 循环语句的框图如图 3-5 所示。

do-while 和前面形式的区别是，判断语句“while(表达式);”处在循环体的后面，该语句必须以分号结尾。即使表达式不成立，至少也要执行一次循环体中的语句。

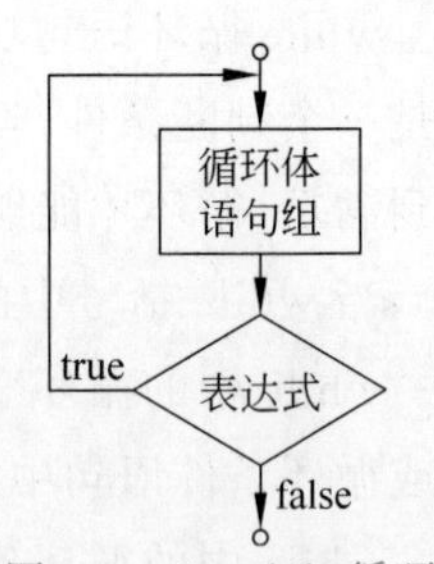

图 3-5　do-while 循环语句框图

该循环结构是先执行循环体一次，再判断 while 括号中表达式的值，若为 true 值，就再次进入循环体，否则，退出循环。

循环变量初值要在该 do-while 语句之前给出，而循环变量的改变必须在循环体中完成，其执行完一次循环体后与 for(;表达式 2;)、while(表达式)循环结构功能相同。

while(表达式)后必须要有“;”，当循环体语句是复合语句时，须用一对花括号“{}”括起。

下面的代码段是用 do-while 循环语句计算 1～100 之和的例子。

```
int sum=0, j=1;
do {
    sun=sum +j;
    j++;
  }
while(j <=100);
```

3.3 break 与 continue 语句

break 用于跳出整个循环语句，已经在前面的程序中用过。continue 用于跳过本次循环中尚未执行的语句，但是仍然继续执行下一次循环中的语句。

在循环结构中一旦遇到 break 语句，不管循环条件如何，程序立即退出所在的循环体。

例 3-11 break 跳出整个循环举例。

程序清单：ch03\BreakLoop.java

```
public class BreakLoop{
    public static void main(String[] args){
    int i, j;
      for (i=0; i<6; i++) {
      for(j=0; j<100; j++) {
         if (j==5) break;
             System.out.print("*");
      }
        System.out.println();
      }
    }
}
```

程序输出如下：

```
*****
*****
*****
*****
*****
*****
```

continue 语句仅用于循环结构，在循环体中执行 continue 语句，就像执行循环结构的右花括号“}”一样，返回到对循环条件的判断，以确定是否进入下次循环体。不管 continue 与“}”之间还存在多少语句，一概不执行，因此，它又称短路语句。

break、continue 语句一般与 if 语句配合使用。

在一个循环中，如循环 50 次的循环语句中，如果在某次循环体的执行中执行了 break 语句，那么整个循环语句就结束。如果在某次循环体的执行中执行了 continue 语句，那么本次循环就结束，即不再执行本次循环中循环体中 continue 语句后面的语句，而转入进行下一次循环。

例 3-12 利用 break 和 continue 语句计算 10 以内的奇数之和并求 10 以内的所有素数。

程序清单：ch03\Con_Break2.java

```
class Con_Break2{
   public static void main(String[] args) {
      int sum=0,i,j;
      for( i=1;i<=10;i++) {     //计算 1+3+5+7+9
         if(i% 2==0)
            continue;
         sum=sum+i;
      }
      System.out.println("sum="+sum);
      for(j=2;j<=10;j++) {    //求 10 以内的素数
         for(i=2;i<=j/2;i++) {
               if(j% i==0)
               break;
         }
         if(i>j/2) {
               System.out.println(""+j+"是素数");
         }
      }
   }
}
```

程序运行结果如下：

```
sum=25
2 是素数
3 是素数
5 是素数
7 是素数
```

例 3-13 从键盘读取若干个整数，以“－1”结束，计算平均值。

这里采用 java.util.Scanner 类的 nextInt()方法读取键盘输入的整数。Scanner 对象使用如下方法读取指定类型的值：int nextInt()；float nextFloat()；double nextDouble()；long nextLong()；byte NextByte()；short nextShort()；boolean nextBoolean()。String nextLine() 读取一行的值并作为字符串返回。

程序清单：ch03\ReadKey.java

```
import java.util.Scanner;
public class ReadKey {
  public static void main(String[] args) {
        Scanner scanner=new Scanner(System.in);
        int score=0;
        int sum=0;
        int count=-1;
        System.out.println("输入整数(-1结束):");
        while(score!=-1){
            count++;
            sum+=score;
            score=scanner.nextInt();
        }
        System.out.println("平均:"+(double)sum/count);
  }
}
```

程序运行结果：

```
输入整数(-1结束):
45  67  98  34  56  -1
平均: 60.0
```

习 题 3

1. 结构化程序设计有哪三种流程？它们分别对应Java中的哪些语句？
2. 在一个循环中使用break、continue有什么不同？
3. 下面的代码将输出________。

```
int i=1;
switch (i) {
 case 0: System.out.println("zero");
         break;
 case 1: System.out.println("one");
 case 2: System.out.println("two");
 default:System.out.println("default");
}
```

4. 下面的代码将输出________。

```
class EqualsTest {
   public static void main(String[] args) {
         char a='\u0005';
         String s=a==0x0005L?"Equal":"Not Equal";
           System.out.println(s);
```

```
    }
}
```

5. 编写程序,求两个整数的最大公约数。
6. 编写程序,打印出如下九九乘法表。

```
*| 1  2  3  4  5  6  7  8  9
- |-------------------------------
1 | 1
2 | 2  4
3 | 3  6  9
4 | 4  8 12 16
5 | 5 10 15 20 25
6 | 6 12 18 24 30 36
7 | 7 14 21 28 35 42 49
8 | 8 16 24 32 40 48 56 64
9 | 9 18 27 36 45 54 63 72 81
```

7. 下面的代码将输出________。

```
int i=1;
switch (i) {
 case 0: System.out.println("zero");
           break;
 case 1: System.out.println("one");
 case 2: System.out.println("two");
 default:System.out.println("default");
}
```

8. 下面的代码将输出________。

```
class EqualsTest {
  public static void main(String[] args) {
         char a='\u0005';
         String s=a==0x0005L "Equal":"Not Equal";
          System.out.println(s);
  }
}
```

9. 编写程序,对 A[]={30,1,-9,70,25}数组由小到大排序。
10. 运行下面的代码将输出什么内容?

```
int i=1;
switch(i){
case 0:
    System.out.println("zero");
    break;
case 1:
```

```
        System.out.println("one");
    case 2:
        System.out.println("two");
    default:
        System.out.println("default");
```

11. 编写程序，求2～1000内的所有素数，并按每行5列的格式输出。
12. 编写程序，生成100个1～6的随机整数，统计1～6每个数字出现的概率。
13. 编写程序，求1!+2!+3!+…+15!。
14. 编写程序，分别用do-while和for循环计算1+1/2!+1/3!+1/4!+…前15项的和。
15. 编写一个程序，用选择法对数组a[]={20,10,55,40,30,70,60,80,90,100}从大到小排序。
16. 编写程序，产生30个素数，按从小到大的顺序放入数组prime[]中。
17. 一个数如果恰好等于它的因子之和，这个数就称为“完数”。编写程序求1000之内的所有完数。
18. 从键盘读取若干个数，以“-1”结束，按从小到大的顺序排序。

第 4 章　类与对象的基本概念

CHAPTER

4.1　类与对象的概念

类是实现Java面向对象程序设计的基础，是对基本数据类型的扩充。类封装了对象的行为和属性，它是具有相同特征的同类对象的抽象模型(template)，利用这个抽象模型可以构造具体的实例对象(instance)。

对象是Java程序中最核心、最基础的部分。对象在现实生活中是很普通的概念。所有的物体都可以被视为对象，大到宇宙，小到原子，都可以将其看作对象。我们时常与对象打交道，如钢笔、自行车、公交车等。而我们经常见到的卡车、公交车、小轿车等都会涉及以下几个重要的变量：可乘载的人数、运行速度、发动机的排量、耗油量、自重、轮子数目等。另外，还有加速、减速、刹车、转弯、播放音乐等几个重要的功能，这些功能称为它们具有的方法。一个对象具有本身的属性即特征，这些特征决定对象的状态，对象还可以通过自己的行为不断改变自己的状态。

类与对象的关系犹如图纸与零件的关系，先有图纸后有零件，图纸描述了零件的共同特征，零件是按图纸制造出来的。在程序中只能有类的一个定义，但该类可以有多个实例对象。在Java编程语言中使用new运算符实例化对象。

要学习Java编程就必须首先学会怎样去写类，即怎样用Java的语法去描述对象共有的属性和功能。属性通过变量来刻画，功能通过方法来体现。类把属性和对属性的操作封装成一个整体。Java程序设计就是从类的设计开始的。

基于对象的编程更加符合人的思维模式，编写的程序更加健壮和强大。更重要的是，面向对象编程鼓励创造性的程序设计。

4.1.1　类的声明

类由关键词class定义。一个类的定义包括两个部分：类声明和类体。类体的内容由两部分构成，一部分是变量的定义，用来刻画属性；另一部分是方法的定义，用来描述功能。

类的结构如图 4-1 所示。

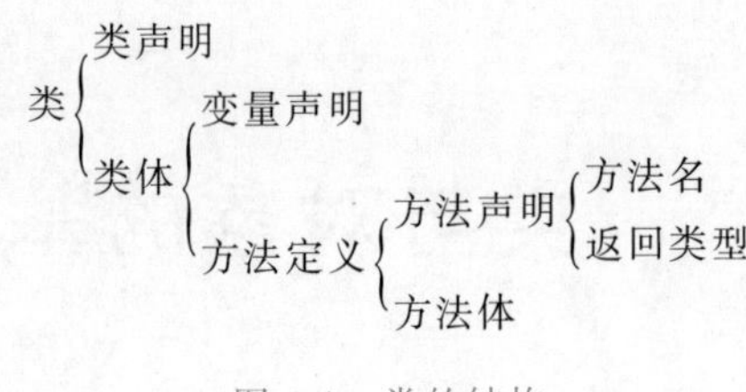

图 4-1 类的结构

类的定义的基本格式为

```
[public][abstract|final] class className [extends superclassName] [implements
interfaceNameList]
  {
    [public | protected | private ] [static] [final] [transient] [volatile] type
    variableName; //成员变量
     [public | protected | private ] [static] [final | abstract] [native]
     [synchronized]
     returnType methodName([paramList]) [throws exceptionList] {statements}
                    //成员方法
}
```

其中，修饰符 public、abstract、final 说明了类的属性，className 为类名，superclassName 为类的父类的名字，interfaceNameList 为类所实现的接口列表。

1. 类的成员变量

在类中声明的变量就是成员变量，作用域是整个类。类的成员变量分为类成员变量和实例成员变量。类的成员变量的声明方式如下：

```
[public | protected | private ] [static] [final] [transient] [volatile] type
variableName;
```

其中：

public：公有变量。

protected：保护变量。

private：私有变量。

static：静态变量(类成员变量)，相对于实例成员变量。

final：常量。

transient：暂时性变量，用于对象存档。

volatile：贡献变量，用于并发线程的共享。

2. 类的成员方法

成员方法描述对象所具有的功能或操作，反映对象的行为，是具有某种相对独立功能的程序模块。一个类或对象可以有多个成员方法，对象通过执行它的成员方法对传来的消息作出响应，完成特定的功能。

成员方法一旦定义，便可在不同的场合中多次调用，故可增强程序结构的清晰度，提高编程效率。

成员方法的结构包括两部分内容：方法声明和方法体。方法声明包括方法名、返回类型和外部参数。其中参数的类型可以是简单数据类型，也可以是引用数据类型。

成员方法的定义方式如下：

```
[public | protected | private ] [static] [final | abstract] [native]
[synchronized]
 returnType methodName ([paramList]) [throws exceptionList]
 {
     statements
 }
```

方法声明中的限定词的含义如下：

public：公共访问控制符。

protected：保护访问控制符。

private：私有访问控制符。

static：类方法，可通过类名直接调用。

final：方法不能被重写。

abstract：抽象成员方法，没有方法体。

native：本地成员方法修饰符，集成其他语言的代码。

synchronized：控制多个并发线程的访问。

下面是一个类名为“梯形”的类，类体内容的变量定义部分定义了 4 个 float 类型的变量“上底”“下底”“高”和 laderArea。方法定义部分定义了两个方法“计算面积()”和“修改高()”。

```
class 梯形{
    float 上底,下底,高,laderArea;
    float 计算面积() {
          laderArea=(上底+下底) * 高/2.0f;
          return laderArea;
    }
    void 修改高(float h) {
            高=h;
    }
}
```

类体变量定义部分所定义的变量被称为类的成员变量。在方法体中定义的变量和方法的参数被称为局部变量。

成员变量和局部变量的类型可以是 Java 中的任何一种数据类型，包括基本类型整型、浮点型、字符型和引用类型。

成员变量在整个类内都有效,局部变量只在定义它的方法内有效。例如:

```
class LocalVariable {
  int distance;
  int find() {
        int a=12;
        distance=a;          //合法,distance 在整个类内有效
        return distance;
  }
    void gety() {
        int y;
        y=a;                 //非法,a 是局部变量,这里无法访问
    }
}
```

例 4-1 创建一个类,该类含有类的成员变量和成员方法,并对所创建的类进行测试。

程序清单:ch04\Text1.java

```
class Text1 {
    static int a;               //当被定义为 static 类型时,为类变量,可被对象或类调用
    int b;                      //实例对象变量,只能被对象调用
  public void display(int a,int b) {     //成员方法
      System.out.println("static int a="+a);
      System.out.println("  int b="+b);
  }
  public static void display(int b) {    //类方法,可通过类名直接调用
      System.out.println("static display: int b="+b);
  }
  public static void main(String[] args) {
        Text1 tt=new Text1();    //创建实例对象 tt
        t t.display(5,6);       //不可以用 Text1.display(5,6);因为对象变量或对象方法
                                //只能被对象 tt 调用
        Text1.display(0);       //当被定义为 static 类型时,为类方法,可被对象或类调用
        tt.display(23);
        tt.a=9;
        Text1.a=24;
        tt.b=3;
        tt.display(a,15);
  }
}
```

运行结果:

```
static int a=5
       int b=6
```

```
static display: int b=0
static display: int b=23
static int a=24
       int b=15
```

例 4-2　创建一个类,该类含有判断质数的成员方法,测试时从键盘输入一个数,判断是否为质数。读键盘采用 Scanner 类的 nextInt()方法。

程序清单:ch04\PrimeNumber.java

```
import java.util.Scanner;
public class PrimeNumber {
//用(int) Math.sqrt(n)求出循环上限,isPrime()方法用来检测当前数是否为质数
public static boolean isPrime(int num) {
  boolean prime=true;
  int limit=(int) Math.sqrt(num);
  for (int i=2; i <=limit; i++) {
   if (num % i==0) {
    prime=false;
    break;
   }
  }
  return prime;
}
public static void main(String[] args) {
  Scanner input=new Scanner(System.in);
  System.out.print("请输入您要判断的数: ");
  int n=input.nextInt();
  if (isPrime(n)) {
          System.out.println(n +"是质数!");
  } else {
          System.out.println(n+"不是质数!");
  }
}
}
```

程序运行结果:

```
请输入您要判断的数: 23
23 是质数
```

4.1.2　方法重载

方法重载指一个类中有多个方法享有相同的名字,但是这些方法的参数必须不同,或者是参数的个数不同,或者是参数的类型不同。返回类型不能用来区分重载的方法。其实方法重载的最主要的作用就是实现同名的构造方法可以接受不同的参数。

参数类型的区分度一定要足够，例如不能是同一简单类型的参数，如 int 与 long。

例 4-3 创建一个类，该类包含两个重载的方法，对该类进行测试。

程序清单：ch04\MethodOverloadingTest.java

```
import java.io.*;
class MethodOverloading{
    void receive(int i) {
        System.out.println("Receive one int data");
        System.out.println("i="+i);
    }
    void receive(int x, int y) {
        System.out.println("Receive two int datas");
        System.out.println("x="+x+" y="+y);
    }
}
public class MethodOverloadingTest{
    public static void main(String[] args) {
        MethodOverloading mo=new MethodOverloading();
        mo.receive(1);
        mo.receive(2,3);
    }
}
```

程序运行结果：

```
Receive one int dada
i=1
Receive two int datas
x=2  y=3
```

例 4-4 编译并运行下面的程序，分析运行结果，体会其中方法重载的用法，进一步理解方法重载的概念。

程序清单：ch04\OverLoadingDemo.java

```
class Father{
  void speak(){                    //无参数的 speak()方法
     System.out.println("I am Father! ");
  }
  void speak(String s){        //有参数的 speak(String s)方法
     System.out.println("I like"+" "+s+". ");
  }
}
public class OverLoadingDemo{
  public static void main (String[] args){
     Father x=new Father();
     x.speak();                    //调用无参的 speak()方法
```

```
        x.speak("music");       //调用有参的 speak("music")方法
    }
}
```

运行结果：

```
I am Father!
I like music.
```

4.1.3　构造方法

Java中有一种特殊的方法叫作构造方法(Constructor)，它是产生对象时需要调用的方法。Java中的每个类都有构造方法，用来初始化该类的一个对象。构造方法具有和类名相同的名称，而且不返回任何数据类型。重载经常用于构造方法。构造方法只能由new运算符调用。

构造方法的形式如下：

```
public 类名(参数列表) {
        语句体
}
```

说明：

- 构造方法名必须为该类名。
- 可以通过参数表和方法体来给生成的对象的成员变量赋初值。
- 构造方法没有任何返回值。

每个类至少有一个构造函数。类被定义时如果没有显式地定义一个构造方法，那么编译器会自动创建一个默认构造方法，默认构造函数没有参数，而且函数体为空。默认构造方法的形式如下：

```
public 类名(){
}
```

这使得能够通过使用“new 类名();”语句产生类的对象。

一旦在类中自定义了构造方法，编译器就不会提供默认的构造方法了。此时，语句“new 类名();”将会引起编译错误。

可以通过为几个构造函数提供不同的参数表的方法来重载构造函数。

如果有一个类带有几个构造函数，那么也许会想复制其中一个构造函数的某方面效果到另一个构造函数中。可以通过使用关键字this作为一个方法调用来达到这个目的。例如：

```
public class Employee {
  private String name;
  private int salary;
  public Employee(String n, int s) {
        name=n;
```

```
            salary=s;
        }
        public Employee(String n) {
            this(n, 0);
        }
        public Employee() {
            this("Unknown");
        }
    }
```

在第二个构造函数中，有一个字符串参数，调用 this(n,0)将控制权传递到构造函数的第一个版本，即采用了一个 String 参数和一个 int 参数的构造函数。

在第三个构造函数中，它没有参数，调用 this("Unknown")将控制权传递到构造函数的第二个版本，即采用一个 String 参数的构造函数，再由第二个版本传递到第一个版本。

在任何构造函数中如果出现对于 this 的调用，则必须是第一个语句。

例 4-5　设计一个矩形类 Rectangle，该类重载了多个构造方法。

程序清单：ch04\Rectangle.java

```
import java.io.*;
class Rectangle {                           //矩形类
    private int width;                      //矩形的宽度
    private int length;                     //矩形的长度
    Rectangle(){                            //不带参数的构造函数，默认地给出长(30)和宽(20)
        length=30;width=20;
    }
    Rectangle(int l,int w) {                //带参数的构造函数
        length=l;width=w;
    }
    Rectangle(Rectangle r){                 //此构造方法以另一个 Rectangle 对象作为参数
        width=r.width();                    //通过对象调用函数并赋值给相应变量
        length=r.length();
    }
    int width(){                            //返回宽度
        return width;
    }
    int length(){                           //返回长度
        return length;
    }
}
public class Rectangle{
  public static void main (String[] args) {
    Rectangle x1=new Rectangle();           //声明类的对象并实例化
    Rectangle x2=new Rectangle(50,40);      //声明类的对象并初始化
```

```
        Rectangle x3=new Rectangle(x1);
        System.out.println("x1.length()="+x1.length());
        System.out.println("x1.width()="+x1.width());
        System.out.println("x2.length()="+x2.length());
        System.out.println("x2.width()="+x2.width());
        System.out.println("x3.length()="+x3.length());
        System.out.println("x3.width()="+x3.width());
    }
}
```

运行结果：

```
x1.length()=30
x1.width()=20
x2.length()=50
x2.width()=40
x3.length()=30
x3.width()=20
```

此程序中共定义了 3 个构造方法：Rectangle()、Rectangle(int l,int w)和 Rectangle(Rectangle r)，其中 Rectangle()是没有参数的，Rectangle(int l,int w)以常数作为参数，Rectangle(Rectangle r)以对象作为参数。构造函数的调用是在用 new 运算符创建类对象时由系统自动完成的，构造函数的参数传递和形参、实参结合也是由系统在调用的同时自动完成的。

4.1.4　对象

有了类，就可以创建类的对象。对象是系统中用来描述客观事物的一个实体，它是构成系统的一个基本单位。一个对象由一组属性和对这组属性进行操作的一组服务组成。一个对象的生命周期包括三个阶段：生成、使用和消除。

1. 对象的生成

对象的生成包括声明、实例化。

格式为

```
className objectName=new className([paramlist]);
```

声明：className objectName

声明并不为对象实体分配内存空间，而只是分配一个引用空间；对象的引用类似于指针，是 32 位的地址空间，它的值指向一个堆内存的数据空间，它存储着有关数据类型的信息以及堆内存中当前对象实体的地址，而对于对象实体所在堆中的实际的内存地址是不可操作的，这就保证了对象实体的安全性。

实例化：运算符 new 为对象分配内存空间，它调用对象的构造方法，返回对象的引用；一个类的不同对象分别占据不同的内存空间。如果类中没有显式给出构造方法，系统会调用默认的构造方法。

2. 对象的使用

通过运算符“.”可以实现对对象属性的访问和方法的调用。属性和方法可以通过设定访问权限来限制其他对象对它的访问。

访问对象属性的格式：

```
objectName.variable;
```

objectName 是一个已生成的对象。

例如：

```
person.name="Jack";
```

调用对象的方法的格式：

```
objectName.methodName([paramlist]);
```

例如：

```
x.speak("music");
new Father().speak();
```

3. 对象的清除

Java 有所谓“垃圾收集”的机制，这种机制周期地自动扫描对象的动态内存区，检测某个实体是否已不再被任何对象所引用，如果发现这样的实体，就释放实体占有的内存。因此，Java 编程人员不必像C++ 程序员那样，要时刻自己检查哪些对象应该释放内存。系统垃圾回收方法为 System.gc()。当系统内存用尽或调用 System.gc()要求垃圾回收时，垃圾回收线程与系统同步运行。

下面进一步分析对象的内存模型，加深对对象在内存中存在形式的了解。程序如下(对象的内存模型图如图 4-2 所示)：

```
class Monkey {
      float height,weight;
      String head, ear,hand,foot, mouth;
      void speak(String s) {
            System.out.println(s);
      }
}
class LittleMonkey{
      public static void main(String[] args) {
            Monkey littlemonkey;            //声明对象
            littlemonkey=new Monkey();  //使用 new 和默认构造方法为对象分配内存
            …
      }
}
```

当用类创建一个对象时，类中的成员变量被分配内存空间，这些内存空间称为该对象

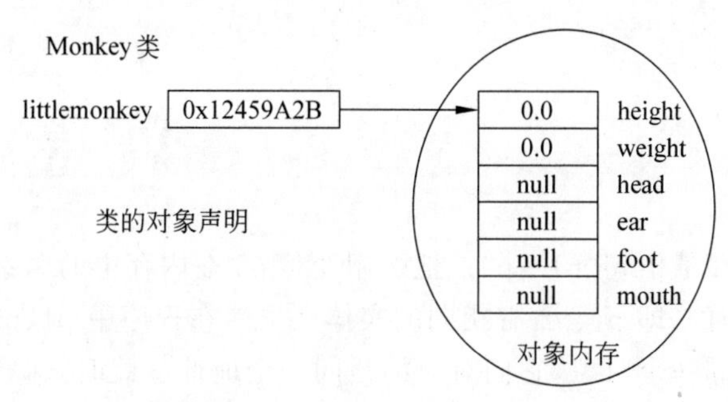

图4-2　对象的内存模型图

的实体，而对象变量中存放着引用，以确保实体由该对象变量操作使用。

声明对象变量 littlemonkey 后，littlemonkey 的内存中还没有任何数据，这时的 littlemonkey 是一个空对象，空对象不能使用，因为它还没有得到任何“实体”，必须再进行为对象实体分配内存的步骤，即创建对象实体。

当系统见到"littlemonkey＝new Monkey();"时，就会做以下两件事。

首先为 height、weight、head、ear、mouth、hand、foot 各个变量分配内存，即 Monkey 类的成员变量被分配内存空间。如果成员变量在声明时没有指定初值，那么，对于整型变量，默认初值是 0；对于浮点型，默认初值是 0.0；对于 boolean 型，默认初值是 false；对于引用型，默认初值是 null。

其次，new 运算符在为变量 height、weight、head、ear、mouth、hand、foot 分配内存后，返回一个代表这个实例对象的内存位置的首地址号码给 littlemonkey，可认为这个引用就是 littlemonkey 在内存里的名字，而且这个名字引用是 Java 系统确保分配给 height、weight、head、ear、mouth、hand、foot 的内存单元将由 littlemonkey 操作管理。称 height、weight、head、ear、mouth、hand、foot 分配的内存单元是属于对象 littlemonkey 的。所谓为对象分配内存就是指为它分配变量，并获得一个引用，以确保这些变量由它来“操作管理”。

例 4-6　以 Point 类为例说明对象与实体的关系。

程序清单：ch04\TestPoint.java

```
class Point{
      int x,y;
      Point(){
            x=0; y=0;
         }
      Point(int x, int y){
            this.x=x;
            this.y=y;
        }
    }
class TestPoint{
      public static void main(String[] args){
```

```
        Point p1=new Point(34,56);
        Point p2=new Point(21,67)
        p1=p2;
    }
}
```

程序中使用了赋值语句"p1＝p2;"把引用变量 p2 在内存中的名字赋给了 p1,因此 p1 和 p2 本质上是一样的,即 p1、p2 有相同的实体。虽然在程序中 p1、p2 是两个名字,但在系统看来它们引用同一个对象,它们对应的是同一个地址。此时,p1、p2 如同一个人有两个名字一样。系统将取消原来分配给 p1 的内存。这时如果输出 p1.x 的结果将是 21,而不是 34。内存模式变成如图 4-3 所示的形式。

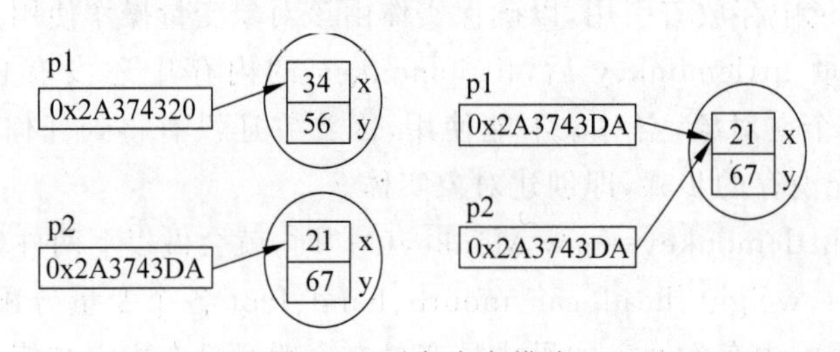

图 4-3 对象内存模式

因此,一个类创建的两个对象,如果具有相同的引用,那么就具有完全相同的实体。

对象不仅可以操作自己的变量改变状态,而且还拥有了调用创建它的那个类中的方法的能力,对象通过使用这些方法可以产生一定的行为。

对象创建之后,就有了自己的变量,即对象的实体。通过使用运算符".",对象可以实现对自己的变量和方法的访问。

类中的方法可以操作成员变量。当对象调用方法时,方法中出现的成员变量就是指该对象的成员变量。

例 4-7 创建华氏-摄氏温度转换类(TempConverter),对华氏-摄氏温度进行转换并输出转换结果。

程序清单:ch04\TempConverter.java

```
public class TempConverter {
  public static void main(String[] args) {
    TempConverter t=new TempConverter();
    t.data();
  }
  protected void data() {
    for (int i=-40; i<=50; i+=10) {
      float c=(i-32) * (5f/9);
      print(i, c);
    }
  }
  protected void print(float f, float c) {
```

```
    System.out.println("华氏温度"+f +"=摄氏温度" +c);
  }
}
```

程序运行结果如下：

```
华氏温度-40.0=摄氏温度-40.0
华氏温度-30.0=摄氏温度-34.444447
华氏温度-20.0=摄氏温度-428.88889
华氏温度-10.0=摄氏温度-23.333334
华氏温度 0.0=摄氏温度-17.777779
华氏温度 10.0=摄氏温度-12.222223
华氏温度 20.0=摄氏温度-6.666667
华氏温度 30.0=摄氏温度-1.1111112
华氏温度 40.0=摄氏温度 4.4444447
华氏温度 50.0=摄氏温度 10.0
```

例 4-8　创建一个“圆”类，再创建一个“圆锥”类，将一个圆的对象的引用传递给圆锥对象的底圆。

程序清单：ch04\Taper.java

```
class 圆
{ double 半径;
  圆(double r)
    { 半径=r;
    }
  double 计算面积()
     { return 3.14 * 半径 * 半径;
     }
  void 修改半径(double 新半径)
     {半径=新半径;
     }
  double 获取半径()
    { return 半径;
    }
}
class 圆锥
{ 圆 底圆;
  double 高;
  圆锥(圆 circle,double h)
   {  this.底圆=circle;
      this.高=h;
   }
  double 计算体积()
  {  double volume;
     volume=底圆.计算面积() * 高/3.0;
```

```
        return  volume;
    }
    void 修改底圆半径(double r)
    { 底圆.修改半径(r);
    }
    double 获取底圆半径()
    { return 底圆.获取半径();
    }
}
public class Taper{
public static void main(String[] args)
    { 圆 circle=new 圆(10);
      圆锥 circular=new 圆锥(circle,20);
      System.out.println("圆锥底圆半径:"+circular.获取底圆半径());
      System.out.println("圆锥的体积:"+circular.计算体积());
      circular.修改底圆半径(100);
      System.out.println("圆锥底圆半径:"+circular.获取底圆半径());
      System.out.println("圆锥的体积:"+circular.计算体积());
    }
}
```

程序运行结果如下：

```
圆锥底圆半径:10.0
圆锥的体积:2093.3333333333335
圆锥底圆半径:100.0
圆锥的体积:209333.33333333334
```

例 4-9 设计一个计算阶乘的类 Fact，对该类进行测试。

程序清单：ch04\CheckFact.java

```
class Fact{
  float fact (int n){  //定义计算 n!的方法
    int i;
    float x=1;
    for(i=1;i<n;i++)
    x=x*i;
    return x;
  }
}
public class CheckFact{
  public static void main (String[] args){
     Fact x=new Fact();
     System.out.println(x.fact(10)); //计算 10!
     System.out.println(x.fact(15)); //计算 15!
  }
```

```
}
```

运行结果：

```
1.0E9
2.91929271E16
```

例 4-10　通过递归调用类中的方法，计算出 Fibonacci 序列的前 10 项，Fibonacci 序列的前两项是 1，后续每项的值都是该项的前两项之和。

程序清单：ch04\ItemsFibi.java

```
class Fibi{
  public long fibonacci(int n)
     { long c=0;
       if(n==1||n==2)
           c=1;
         else
           c=fibonacci(n-1)+fibonacci(n-2);   //递归调用
         return c;
      }
}
public class ItemsFibi{
  public static void main(String[] args) {
       Fibi a=new Fibi();
       for(int i=1;i<=10;i++) {
           System.out.print("  "+a.fibonacci(i));
        }
    }
}
```

程序运行结果：

```
1  1  2  3  5  8  13  21  34  55
```

4.1.5　父类、子类和继承

Java 中，所有的类都是通过直接或间接地继承 java.lang.Object 得到的。Object 类是所有类的父类，如果一个类没有使用 extends 关键字明确标识继承另外一个类，那么这个类就默认继承 Object 类。因此，Object 类是 Java 类层中的最高层类，是所有类的超类。Java 中任何一个类都是它的子类，由于所有的类都是由 Object 衍生出来的，所以 Object 的方法适用于所有类。

继承而得到的类为子类，被继承的类为父类，父类包括所有直接或间接被继承的类。子类继承父类的状态和行为，同时也可以修改父类的状态或重载父类的行为，并添加新的状态和行为，Java 中不支持多重继承。

1. 创建子类

通过在类的声明中加入 extends 子句来创建一个类的子类，其格式如下：

```
class SubClass extends SuperClass {
            ⋮
}
```

把 SubClass 声明为 SuperClass 的直接子类，如果 SuperClass 又是某个类的子类，则 SubClass 同时也是该类的(间接)子类。子类可以有选择地继承父类的内容。如果缺省 extends 子句，则该类为 java.lang.Object 的子类。子类可以继承父类中访问权限设定为 public、protected 的成员变量和方法。但是不能继承访问权限为 private 的成员变量和方法。

2. 继承

继承是一种由已有的类创建新类的机制，通过继承实现代码复用。利用继承，我们可以先创建一个共有属性的一般类，根据该一般类再创建具有特殊属性的新类，新类继承一般类的状态和行为，并根据需要增加它自己的新的状态和行为。

子类不能继承父类中访问权限为 private 的成员变量和方法。子类可以重写父类的方法，及命名与父类同名的成员变量。但 Java 不支持多重继承，即一个类从多个超类派生的能力。

子类继承父类的方法与属性，而自己本身又增加了新的属性和方法，所以子类的功能比父类要强大。

尽管一个子类从父类继承所有的方法和变量，但它不继承构造函数。

继承是在维护和可靠性方面的一个伟大进步，如果在父类中进行修改，那么，子类就会自动修改，而不需要程序员做任何工作，除了对它进行编译。

(1) 子类和父类在同一包中的继承性。

如果子类和父类在同一个包中，那么，子类自然地继承了其父类中不是 private 的成员变量作为自己的成员变量，并且也自然地继承了父类中不是 private 的方法作为自己的方法。

例 4-11 子类和父类在同一包中的继承性。

程序清单：ch04\SubBoy.java

```
import java.applet.*;
import java.awt.*;
class Father1{
   private int money;
   float weight,height;
   String head;
   String speak(String s) {
        return s;
   }
}
class Son extends Father1{
   String hand, foot;
}
```

```
public class SubBoy extends Applet{
    Son boy;
    public void init() {
        boy=new Son();
        boy.weight=120f;
        boy.height=1.75f;
        boy.head="一个聪明的大脑袋,";
        boy.hand="两只巧手,";
        boy.foot="一双喜欢瞎跑的脚。";
    }
  public void paint(Graphics g){
      g.drawString(boy.speak("我是儿子"),5,20);
      g.drawString(boy.head+boy.hand+boy.foot,5,40);
      g.drawString("体重:"+boy.weight+" 身高:"+boy.height,5,60);
  }
}
```

程序运行效果如图 4-4 所示。

(2) 子类和父类不在同一包中的继承性。

如果子类和父类不在同一个包中,那么,子类继承了父类的 protected,public 成员变量作为子类的成员变量,并且继承了父类的 protected、public 方法为子类的方法。如果子类和父类不在同一个包里,子类不能继承父类的友好变量和友好方法。

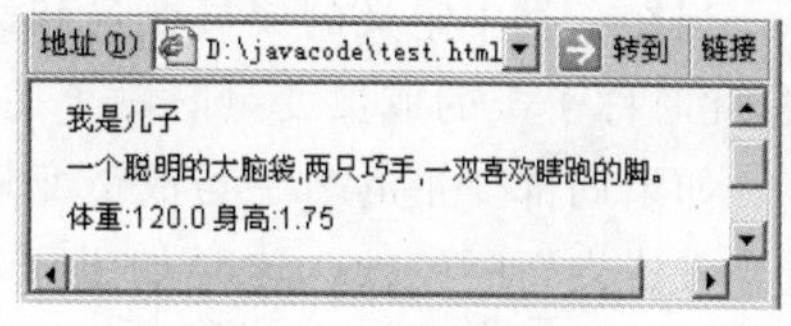

图 4-4　实例运行效果图

例 4-12　本例中,Father 和 Jerry 分别隶属不同的包。

程序清单 1：ch04\tom\langshan\Father.java

```
package ch04.tom.langshan;
public class Father{
  int height;
  protected int money;
  public int weight;
  public Father(int m) {
     money=m;
  }
  protected int getMoney() {
     return money;
  }
   void setMoney(int newMoney) {
     money=newMoney;
  }
}
```

程序清单 2：ch04\sun\com\Jerry.java

```
package ch04.sun.com;
import ch04.tom.langshan.Father;
public class Jerry extends Father {   //Jerry和Father在不同的包中
  public Jerry() {
   super(20);
   }
   public static void main(String[] args) {
  Jerry jerry=new Jerry();
     // jerry.height=12;            //非法,因为Jerry没有继承友好的height
      jerry.weight=200;             //合法
      jerry.money=800;              //合法
      int m=jerry.getMoney();       //合法
     //jerry.setMoney(300);         //非法,因为Jerry没有继承友好的方法setMoney
      System.out.println("m="+m);
   }
}
```

3. 成员变量的隐藏和方法的重写

当在子类中定义的成员变量和父类中的成员变量同名时,则父类中的成员变量被隐藏,此时称子类的成员变量隐藏了父类的成员变量。

如果局部变量的名字与成员变量的名字相同,则成员变量被隐藏,即这个成员变量在这个方法内暂时失效。这时如果想在该方法内使用成员变量,就必须使用关键字this。例如:

```
class 三角形{
  float sideA,sideB,sideC,lengthSum;
   void setSide(float sideA,float sideB,float sideC)
   {
   this.sideA=sideA;  this.sideB=sideB; this.sideC=sideC;
   }
}
```

this.sideA、this.sideB、this.sideC就分别表示成员变量sideA、sideB、sideC。

当子类中定义了一个方法,并且这个方法的名字、返回类型、参数个数和类型与父类的某个方法完全相同时,父类的这个方法将被隐藏,这就是父类方法的重写,也称为方法的覆盖。

子类通过隐藏父类的成员变量和重写父类的方法,可以把父类的状态和行为改变为自身的状态和行为。

例如:

```
class SuperClass{
    int x;
    void setX(){ x=0; }
}
```

```
class SubClass extends SuperClass{
    int x;                        //隐藏了父类的变量 x
    void setX() { x=5; }          //重写了父类的方法 setX()
}
```

该例中,SubClass 是 SuperClass 的一个子类。其中声明了一个和父类 SuperClass 同名的变量 x,并定义了与之相同的方法 setX(),这时在子类 SubClass 中,父类的成员变量 x 被隐藏,父类的方法 setX()被重写。于是子类对象所使用的变量 x 为子类中定义的 x,子类对象调用的方法 setX()为子类中所重写的方法。

覆盖方法的原则如下。

(1) 必须有一个与它所覆盖的方法相同的返回类型。

(2) 不能比它所覆盖的方法的访问性级别低。

(3) 不能比它所覆盖的方法抛出更多的异常。

这些规则源自多态性的属性和 Java 编程语言必须保证"类型安全"的需要。

例 4-13　在该例中,子类重写了父类的方法 fun()。

程序清单:ch04\TestAddChengji.Java

```
import java.applet.*;
import java.awt.*;
class Chengji{
      float fun(float x,float y){
        return x*y;
      }
}
class AddChengji extends Chengji{
      float fun(float x,float y) {
        return x+y;
      }
}
public class TestAddChengji extends Applet{
      AddChengji sum;
      public void init() {
          sum=new AddChengji();
      }
      public void paint(Graphics g) {
          g.drawString("sum="+sum.fun(4,6),100,40);
      }
}
```

Tese.html 文件的内容如下:

```
<applet code=TestAddChengji.class height=100
width=300></applet>
```

在浏览器中打开 Tese.html,运行结果如图 4-5 所示。

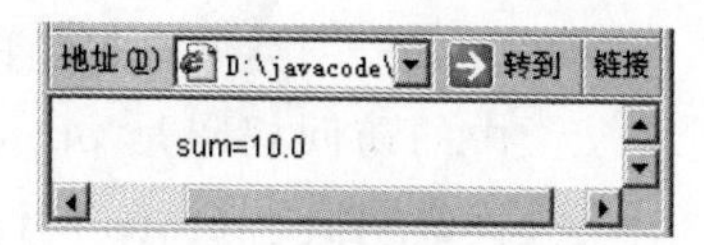

图 4-5　实例运行结果图

对于子类创建的一个对象,如果子类重写了父类的方法,则运行时系统调用子类重写的方法,如果子类继承了父类的方法,未重写,那么子类创建的对象也可以调用这个方法,只不过方法产生的行为和父类的相同而已,见例 4-14。

例 4-14 创建子类的对象,分别调用子类重写父类的方法和子类继承父类的方法。

程序清单：ch04\CircleArea.java

```
import java.applet.*;
import java.awt.*;
class Area{
  float fun(float r ) {
      return 3.14159f * r * r;
  }
  float get(float x,float y) {
      return x+y;
  }
}
class Circle extends Area{
  float fun(float r) {
      return 3.14159f * 2.0f * r;
  }
}
public class CircleArea extends Applet{
  Circle yuan;
  public void init() {
     yuan=new Circle();
  }
   public void paint(Graphics g) {
     g.drawString("调用子类重写的方法 fun(): 圆的面积="+yuan.fun(5.0f),5,20);
     g.drawString("调用继承父类的方法 get(): x+y="+yuan.get(12.0f,8.0f),5,40);
  }
}
```

Tese.html 文件内容如下：

```
<applet code=CircleArea.class height=100 width=300></applet>
```

在浏览器中打开 Tese.html,运行结果如图 4-6 所示。

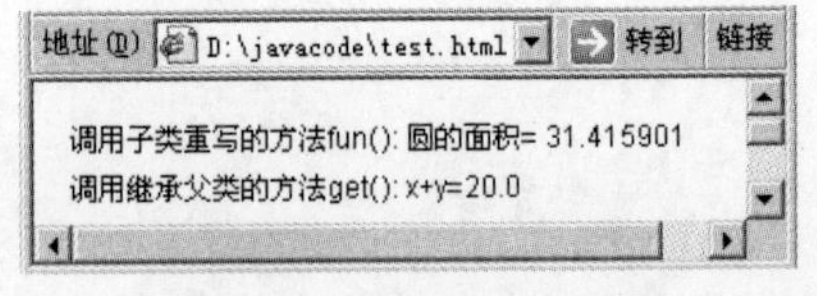

图 4-6 实例运行结果图

重写父类的方法时,不可以降低方法的访问权限。

例 4-15 子类重写父类的方法 fun(),该方法在父类中的访问权限是 protected 级别,子类重写时不允许级别低于 protected 级别。

程序清单：ch04\Tongji.java

```
import java.applet.*;
import java.awt.*;
class Tongji{
    protected float fun(float x,float y){
          return x*y;
    }
}
class Addxy extends Tongji{
     float fun(float x,float y) {        //非法,因为降低了访问级别
       return x+y;
     }
}
class Subxy extends Tongji {
  public float fun(float x,float y) {  //合法,没有降低访问级别
        return x-y;
      }
}
```

方法的重写和重载是 Java 多态性的不同表现。重写是父类与子类之间多态性的一种表现,重载是一个类中多态性的一种表现。如果在子类中定义某方法与其父类有相同的名称和参数,就说该方法被重写。子类的对象使用这个方法时,将调用子类中的定义,对它而言,父类中的定义如同被"屏蔽"了。如果在一个类中定义了多个同名的方法,它们或有不同的参数个数或有不同的参数类型,则称为方法的重载。重载的方法可以改变返回值的类型。

4.1.6　super 关键字

如果子类中定义的成员变量和父类中的成员变量同名,则父类中的成员变量不能被继承,此时称子类的成员变量隐藏了父类的成员变量,称为属性隐藏。

当子类中定义了一个方法,并且这个方法的名字、返回类型、参数个数及类型和父类的某个方法完全相同时,父类的这个方法将被隐藏。

如果用从父类继承下来的方法来访问这个被子类隐藏的属性,则实际上访问的仍然是父类的原来那个被隐藏的属性;如果是用子类自己覆盖的方法来访问这个被隐藏的属性,则实际上访问的是子类的属性。

子类在隐藏了父类的成员变量或覆盖了父类的方法后,常常还要用到父类的成员变量,或在覆盖的方法中使用父类中被覆盖的方法以简化代码的编写,这时就要访问父类的成员变量或调用父类的方法,Java 中通过 super 来实现对父类成员的访问,super 用来引用当前对象的父类。

super 的使用有以下 3 种情况。

- 用来访问父类被隐藏的成员变量,如 super.variable。
- 用来调用父类中被覆盖的方法,如 super.Method ([paramlist])。
- 用来调用父类的构造函数,如 super([paramlist])。

子类不继承父类的构造方法，如果子类想使用父类的构造方法，子类必须在自己的构造方法中使用关键字 super 来表示父类的构造方法，而且 super 必须是子类构造方法中的头一条语句。

例 4-16 子类使用关键字 super 来调用父类的构造方法。

程序清单：ch04\ShowStudent.java

```
class Student{
  int number, tel=81238888;
   String name;
   Student(int number,String name) {
      this.number=number;this.name=name;
      System.out.println("Father 构造:I am "+name+"my number is "+number);
   }
   void show() {
     System.out.println("father's show(tel): tel of Student is "+tel);
   }
}
class Univer_Student extends Student {
   boolean 婚否;
   int tel=81236666;
   Univer_Student(int number,String name,boolean b) {
   super(number,name);  //使用父类的构造方法
   婚否=b;
   System.out.println("Son 构造新增属性:婚否="+婚否);
  }
   void showtel() {
     System.out.println("Son's showtel(tel):tel of Univer_Student is "+tel);
     System.out.println("Son's showtel(super.tel):tel of super is "+super.
tel);
   }
}
public class ShowStudent{
  public static void main(String[] args) {
      Univer_Student zhang=new Univer_Student(8030410," XiaoBin,",false);
      zhang.showtel();
      zhang.show();
   }
}
```

程序运行结果：

```
Father 构造: I am XiaoBin, my number is 8030410
Son 构造新增属性: 婚否=false
Son's showtel(tel): tel of Univer_Student is 81236666
Son's showtel(supwe.tel): tel of super is 81238888
```

```
Father's show(tel): tel of Student is 81238888
```

当不调用带参数的父类构造函数 super 时，编译器也会自动插入默认的父类构造函数(即无参数的构造函数)到子类的构造函数中。在这种情况下，如果父类没有默认的构造函数，将导致编译错误。例 4-16 中，父类因重载了带参数的构造函数而不再有默认的构造函数，如果上述程序中子类的构造函数修改如下：

```
Univer_Student(int number,String name,boolean b) {
      //super(number,name);   //不调用带参数的父类构造函数 super(number,name)
      this.number=number;
      this.name=name;
      婚否=b;
}
```

则编译时会报出找不到父类构造函数 Student()的错误信息。

例 4-17　使用关键字 super 调用被子类隐藏了的父类的成员变量或方法。

程序清单：ch04\CallHidenVar.Java

```
class Sum{
   int n;
   float f() {
   float sum=0;
      for(int i=1;i<=n;i++)
          sum=sum+i;
      return sum;
   }
}
class Average extends Sum{
   int n;
   float f() {
      float c;
      super.n=n;
      c=super.f();
      return c/n;
   }
   float g() {
      float c;
      c=super.f();
      return c/2;
   }
}
public class CallHidenVar{
   public static void main(String[] args) {
      Average aver=new Average();
      aver.n=100;
```

```
        float result_1=aver.f();
        float result_2=aver.g();
        System.out.println("result_1="+result_1);
        System.out.println("result_2="+result_2);
    }
}
```

运行结果：

```
result_1=50.5
result_2=2525.0
```

例 4-18 编写程序，子类调用父类的构造方法和覆盖父类的成员方法，并进行测试。

程序清单：ch04\Inheritance.java

```
class superClass{
    int x;
    superClass(){
        x=3;
        System.out.println("in superClass : x="+x);
    }
    void doSomething(){
        System.out.println("in superClass.doSomething()");
    }
}
class subClass extends superClass{
    int x;
    subClass(){
        super();                    //调用父类的构造方法
        x=5;
        System.out.println("in subClass : x="+x);
    }
    void doSomething(){
        super.doSomething();      //调用子类的构造方法
        System.out.println("in subClass.doSomething()");
        System.out.println("super.x="+super.x+" sub.x="+x);
    }
}
public class Inheritance{
    public static void main( String[] args){
        subClass subC=new subClass();
        subC.doSomething();
    }
}
```

运行结果如下：

```
in superClass : x=3
in subClass : x=5
in superClass.doSomething()
in subClass.doSomething()
super.x=3 sub.x=5
```

通常，在实现子类的构造方法时，先调用父类的构造方法。在实现子类的 finalize()方法时，最后调用父类的 finalize()方法，这符合层次化的观点以及构造方法和 finalize()方法的特点，即初始化过程总是由高级向低级进行，而资源回收过程应从低级向高级进行。

4.1.7　上转型对象

在 Java 里面向上转型通俗理解就是子类对象转型成父类对象，向上转型是自动进行的。例如：

假设，A 类是 B 类的父类，当我们用子类创建一个对象，并把这个子类对象的引用放到父类的对象中时，例如：

```
A  a;
a=new B();
```

或

```
A  a;
B  b=new B();
a=b;
```

称这个父类对象 a 是子类对象 b 的上转型对象，上转型对象的实体是子类负责创建的，但上转型对象会失去原对象中新增的一些属性和方法。

人们经常说“老虎是哺乳动物”，“狗是哺乳动物”等。因为哺乳类是老虎类和狗类的父类，所以这样说当然正确。但从语法角度看，当说老虎是哺乳动物时，老虎将失掉老虎独有的属性和功能。上转型对象的示意图如图 4-7 所示。

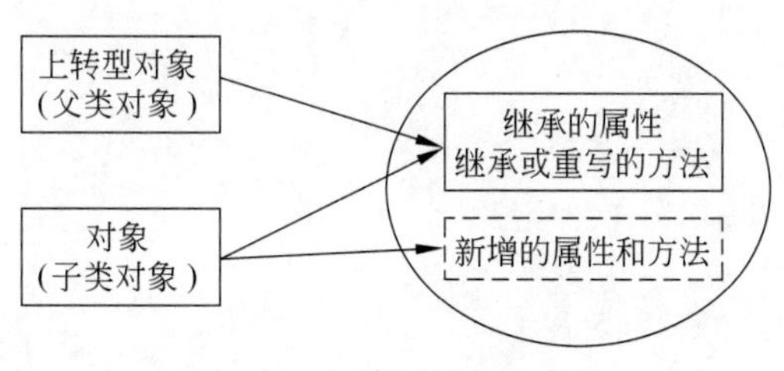

图 4-7　上转型对象示意图

上转型对象具有如下特点。

(1) 上转型对象不能操作子类新增的成员变量，失掉了这部分属性；也不能使用子类新增的方法，失掉了一些功能。

(2) 上转型对象可以操作子类继承的成员变量，也可以使用子类继承的或重写的方法。

(3) 如果子类重写了父类的某个方法后，当对象的上转型对象调用这个方法时一定是调用了这个重写的方法，因为程序在运行时知道，这个上转型对象的实体是子类创建的，只不过改变了一些功能而已。

不要将父类创建的对象和子类对象的上转型对象混淆。

可以将对象的上转型对象再强制转换到子类对象，这时，该子类对象又具备了子类所给的所有属性和功能。

不可以将父类创建的对象的引用赋值给子类声明的对象，也就是不能说"哺乳动物是老虎"。

例 4-19 对象的上转型对象举例。示例中"类人猿"类对象 originalPeople 是 People1 类对象 people 的上转型对象。

程序清单：ch04\BackwardObject.java

```
package ch04;
class  类人猿{
   public 类人猿(){
       System.out.println("类人猿 Created!");
   }
   void crySpeak(){
       System.out.println("我是类人猿。");
   }
}
class People1 extends 类人猿{
   public People1(){
       System.out.println("People Created!");
   }
   void crySpeak(){
        System.out.println("我是 People。");
   }
}
class BackwardObject{
  public static void main(String[] args)
   {  类人猿 originalPeople=new 类人猿();
      People1 people=new People1();
      originalPeople=people;
      originalPeople.crySpeak();
      people.crySpeak();
   }
}
```

程序运行结果如下：

```
类人猿 Created!
类人猿 Created!
People Created!
```

```
我是 People。
我是 People。
```

4.1.8　多态性

在 Java 语言中，多态性体现在两个方面：由方法重载实现的静态多态性（编译时多态）和方法重写实现的动态多态性（运行时多态）。

1. 编译时多态

在编译阶段，具体调用哪个被重载的方法，编译器会根据参数的不同来静态确定调用相应的方法。

2. 运行时多态

运行时多态性就是指父类的某个方法被其子类重写时，可以各自产生自己的功能行为。运行时多态也称动态绑定（dynamic binding）、后期绑定（late binding）或运行时绑定（run-time binding）。

子类继承了父类所有的属性（私有的除外），对于重载或继承的方法，Java 运行时系统根据调用该方法的实例的类型来决定选择哪个方法调用。对子类的一个实例，如果子类重载了父类的方法，则运行时系统调用子类的方法，如果子类继承了父类的方法（未重载），则运行时系统调用父类的方法。因此，一个对象可以通过引用子类的实例调用子类的方法。

我们经常说"哺乳动物有很多种叫声"，如"吼""嚎""汪汪""喵喵"等，这就是叫声的多态。当把子类创建的对象的引用放到一个父类的对象中时，就得到了该对象的一个上转型对象。当一个类有很多子类时，并且这些子类都重写了父类中的某个方法，那么这个上转的对象在调用这个方法时就可能具有多种形态，因为不同的子类在重写父类的方法时可能产生不同的行为。

例 4-20　这是运行时多态的例子。狗类的上转型对象调用叫声方法时产生的行为是"汪汪"，而猫类的上转型对象调用叫声方法时，产生的行为是"喵喵"。

程序清单：ch04\DynamicState.java

```
class 动物{
        void cry(){
        }
}
class 狗 extends 动物 {
      void cry(){
          System.out.println("狗 cry(): 汪汪.....");
      }
}
class 猫 extends 动物{
      void cry(){
          System.out.println("猫 cry(): 喵喵.....");
      }
```

```
}
class DynamicState{
        public static void main(String[] args){
              动物 dongwu;
              if(Math.random()>=0.5) {
                dongwu=new 狗();   //上转的对象
                dongwu.cry();
              }
              else {
                dongwu=new 猫();   //上转的对象
                dongwu.cry();
              }
        }
}
```

程序运行结果：

```
猫 cry(): 喵喵……
```

例 4-21 该例中，声明了 A 类型的变量 a，然后用 new 建立 A 类的子类 B 的一个实例 b，并把对该实例的一个引用存储到 a 中，Java 运行时系统分析该引用是类型 B 的一个实例，因此调用子类 B 的 callme 方法。

程序清单：ch04\Dispatch.java

```
class A{
  void callme(){
    System.out.println("Inside A's callme() method");
  }
}
class B extends A{
  void callme(){
    System.out.println("Inside B's callme() method");
  }
}
public class Dispatch{
   public static void main( String args[ ] ){
         A a=new B();
         a.callme();
   }
}
```

运行结果如下：

```
Inside B's callme() method
```

用这种方式可以实现运行时的多态，它体现了面向对象程序设计中的代码复用和鲁棒性。已经编译好的类库可以调用新定义的子类的方法而不必重新编译，而且还提供了一个简明的抽象接口。如上例中,如果增加几个 A 的子类的定义,则用 a.callme()可以分别调用多个子类的不同的 callme()方法,只需分别用 new 生成不同子类的实例即可。

4.2　类的访问权限与包的概念

4.2.1　类的访问控制

类的访问控制有 public、abstract、final 及 friendly(无修饰符或默认)4 种。不能用 protected 和 private 修饰类。

1. public 类

表示所有其他的类都可以使用此类;这个类作为整体是可见和可使用的,程序的其他部分可以创建这个类的对象,访问这个类可用的成员变量和方法。

当编写一个 Java 源代码文件时,此文件通常被称为编译单元。每个编译单元都必须有一个后缀为.java,而在编译单元内可以有一个 public 类,该类的名称必须与文件名称相同(包括大小写,但不包括文件的后缀.java)。每个编译单元只能有一个 public 类,否则编译器就不会接受。如果在该编译单元之中还有额外的类,那么在包之外是无法看见这些类的,这是因为它们不是 public 类,而且它们主要用来为主要 public 类提供支持。

虽然不是很常用,但编译单元内完全不带 public 类也是可能的。这种情况下,可以随意对文件命名。当然随意命名会使得人们在阅读和维护代码时产生混淆。

2. abstract 类

抽象类不可以直接实例化,不能直接产生属于这个类的对象;但是可以通过子类继承来使用经过重写的子类方法。子类如果不全部实现父类中的抽象方法,则子类也只能声明为抽象类。抽象类中也可以声明 static 属性和方法。

抽象方法必须使用 abstract 来修饰,而包含抽象方法的类必须声明为抽象类。不管是父类还是子类,只要有抽象方法就必须声明为抽象类。

例 4-22　写两个类 Dog 和 Bird,继承抽象类 Animal,子类对父类的抽象方法进行重写。

程序清单:ch04\BackAnimal.java

```
abstract class Animal{
    public abstract void eat();  //只有方法名,而没有方法体
}
class Dog extends Animal{
        private String name;
        public void setName(String name){
            this.name=name;
        }
        public String getName(){
            return name;
        }
```

```
            public void eat(){
                System.out.println("小狗啃骨头啦");
            }
}
class Bird extends Animal{
            public void fly(){
                System.out.println("小鸟飞呀飞呀");
            }
            public void eat(){
                System.out.println("小鸟吃虫子啦");
            }
}
public class BackAnimal{
    public static void main( String args[ ] ){
        Animal an=new Dog();
        an.eat();
        an=new Bird();
        an.eat();
    }
}
```

程序运行结果：

```
小狗啃骨头啦
小鸟吃虫子啦
```

3. final 类

在类名前加关键字 final，这个类就被定义为 final 类，当一个类被定义为 final 时，它的所有方法都自动成为 final 方法，但不影响对变量的定义。

final 类不能被继承，不能被覆盖，final 类在执行速度方面比一般类快。API 中的某些类，如 String 以及 Math 等，就是 final 类的典型例子。

有时在程序中需要对继承加以限制。例如某些处理特殊运算和操作的类，为了安全考虑，不允许被其他类所继承，就将这样的类定义为 final 类。final 类没有子类，即它处于继承链的尾部，或者除了自动继承 Object 外，它们是独立存在的支持类，例如执行密码管理的类，处理数据库信息的管理类等。

4. friendly 类

当没有修饰符时，称此类为 friendly 类，表示该类只能被本包中的其他类使用。Java 的类可以通过包的概念来组织，处于同一包中的类可以不需要任何说明而方便地互相使用和引用，而对于在不同包中的类，它们是互相不可见的，也不能直接互相引用。任何其他类、对象只要可以看到这个类，就可以存取该类对象中的变量数据或使用其方法。如果类被声明为 public，就具备了被其他包中的类引用的可能性，只要 import 就可以了。

例 4-23 friendly 类被本包中的其他类使用的例子。

程序清单：ch04\Demo.java

```
class ABC{  //friendly 类
      public int pub_i=5;
      public void show(){
         System.out.println ("pub_i="+pub_i);
      }
}
class Demo{
  public static void main(String[] args){
        ABC abc=new ABC();  //使用本包中的 friendly 类
        System.out.println("abc.pub_i="+abc.pub_i);
        abc.pub_i=10;
        abc.show();
  }
}
```

程序输出结果：

```
abc.pub_i=5
pub_i=10
```

4.2.2　类成员的访问控制

当用一个类创建了一个对象之后，该对象可以通过“.”运算符访问自己的变量，并使用类中的方法。但访问自己的变量和使用类中的方法是有一定限制的。通过修饰符 private、default、protected 和 public 来说明类成员的使用权限。

private(私有的)：类中限定为 private 的成员只能在这个类中被访问，在类外不可见。

default(无修饰符，默认的)：如果没有访问控制符，则该类成员可以被该类所在包中的所有其他类访问。

protected(受保护的)：用该关键字修饰的类成员可以被同一类、被该类所在包中的所有其他类或其子类(可以不在同一包中)的实例对象访问。

public：用 public 修饰的类成员可以被其他任何类访问，前提是对类成员所在的类有访问权限。表 4-1 给出了类成员访问控制符与访问能力之间的关系。

表 4-1　类成员访问控制符与访问能力之间的关系

修 饰 符	同 一 个 类	同 一 个 包	不同包的子类	不同包非子类
private	*			
default	*	*		
protected	*	*	*	
public	*	*	*	*

1. protected 变量或方法

用 protected 修饰的成员变量和方法被称为受保护的成员变量和方法。同一类、同一包可以使用。不同包的类要使用，必须是该类的子类。如：

```
class Tom {
   protected float weight;    //weight 被修饰为 protected 的 float 型变量
   protected float fun(float a, float b) {    //方法 fun()是 protected 方法
   }
}
```

假如，另外一个 Jerry 类与 Tom 在同一个包中，在 Jerry 类中用 Tom 类创建了一个对象后，Jerry 类就能访问该 Tom 类对象的 protected 变量和 protected 方法。

在任何一个与 Tom 同一包中的类中，也可以通过 Tom 类的类名访问 Tom 类的 protected 变量和 protected 方法。

由于 Jerry 与 Tom 是同一个包中的类，因此，Jerry 类中的 cat.weight 和 cat.f(3,4) 都是合法的。

```
class Jerry{
   void g(){
     Tom cat=new Tom();
     cat.weight=23f;    //合法
     cat.f(3,4);        //合法
   }
}
```

2. private 变量和方法

不允许任何其他类存取和调用。如：

```
class Tom{
     private float weight;            //weight 被修饰为 private 的 float 型变量
     private float fun(float a,float b) {  //方法 fun()是 private 方法
       …
     }
   …
}
```

当在另外一个类中用类 Tom 创建了一个对象后，该类不能访问 Tom 类对象的私有变量和私有方法。如：

```
class Jerry{
   void g() {
        Tom cat=new Tom();
        cat.weight=23f;    //非法
        cat.fun(3f,4f);    //非法
   }
}
```

如果类中的某个成员是私有类变量或私有静态成员变量，那么在另外一个类中，也不能通过类名来操作这个私有变量。

如果类中的某个方法是私有的类方法，那么在另外一个类中，也不能通过类名来调用这个私有的类方法。

例 4-24　对于私有成员变量或方法，只能在本类中访问。

程序清单：ch04\PrvtVar.java

```
public class PrvtVar {
private int money;
   PrvtVar () {
       money=2000;
   }
   private int getMoney() {
       return money;
   }
   public static void main(String[] args) {
       PrvtVar exa=new PrvtVar();
       exa.money=3000; int m=exa.getMoney();  //可访问本类成员的 private 变量
       System.out.println("money="+m);
   }
}
```

程序运行结果：

```
money=3000
```

3. friendly 友好变量和友好方法(前边没有修饰符的情况)

不用 private、public、protected 修饰符的成员变量和方法被称为友好变量和友好方法。在同一程序包中出现的类才可以直接使用它的数据和方法。这种情况最常见。如：

```
class Animal{
    float weight;                  //weight 是友好变量
    float fun(float a,float b) {  //方法 fun()是友好方法
    }
}
```

当在另外一个类中用类 Animal 创建了一个对象后，如果这个类与 Animal 类在同一个包中，那么该类能访问 Animal 类对象的友好变量和友好方法。在任何一个与 Animal 同一包中的类中，也可以通过 Animal 类的类名访问 Animal 类的类友好成员变量和类友好方法。

假如 Jerry 与 Animal 是同一个包中的类，那么，下述 Jerry 类中的 tiger.weight 和 tiger.fun(3,4)都是合法的。

```
class Jerry{
  void gun() {
```

```
    Animal tiger=new Animal ();
    tiger.weight=223f;   //合法
    tiger.fun(3,4);      //合法
  }
}
```

同一源文件中编写命名的类总是在同一包中的，如果在类中用 import 语句引入了另外一个包中的类，并创建了那个类的对象，那么该类也不能访问那个对象的友好变量和友好方法。

4. public 公有变量和公有方法

用 public 修饰的成员变量和方法称为公有变量和公有方法。如：

```
class Tom{
  public float weight;                      //weight 被修饰为 public 的 float 型变量
  public float fun(float a,float b) {      //fun()是 public 方法
    ...
  }
}
```

当在任何一个类中用类 Tom 创建了一个对象后，该类能访问 Tom 对象的 public 变量和 public 方法。如：

```
class Jerry {
  void gun() {
   Tom cat=new Tom();
   cat.weight=23f;                          //合法
   cat.fun(3,4);                            //合法
  }
}
```

如果 Tom 类中的某个成员是 public 类变量，那么在任何一个类中，也可以通过类名 Tom 来操作 Tom 的这个成员变量。如果 Tom 类中的某个方法是 public 类方法，那么在任何一个类中，也可以通过类名 Tom 来调用 Tom 类中的这个 public 类方法。

4.2.3 类的组织

1. 包(package)

包是 Java 语言中有效地管理类的一个机制，是一组相关类和接口的名称空间。包类似于计算机上的不同文件夹。因为 Java 编程语言编写的软件可能由数百个或者数千个独立的类构成，所以把相关类和接口存放在包中，以组织这些内容，这是很有意义的。

Java 平台提供了数量庞大的类库(包的集合)，这种库被称为“应用程序编程接口”(Application Programming Interface)，或者简写为 API，用于应用程序的开发。它的包代表和通用编程相关的最常见的任务。例如，String 对象包含字符串的状态和行为；File 对象允许程序员方便地创建、删除、检查、比较或者修改文件系统中的文件；Socket 对象

允许创建和使用网络套接字；各种 GUI 对象控制按钮和复选框，以及和图形用户界面相关的所有事项。可以选择的类差不多有数千个。这使程序员可以把精力集中于特定的应用程序设计，而不必在基础设施上浪费时间。

Java 平台 API 规范(Java Platform API Specification)包含 JDK 的所有包、接口、类、字段和方法的详细清单。在浏览器中加载这个页面，并且把它设成书签。对于程序员，它将成为最重要的一个参考文档。

通过关键字 package 声明包语句，指明该源文件定义的类所在的包。package 语句的一般格式为

```
package 包名
```

定义包的语句必须放在源程序有效代码的第一行。使用这个语句就可以创建具有指定名字的包，并且当前程序中的所有类都属于这个包。

如果源程序中省略了 package 语句，源文件中定义命名的类被隐含地认为是无名包的一部分，即源文件中定义命名的类在同一个包中，但该包没有名字。

Java package 包名的命名习惯是所有字母全部小写。

包名可以是一个合法的标识符，也可以是若干个标识符加“.”分隔而成。如果在 package 语句的包名中含有符号“.”，则代表了目录分隔符。在这种情况下，需要按照包名分隔的顺序，依次创建子文件夹中的子文件夹。如：

```
package tom.langshan;
```

那么程序文件的目录结构必须包含如下的结构：

```
\tom\langshan
```

如：

```
d:\javacode\tom\langshan
```

并且要将.java 源文件保存在目录 d:\javacode\tom\langshan 中。这里包“tom\langshan”的上一级目录“d:\javacode”已在 CLASSPATH 环境变量中注册。

Java 没有头文件，每个.java 都是要放在源代码树中的。这棵树就是靠 package 语句来组织的。

2. 导入包

使用 import 语句可以引入包中的类。在编写源文件时，除了自己编写类外，还经常需要使用 Java 提供的许多类，这些类可能在不同的包中。在学习 Java 语言时，使用已经存在的类，避免一切从头做起，这是面向对象编程的一个重要方面。为了能使用 Java 提供的类，我们可以使用 import 语句来引入包中的类，在一个 Java 源程序中可以有多个 import 语句。

导入包的语句为

```
import 包名.类名;
```

其中，包名可以使用符号“.”来表明包的层次。

Java 提供了 130 多个包，如：

- java.applet　包含所有的实现 Java applet 的类。
- java.awt　包含抽象窗口工具集中的图形、文本、窗口 GUI 类。
- java.awt.image　包含抽象窗口工具集中的图像处理类。
- java.lang　包含所有的基本语言类。
- java.io　包含所有的输入输出类。
- java.net　包含所有实现网络功能的类。
- java.until　包含有用的数据类型类。

如果要从一个包中引入多个类，则可以用符号“*”来代替类名。例如，import java.awt.*。

注意：*只能表示本层次包中的所有类，不包括子包中的类。所以必须多次使用 import 语句导入所有需要的类。

例如：

```
import java.awt.*;
import java.awt.event.*;
```

而“import java.until.Date;”只是引入包 java.until 中的 Date 类。

例 4-25　建立一个 java applet 程序，并使用 java.awt 中的 Button 类和 Graphics 类。使用 import 语句引入包 java.applet 中的 Applet 类和包 java.awt 中的 Button 类和 Graphics 类。

程序清单：ch04\RedButton.java

```
import java.applet.Applet;import java.awt.*;
public class RedButton extends Applet{
    Button redbutton;
    public void init() {
        redbutton=new Button("我是一个红色的按钮");
        redbutton.setBackground(Color.red);
        add(redbutton);
    }
    public void  paint(Graphics g) {
    g.drawString("it is a button",30,50);
    }
}
```

程序运行结果如图 4-8 所示。

系统自动引入 java.lang 这个包，因此不需要再使用 import 语句引入该包。java.lang 包是 Java 语言的核心类库，它包含了运行 Java 程序必不可少的系统类。

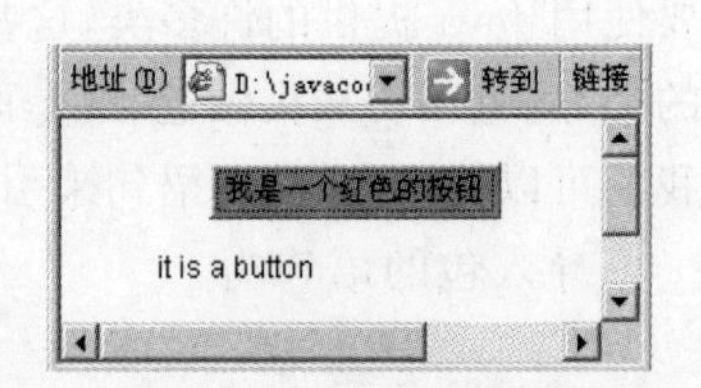

图 4-8　程序运行结果图

如果使用 import 语句引入了整个包中的类，那么可能会增加编译时间。但绝对不会影响程序运行的性能，因为当程序执行时，只是将真正使用的类的字节码文件加载到内存。

若通过“＊”导入了两个库，而且它们包括相同的名字，这时会出现什么情况呢？例如，假定一个程序使用了下述导入语句：

```
import com.bruceeckel.util.*;
import java.util.*;
```

由于 java.util.＊也包含了一个 Vector 类，所以这会造成潜在的冲突。然而，只要冲突并不真的发生，就不会产生任何问题——这当然是最理想的情况，否则，就需要防范那些可能会发生的冲突。

如现在试着生成一个 Vector，就肯定会发生冲突：

```
Vector v=new Vector();
```

它引用的到底是哪个 Vector 类呢？编译器对这个问题没有答案，我们也不可能知道。所以编译器会报告一个错误，强迫我们进行明确的说明。例如，假设想使用标准的 Java Vector，那么必须像下面这样编程：

```
java.util.Vector v=new java.util.Vector();
```

由于它通过环境变量 CLASSPATH 完整地指定了那个 Vector 的位置，所以不再需要 import java.util.＊语句，除非还想使用来自 java.util 的其他东西。

3. 自定义包

为了使程序能使用自定义包中的类，必须在 CLASSPATH 中指明自定义包的位置。

例 4-26　下面例子中的自定义包 tom.langshan 的位置是 d:\javacode。因此必须更新 CLASSPATH 的设置，在命令行执行如下命令：set classpath＝%JAVA_HOME%；d:\javacode。

程序清单：ch04\PrimNumber.java

```
package tom.langshan;
public class PrimNumber{
    public static void main(String[] args) {
        int sum=0,i,j;
        for( i=1;i<=20;i++)   //找出 20 以内的素数.
            { for(j=2;j<=i/2;j++)
              { if(i% j==0)
                break;
              }
              if(j>i/2) System.out.print(" 素数:"+i);
            }
    }
}
```

保存上述源文件到 d:\javacode\tom\langshan 中，然后编译源文件：

```
d:\javacode> javac .\tom\langshan\Primnumber.java
```

运行程序时必须到\tom\langshan 的上一层目录 d:\javacode 中运行，如：

```
d:\javacode> java tom.langshan.PrimNumber
```

因为起了包名,类 PrimNumber 的全名已经是 tom.langshan.PrimNumber。

程序运行步骤与结果如下:

```
D:\javacode>set classpath=% classpath% ;d:/javacode
D:\javacode>javac .\tom\langshan\PrimeNumer.java
D:\javacode>java tom.langshan.PrimNumber
  素数:1 素数:2 素数:3 素数:5 素数:7 素数:11 素数:13
```

例 4-27　引用自定义包的例子。本例声明一个完整的日期类 NewDate。将编译后的日期类文件 NewDate.class 放在已建立的包 tom.langshan 中。

程序清单 1: ch04\tom\langshan\NewDat.java

```
package tom.langshan;
import java.util.*;                //引用 java.util 包
public class NewDate {
    private int year,month,day;
    public NewDate(int y,int m,int d) {
        year=y;
        month=(((m>=1) & (m<=12))   m : 1);
        day=(((d>=1) & (d<=31))   d : 1);
    }
    public NewDate() {
        this(0,0,0);
    }
    public static int thisyear(){                //获得当年的年份
        return Calendar.getInstance().get(Calendar.YEAR);
    }
    public int year(){                           //获得年份
       return year;
    }
    public String toString() {                   //转化为字符串
       return year+"-"+month+"-"+day;
    }
}
```

在另一程序 People.java 中,引用 Mypackage 包中的 NewDate 类。

程序清单 2: ch04\People.java

```
import tom.langshan.NewDate;    //引用 tom.langshan 包中的 NewDate 类
public class People{
    private String name;
    private NewDate  birth;
    public static void main(String[] args){
        People a=new People("XiaoYu",1989,10,06);
```

```
        a.output();
    }
    public People(String n1,NewDate d1) {
        name=n1;
        birth=d1;
    }
    public People(String n1,int y,int m,int d) {
        this(n1,new NewDate(y,m,d));
    }
    public People() {
        this("",new NewDate());
    }
    public int age(){                                       //计算年龄
         return  NewDate.thisyear() -birth.year();   //获得年份
    }
    public void output() {
        System.out.println("name : "+name);
        System.out.println("birth: "+birth.toString());
        System.out.println("age  : "+age());
    }
}
```

程序运行步骤与结果如下：

```
D:\javacode>set classpath=% classpath% ;d:/javacode
D:\javacode>javac .\tom\langshan\NewDate.java
D:\javacode>javac People.java
D:\javacode>java People.java
name: Xiaoyu
birth: 1989-10-6
age : 20
```

编写一个有价值的类是令人高兴的事情，可以将这样的类打包，形成有价值的“软件产品”，供其他软件开发者使用。

4. Java 常用类包

1) java.lang 包

本类包中包含了各种定义 Java 语言时必需的类，这些类能够以其他类不能使用的方式访问 Java 的内部。任何 Java 程序都将自动引入这个包。其中的类包括以下几种。

Object 类：Java 中最原始、最重要的类，每个 Java 类都是它的子类，它实现了每个类都必须具有的基本方法。

基本类型包装器：Boolean、Character、Number、Double、Float、Integer、Long。

String 类：字符串类。

Math 类：数学函数的集合。

执行线程类：Thread、ThreadGroup、接口 Runnable。

System 类和 Runtime 类：可以通过类 Runtime 和 System 访问外部系统环境。System 类的两个常用功能就是访问标准输入/输出流和错误流，退出程序。

异常和错误类：Exception、Error。

接口 Throwable。

2）java.applet 包

Java Applet 是 Java 编程的主要魅力之一，java.applet 类包提供了 Applet 的运行机制以及一些编写 Applet 非常有用的方法。

3）java.awt 类包

本类包是各种窗口环境的统一界面（AWT 代表 Abstract Windows Toolkit，即抽象窗口工具包），其中的类使得创建诸如窗口、菜单、滚动条、文本区、按钮以及复选框等图形用户界面（GUI）的元素变得非常容易。

4）java.awt.image 包

本类包能够以独立于设备的方式加载并过滤位图图像。

5）java.awt.peer 类包

java.awt.peer 是全部 awt 组件的对等对象接口的集合，每个接口都提供了机器相关的基本方法，awt 使用这些方法来实现 GUI，而不必关心是何种机器或操作系统。

6）java.io 包

Java 的输入/输出模式是完全建立在流的基础上的。流是一种字节从一个地方到另一个地方的单向流动，可以把流附加于文件、管道和通信链路等。java.io 类包中定义的许多种流类通过继承的方式进行组织，其中也包括一些用来访问本地文件系统上的文件流类。

7）java.net 包

java.net 类包用来完成与网络相关的功能：URL、WWW 连接以及更为通用的 Socket 网络通信。

8）java.util 包

java.util 类包包含了一些实用类和有用的数据结构，如字典（Dictionary）、散列表（Hashtable）、堆栈（Stack）、向量（Vector）以及枚举类（Enumeration）等，使用它们，开发者可以更方便、快捷地编程。

9）java.rmi 包、java.rmi.registry 包和 java.rmi.server 包

这三个包用来实现 RMI（Remote Method Invocation，远程方法调用）功能。利用 RMI 功能，用户程序可以在远程计算机（服务器）上创建对象，并在本地计算机（客户机）上使用这个对象。

10）java.sql 包

java.sql 包是实现 JDBC（Java Database Connection）的类库。利用这个包可以使 Java 程序具有访问不同种类的数据库（如 Oracle、Sybase、DB2、SQL Server 等）的功能，只要安装了合适的驱动程序，同一个 Java 程序不需修改就可以存取、修改这些不同的数据库中的数据。JDBC 的这种功能，再加上 Java 程序本身具有的平台无关性，大大拓宽了 Java 程序的应用范围，尤其是商业应用的适用领域。

11）java.security 包、java.security.acl 包和 java.security.interfaces 包

这三个包提供了更完善的 Java 程序安全性控制和管理，利用它们可以对 Java 程序加密，也可以把特定的 Java Applet 标记为“可信赖的”，使它能够具有与 Java Application 相近的安全权限。

12）Java.corba 包和 java.corba.orb 包

这两个包将 CORBA（Common Object Request Broker Architecture，是一种标准化接口体系）嵌入到 Java 环境中，使得 Java 程序可以存取、调用 CORBA 对象，并与 CORBA 对象共同工作。这样，Java 程序就可以方便、动态地利用已经存在的由 Java 或其他面向对象语言开发的部件，简化软件的开发。

13）其他类

接口 Cloneable、运行时的类等。

习　题　4

1. 面向对象的软件开发有哪些优点？
2. 什么叫对象？什么叫类？类和对象有什么关系？
3. 什么是包？把一个类放在包里有什么作用？
4. 作用域 public、private、protected 以及不写时有什么区别？
5. 什么是方法？方法的结构是怎样的？设计方法应考虑哪些因素？
6. 什么是方法的覆盖？与方法的重载有何不同？方法的覆盖与属性的隐藏有何不同？
7. 什么是成员变量、局部变量、类变量和实例变量？
8. 什么是继承？什么是父类？什么是子类？继承的特性可以给面向对象编程带来什么好处？
9. 什么是多态？面向对象程序设计为什么要引入多态的特性？
10. “子类的域和方法的数目一定大于等于父类的域和方法的数目”，这种说法是否正确？为什么？
11. 父类对象与子类对象相互转化的条件是什么？如何实现它们的相互转化？
12. 以下代码共创建了几个对象？________

```
String s1=new String("hello");
String s2=new String("hello");
String s3=s1;
String s4=s2;
```

13. 分析以下代码，编译时出现什么现象？________

```
public class Test {
    static int myArg=1;
    public static void main(String[] args) {
    int myArg;
    System.out.println(myArg);
```

```
    }
}
```

14. 对于以下程序，运行“java Mystery Mighty Mouse”，得到的结果是________。

```
public class Mystery {
  public static void main(String[] args) {
      Changer c=new Changer();
      c.method(args);
      System.out.println(args[0] +" " +args[1]);
  }
  static class Changer {
    void method(String[] s) {
        String temp=s[0];
        s[0]=s[1];
        s[1]=temp;
    }
  }
}
```

15. 阅读下列程序，写出输出的结果：________。

```
class Xxx {
    private int i;
    Xxx x;
    public Xxx() {
      i=10;
      x=null;
    }
    public Xxx(int i) {
      this.i=i;
      x=new Xxx();
    }
    public void print() {
      System.out.println("i=" +i);
      System.out.println(x);
    }
    public String toString() {
      return "i=" +i;
    }
}
public class Test{
    public static void main(String[] args) {
      Xxx x=new Xxx(100);
      x.print();
      System.out.println(x.x);
```

```
    }
}
```

16. 为了使以下 Java 应用程序输出 11、10、9，应在(*)处插入的语句是________；如果要求输出 10、9、8，则在(* *)处插入的语句应是 ________。

```
public class GetIt {
   public static void main(String args[]) {
      double x[]={10.2, 9.1, 8.7};
      int i[]=new int[3];
      for(int a=0;a < (x.length);a++) {
      ( * * )
         System.out.println(i[a]);
      }
   }
}
```

17. 阅读下列程序，分析程序的输出结果：________。

```
abstract class Base{
  abstract public void myfunc();
  public void another(){
    System.out.println("Another method");
  }
}
public class Abs extends Base{
  public static void main(String argv[]){
      Abs a=new Abs();
      a.amethod();
  }
  public void myfunc(){
      System.out.println("My func");
  }
  public void amethod(){
      myfunc();
  }
}
```

18. 分析以下代码，编译时会出现的错误信息是 ________。

```
class A{
    private int secret;
}
public class Test{
    public int method(A a){
          return a.secret++;
    }
```

```
        public static void main(String args[]){
            Test test=new Test();
            A a=new A();
            System.out.println(test.method(a));
        }
    }
```

19. 分析以下程序,写出运行结果：________。

```
public class Test19 {
    public static void changeStr(String str){
        str="welcome";
    }
    public static void main(String[] args) {
        String str="1234";
        changeStr(str);
        System.out.println(str);
    }
}
```

20. 分析以下程序,写出运行结果：________。

```
public class Test20 {
    static boolean foo(char c) {
        System.out.print(c);
        return true;
    }
    public static void main(String[] args) {
    int i=2;
    for (foo('A'); foo('B') && (i <4); foo('C')) {
        i++;
        foo('D');
    }
    }
}
```

21. 编写程序,要求创建一个dog类,添加Name、eyeColor属性,为该属性自动添加相应的set和get方法,并给出至少两个构造方法。
22. 统计一个字符串中出现某个字母的次数(注意区分大小写)。
    String类中的相关方法(具体用法请查看JDK帮助文档)。
    length()：计算字符串长度,得到一个int型数值。
    indexOf()：在字符串中定位某个子串,并返回位置编号。
    substring()：截取字符串中的一部分,并作为一个新字符串返回。
    equals()：比较两个String内容是否完全相同。
23. 创建一个桌子(Table)类,该类中有桌子名称、重量、桌面宽度、长度和桌子高度属性,以及以下几个方法。

(1) 构造方法：初始化所有成员变量。

(2) area()：计算桌面的面积。

(3) display()：在屏幕上输出所有成员变量的值。

(4) changeWeight(int w)：改变桌子重量。

在测试类的 main()方法中实现创建一个桌子对象，计算桌面的面积，改变桌子重量，并在屏幕上输出所有桌子属性的值。

24. 编写一个程序，在主类中创建和调用方法 sumf()，方法 sumf()的功能是进行两个浮点数的加法运算。试将 12.7 和 23.4 两个数相加并显示运算结果。

第 5 章 CHAPTER

类的高级特性

5.1 static 关键字

static 关键字用来声明静态变量和静态方法。例如：

```
class MyClass {
    static int i;
    static void increase(){
        i++;
    }
}
```

静态变量和静态方法为类中所有对象所公有，可以不创建对象，直接引用，也称为类变量和类方法。

引用方式：类名.静态变量/静态方法，如：

```
MyClass.i;
MyClass.increase();
```

如果在声明时不用 static 关键字修饰，则为实例变量和实例方法。

一个类通过使用 new 运算符可以创建多个不同的对象，这些对象将被分配不同的内存空间，准确地说，就是不同的对象的实例变量将被分配不同的内存空间，如果类中的成员变量有类变量，所有的对象的这个类变量都分配给相同的一处内存。也就是说，对象共享类变量，改变其中一个对象的这个类变量会影响其他对象的这个类变量。

静态变量可以通过类名直接访问，也可以通过对象来调用。采用这两种方法取得的结果是相同的。如果是 public 静态变量，则其他类可以不通过实例化访问它们。

类方法不能访问实例变量，只能访问类变量。类方法可以由类名直接调用，也可由实例对象进行调用。类方法中不能使用 this 或 super 关键字。

对于实例变量必须先生成实例对象,通过该对象访问实例变量。实例方法可以对当前对象的实例变量进行操作,也可以对类变量进行操作,实例方法由实例对象调用。下面的代码及图 5-1 说明了实例变量与静态变量的关系。

```
class ABCD {
    char data;
    static int st_data;
}
class Demo {
    ABCD a,b,c,d
}
```

图 5-1　实例变量与静态变量关系

例 5-1　关于实例成员和类成员的例子。

程序清单:ch05\MemberTest.java

```
package ch05;
    class Member {
      static int classVar;
      int instanceVar;
      static void setClassVar(int i) {
        classVar=i;
        //instanceVar=i;              //类方法不能访问实例变量
      }
      static int getClassVar(){
          return classVar;
      }
      void setInstanceVar(int i){
          classVar=i;                 //实例方法不但可以访问类变量,也可以访问实例变量
          instanceVar=i;
      }
      int getInstanceVar() {
          return instanceVar;
      }
    }
public class MemberTest{
  public static void main(String[] args) {
    Member m1=new Member();
    Member m2=new Member();
    m1.setClassVar(1);
    m2.setClassVar(2);
    System.out.println("m1.classVar="+m1.getClassVar()+" m2.ClassVar="+m2.
    getClassVar());
    m1.setInstanceVar(11);
    m2.setInstanceVar(22);
```

```
    System.out.println("m1.InstanceVar="+m1.getInstanceVar()+" m2.InstanceVar=
   "+m2.getInstanceVar());
    }
}
```

程序运行结果如下：

```
m1.classVar=2 m2.ClassVar=2
m1.InstanceVar=11 m2.InstanceVar=22
```

分析一个不正确的变量引用实例：

```
class StaticError{
  String mystring="hello";                          //实例变量
    public static void main(String[] args) {
        System.out.println(mystring);               //静态方法访问实例变量出错
  }
}
```

错误信息：can't make a static reference to nonstatic variable。因为只有对象的方法可以访问对象的变量。

解决的办法如下。

(1) 将实例变量 mystring 改为类变量：

```
class StaticError{
    static String mystring="hello";
    public static void main(String[] args) {
        System.out.println(mystring);
    }
}
```

(2) 将实例变量 mystring 改为局部变量：

```
class NoStaticError{
    public static void main(String[] args) {
        String mystring="hello";
        System.out.println(mystring);
    }
}
```

例 5-2　下面例子中的梯形对象共享一个 static 的下底。

程序清单：ch05\CommonLader.java

```
package ch05;
    class 梯形{
        float 上底,高;                                  //类的变量
    static float 下底;                                  //类的变量
    梯形(float x,float y,float h) {                     //构造方法
```

```
        上底=x; 下底=y; 高=h;
    }
    float 获取下底() {
        return 下底;
    }
    void 修改下底(float b) {
        下底=b;
    }
}
public class CommonLader{
    public static void main(String[] args){
        梯形 laderOne=new 梯形(3.0f,10.0f,20);
        梯形 laderTwo=new 梯形(2.0f,3.0f,10);
        System.out.println("laderOne的下底:"+laderOne.获取下底());
        System.out.println("laderTwo的下底:"+laderTwo.获取下底());
        laderTwo.修改下底(60);
        System.out.println("laderOne的下底:"+laderOne.获取下底());
        System.out.println("laderTwo的下底:"+laderTwo.获取下底());
    }
}
```

程序运行结果如下：

```
laderOne的下底: 3.0
laderTwo的下底: 3.0
laderOne的下底: 60.0
laderTwo的下底: 60.0
```

当Java程序执行时，类的字节码文件被加载到内存，如果该类没有创建对象，类的实例成员变量不会被分配内存。但是，类中的类变量，在该类被加载到内存时，就分配了相应的内存空间。如果该类创建对象，那么不同对象的实例变量互不相同，即分配不同的内存空间，而类变量不再重新分配内存，所有的对象共享类变量，即所有的对象的类变量是相同的一处内存空间，类变量的内存空间直到程序退出运行，才释放所占有的内存。

实例方法和类方法的区别如下。

对于类中的类方法，在该类被加载到内存时，就分配了相应的入口地址。从而类方法不仅可以被类创建的任何对象调用执行，也可以直接通过类名调用。类方法的入口地址直到程序退出才被取消。

当类的字节码文件被加载到内存时，类的实例方法不会被分配入口地址。当该类创建对象后，类中的实例方法才分配入口地址，从而实例方法可以被类创建的任何对象调用执行。需要注意的是，当创建第一个对象时，类中的类方法就分配了入口地址，当再创建对象时，不再分配入口地址，也就是说，方法的入口地址被所有的对象共享，当所有的对象都不存在时，方法的入口地址才被取消。

无论是类方法还是实例方法，当被调用执行时，方法中的局部变量才被分配内存空间，方法调用完毕，局部变量即刻释放所占的内存。在一个方法被调用执行完毕之前，如果该方法又被调用，那么，方法的局部变量会再次被分配新的内存空间，例如，方法在递归调用时，方法中的局部变量会再次被分配新的内存空间。

5.2　this 关键字

this 关键字可以出现在类的实例方法中，代表使用该方法的当前对象。

为了说明 this 的用法，下面例子中的“三角形”的构造方法中，有意使用了 this。当使用构造方法来创建对象时，构造方法中的 this 就代表当前对象。

例 5-3　“三角形”的构造方法中的 this 就代表当前对象。

程序清单：ch05\Triangle.java

```
package ch05;
  class 三角形{
      double a,b,c;
      三角形(double a,double b,double c) {                    //构造方法
          setABC(this,a,b,c);                                  //调用实例方法
      }
      void setABC(三角形 trangle,double a,double b,double c) {
                                                   //实例方法,供构造方法调用初始化实例对象
          trangle.a=a;
          trangle.b=b;
          trangle.c=c;
      }
  }
  class Triangle{
      public static void main(String[] args) {
        三角形 tra=new 三角形(3,4,5);
        System.out.print("三角形的三边是:"+tra.a+","+tra.b+","+tra.c+",");
      }
  }
```

运行结果如下：

```
三角形的三边是: 3.0,4.0,5.0,
```

实例方法可以操作类的成员变量，实际上，当成员变量在实例方法中出现时，默认的格式是“this.成员变量”。如：

```
class A{
    int x,y;
    void fun(int x){
        this.x=x;
        y=x;
```

```
    }
}
```

在上述 A 类中的实例方法 fun()中出现了 this,this 就代表使用 fun()的当前对象。所以,“this.x”就表示当前对象的变量 x,当对象调用方法 fun()时,将函数的局部变量 x 赋给该对象的变量 x。当一个对象调用方法时,方法中的成员变量就是指分配给该对象的成员变量。

通常情况下,可以省略成员变量名字前面的“this.”,如成员变量 y。但是,当成员变量的名字和局部变量的名字相同时,成员变量前面的“this.”就不可以省略。

同样,类的实例方法可以调用类的其他方法,调用的默认格式是“this.方法”,如:

```
class B{
    void fun() {
        this.get();                                    //可省略 this.
    }
    void get() {
        System.out.println("ok");
    }
}
```

在上述 B 类中的方法 fun()中出现了 this,this 代表使用方法 fun()的当前对象。所以,方法 fun()的方法体中 this.get()就是调用当前对象的方法 get()。也就是说,当某个对象调用方法 fun()的过程中,又调用了方法 get()。由于这种逻辑关系非常明确,一个方法调用另一个方法时可以省略方法名字前面的“this.”。

但是,this 不能出现在类方法中,因为类方法可以通过类名直接调用,这时可能还没有任何对象诞生。

例 5-4 创建一个有两个方法的类,其中第一个方法使用 this,第二个方法不使用 this。

程序清单:ch05\Rectangle.java

```
package ch05;
    class Rectangle{                                   //矩形类
        int width;                                     //矩形的宽
        int usethis(int width){                        //返回宽度的函数
        this. width=width;                             //this 指自己这个对象
        return width;
        }
    int unusethis(int width){
            int w=width;
        return w;
    }
public static void main(String[] args){
    Rectangle r=new Rectangle();                       //类对象的实例化
    System.out.println("r.width="+r.width+" r.usethis(1)="+r.usethis(1)+
```

```
    "r.width="+r.width);
    System.out.println("r.width="+r.width+" r.unusethis(2)="+r.unusethis(2)
    +" r.width="+r.width);
    }
}
```

运行结果如下：

```
r.width=0 r.usethis(1)=1 r.width=1
r.width=1 r.unusethis(2)=2 r.width=1
```

例 5-5　编译并运行下面的程序，分析运行结果，进一步了解 super 和 this 的作用。

程序清单：ch05\SuperDemo.java

```
package ch05;
    mport java.io.*;
    class SuperClass{                                   //定义父类
        int x;
        SuperClass(){                                   //父类的构造方法
            x=10;
        }
        void doClass(){
            System.out.println("SuperClass.doClass()");
        }
    }
    class SubClass extends SuperClass{                  //定义子类
        int x;
        SubClass(){                                     //子类的构造方法
          super();                                      //调用父类的构造方法
          x=100;
        }
        void doClass(){                                 //重写父类的 doClass 方法
            System.out.println("SubClass.doClass()");
        }
        void doDemo(){                                  //演示 super 和 this 的方法
            int x;
            x=1000;
            super.doClass();                            //调用父类的 doClass 方法
            doClass();                                  //调用本类的 doClass 方法
            System.out.println("super.x="+super.x);  //父类的 x
            System.out.println("this.x="+this.x);    //本类的 x
            System.out.println("x="+x);               //本方法的 x
        }
}
public class SuperDemo{
    public static void main(String[] args){              //主方法
```

```
        SubClass s=new SubClass();
        s.doDemo();
    }
}
```

运行结果如下：

```
SuperClass.doClass()
SubClass.doClass()
super.x=10
this.x=100
x=1000
```

分析：此程序中定义了一个父类，子类 SubClass 继承了父类 SuperClass，在主函数中定义 SubClass 类对象 s 时，自动调用类 SubClass 的构造函数 SubClass()，在此构造函数中先执行“super() ;”语句，这样就调用类 SuperClass 的构造方法 SuperClass()，因为 super 来指明超类中的方法。同样在子类方法 doDemo()中，执行语句“super.doClass();”时，则调用父类的方法 doClass()。如不用 super 来指定，则调用的是子类的方法 doClass()，这里子类 SubClass()的成员方法 doClass()重写了父类 SuperClass()的成员方法 doClass()。

语句“System. out. println (" super. x = " + super. x);”中 super 调用的是父类 SuperClass 的变量 x，而语句“System.out.println("this.x="+this.x);”中 this 调用子类 SubClass 的变量 x，关键字 this 和 super 分别用来指明子类和父类中同名的成员变量。这里父类 SuperClass 的成员变量 x、子类 SubClass 的成员变量 x 和类方法 doDemo()中使用的局部变量 x 三者同名，则要使用关键字 this 和 super 来指定所要使用的变量。如不用则输出类方法的局部变量，如语句“System.out.println("x="+x);”输出的就是类方法 doDemo()的局部变量。这里子类 SubClass()的成员变量 x 隐藏了父类 SuperClass()的成员变量 x。

5.3 静态导入

在 JDK 1.5 后新加了导入静态方法和静态域的功能。在类中使用静态导入，可以使用其他类中定义的类方法和类变量，而且这些类方法和类变量就像在本地定义的一样。换句话说，静态导入允许在调用其他类中定义的静态成员时，可以不通过类名直接使用类中的静态方法。

导入一个类一般都用 import xxx.ClassName；而静态导入语句是 import static xxx.ClassName.*；这里多了 static 和.*，意思是导入 xxx.ClassName 这个类里的所有静态方法和静态域。当然，也可以只导入某个静态方法，只要把 .* 换成静态方法名就行了。以后在这个类中，就可以直接用方法名调用静态方法，而不必用“ClassName.方法名”的方式来调用。

静态导入语句看起来和普通的 import 语句非常相似。但是，普通 import 语句从某个包中导入的是一个或所有的类，而静态 import 语句从某个类中导入的却是一个或所有的类方法以及类变量。需要注意的是，针对一个给定的包，不可能用一行语句静态地导入所有类的所有类方法和类变量。也就是说，不能这样编写代码：

```
import static java.lang.*;            //编译出错！
```

如果一个本地方法和一个静态导入的方法有着相同的名字，那么本地方法将被优先调用。

例如，源文件顶部添加：import static java.lang.System.*；那么就可以使用 System 类的静态方法和静态域，而不必加类前缀。如：

```
out.println("hello world");      //相当于 System.out.println("hello world");
exit(0);                         //相当于 System.exit(0);
```

导入静态方法和导入静态域有以下两个实际的应用。

(1) 算术函数，对 Math 类使用静态导入，就能更自然地使用算术函数。如：

```
sqrt(pow(x,2)+pow(y,2));
```

(2) 笨重的常量，如果需要使用大量带有冗长名字的常量，就应该使用静态导入。如：

```
Date d=new Date();
if (d.get(DAY_OF_WEEK)==MONDAY)
```

看起来比 if (d.get(Calendar.DAY_OF_WEEK)==Calendar.MONDAY)清晰。

例 5-6　导入静态方法举例，计算直角三角形的斜边。

程序清单：ch05\StaticImportTest.java

```
package ch05;
    import static java.lang.Math.sqrt;                    //导入静态方法 sqrt()
    import static java.lang.Math.pow;                     //导入静态方法 pow()
    class Hypot {
        public static void main(String args[]) {
          double side1, side2;
          double hypot;
          side1=3.0;
          side2=4.0;
          //静态导入后，不再需要通过类名 Math 来调用方法 sqrt()和 pow()
          hypot=sqrt(pow(side1, 2)+pow(side2, 2));
          System.out.println("给定 RT△的两边边长为:" +side1+"和"+side2+", 其斜
          边边长为:"+hypot);
        }
    }
```

程序运行结果如下：

```
给定 RT△的两边边长为: 3.0 和 4.0, 其斜边边长为: 5.0
```

5.4 final 关键字

final 关键字可以修饰类、类的成员变量和成员方法，但 final 的作用不同。

(1) final 修饰成员变量，则成员变量成为常量。为了声明一个 final 变量，可以在类型之前的变量声明使用 final 关键字，例如：

```
final type piVar=3.14159;
```

可以在任何作用域声明一个 final 变量。修饰成员变量时，定义时同时给出初始值，而修饰局部变量时不做要求。这个语句声明了一个 final 变量并对它进行了初始化。如果在后面还想给 piVar 赋其他的值，就会导致编译错误，因为 final 变量的值不能再改变。

(2) final 修饰成员方法，则该方法不能被子类重写。有些方法希望始终保持它在父类中的定义而不会被子类修改以保证安全，此时可以使用 final 关键字来阻止方法重写。例如：

```
public final returnType methodName(paramList){
    …
}
```

(3) final 修饰类，则类不能被继承。由于安全性的原因或者是面向对象的设计上的考虑，有时希望一些类不能被继承，例如，Java 中的 String 类，它对编译器和解释器的正常运行有很重要的作用，不能对它轻易改变，因此把它修饰为 final 类，使它不能被继承，这就保证 String 类型的唯一性。同时，如果认为一个类的定义已经很完美，不需要再生成它的子类，这时也应把它修饰为 final 类，定义一个 final 类的格式如下：

```
final class finalClassName{
    …
}
```

如果一个类被声明为 final 的，则这个类中的所有方法也自动成为 final 的。

(4) final 修饰引用类型变量，针对引用类型变量的 final 修饰符也是容易混淆的地方。实际上 final 只是修饰引用变量自身的值，如限定类变量保存的实例地址不能变。至于该变量所引用的对象，内容是否能变，那就管不着了。所以，对于如下语句：

```
final StringBuffer strConst=new StringBuffer();
```

可以修改它指向的对象的内容，如：

```
strConst.append(" ");
```

但是不能修改它的值，如：

```
strConst=null;
```

5.5　抽象类与接口

5.5.1　抽象类

用关键字 abstract 修饰的类称为抽象类。同样，用 abstract 关键字来修饰一个方法时，这个方法就叫作抽象方法，如：

```
abstract class abstractClass{…}                         //抽象类
abstract returnType abstractMethod([paramlist])         //抽象方法
```

abstract 类与 final 类正好相反，是指不能直接被实例化的类，必须由子类创建对象。抽象类一般作为其他类的超类，抽象类中的抽象方法只需声明，由继承类提供实现。

抽象类必须被继承，抽象方法必须被重写。一个 abstract 类只关心它的子类是否具有某种功能，并不关心功能的具体行为，功能的具体行为由子类负责实现。若类中包含了抽象方法，则该类必须被定义为抽象类。如果一个类是一个 abstract 类的子类，它必须具体实现父类的 abstract 方法。abstract 类也可以没有 abstract 方法。下面是抽象类必须被继承的例子。

例 5-7　定义了一个抽象类 C，其中声明一个抽象方法 callme()，再定义它的子类 D，并重载方法 callme()。对抽象类进行测试。

程序清单：ch05\TestAbstract.java

```
package ch05;
    abstract class C{
    abstract void callme();
    void metoo(){
        System.out.println("Inside C's metoo() method");
    }
    }
    class D extends C{
    void callme(){
        System.out.println("Inside D's callme() method");
    }
    }
    public class TestAbstract{
        public static void main(String[] args){
            C c=new D();
            c.callme();
            c.metoo();
        }
    }
```

运行结果如下：

```
Inside D's callme() method
Inside C's metoo() method
```

该例中，在抽象类 C 的继承类 D 中重写了继承来的抽象方法。在类 TestAbstract 中，生成子类 D 的一个实例，并把它的引用返回到父类 C 的引用变量 c 中。

例 5-8 在下面的例中，有一个 abstract 的“图形”类，图形类要求其子类都必须有具体计算面积的功能。

程序清单：ch05\ShapeArea.java

```
package ch05;
    abstract class 图形{
        public abstract double 求面积();
    }
    class 梯形 extends 图形{
        double a,b,h;
        梯形(double a,double b,double h){
            this.a=a;this.b=b;this.h=h;
        }
        public double 求面积(){
            return((1/2.0) * (a+b) * h);
        }
    }
    class 圆形 extends 图形{
        double r;
        圆形(double r){
            this.r=r;
        }
        public double 求面积(){
            return(3.14 * r * r);
        }
    }
    class 锥{
        图形 底;
        double 高;
        锥(图形 底,double 高){
            this.底=底;
            this.高=高;
        }
        void 换底(图形 底){
            this.底=底;
        }
    public double 求体积(){
            return (底.求面积() * 高)/3.0;
```

```
        }
    }
    public class ShapeArea {
        public static void main(String[] args) {
            锥 zhui;
            图形 tuxing;
            tuxing=new 梯形(2.0,7.0,10.7);
            System.out.println("梯形的面积"+tuxing.求面积());
            zui=new 锥(tuxing,30);
            System.out.println("梯形底的锥的体积"+zhui.求体积());
            tuxing=new 圆形(10);
            System.out.println("半径是 10 的圆的面积"+tuxing.求面积());
            zui.换底(tuxing);
            System.out.println("圆形底的锥的体积"+zhui.求体积());
        }
    }
```

程序运行的结果如下：

```
梯形的面积 48.15
梯形底的锥的体积 481.5
半径是 10 的圆的面积 314.0
圆形底的锥的体积 3140.0
```

5.5.2 接口的定义

采用关键字 interface 来声明一个接口。

接口的定义包括接口声明和接口体，接口声明的格式如下：

```
[public] interface interfaceName[extends listOfSuperInterface] { … }
```

interface 子句与类声明的 extends 子句基本相同，不同的是，一个接口可以有多个父接口，用逗号隔开。Java 使用接口的目的是为了克服单继承的限制，因为一个类只能有一个父类，而一个类可以实现多个接口。

接口体包括常量定义和方法定义，常量定义格式为

```
type NAME=value;
```

定义在接口中的变量全部隐含为具有 public、final、static 的属性。这意味着该常量被实现该接口的多个类共享，它们不能被实现接口方法的类改变，这些变量还必须设置初值。

方法体定义格式(具有 public 和 abstract 属性)：

```
returnType methodName([paramlist]);
```

如果接口声明为 public，则接口中的方法和变量全部为 public。

接口是抽象类的一种，只包含常量和方法的定义，而没有变量的定义和方法的实现，

且其方法都是抽象方法。

JDK 8 以后的版本，可以添加非抽象的方法实现，只需要使用 default 关键字即可，这个特征又叫作扩展方法，示例如下：

```
interface Formula {
    double calculate(int a);
    default double sqrt(int a) {
        return Math.sqrt(a);
    }
}
```

接口的作用体现在以下几个方面。

- 通过接口实现不相关类的相同行为，而无须考虑这些类之间的关系。
- 通过接口指明多个类需要实现的方法。
- 通过接口了解对象的交互界面，而无须了解对象所对应的类。

例 5-9 声明接口的例子。本例声明了接口 Student_info 表示学生情况，其中有一个成员变量 year 和两个成员方法 age 和 output。成员变量 year 隐含为 final 和 static 型，必须设置初值。源程序文件名必须与接口名相同。

程序清单：ch05\Student_info.java

```
interface Student_info{
    int year=2010;
    int age();
    void output();
}
```

5.5.3 接口的实现

接口的实现类似于继承，只是用关键字 implements 声明一个类将实现一个接口，而不是用 extends。在类体中可以使用接口中定义的常量，而且必须实现接口中定义的所有方法。一个类可以实现多个接口，在 implements 子句中用逗号分开。

接口的实现类声明格式如下：

```
[<修饰符>]class<类名>[extends<超类名>][implements<接口名 1>,<接口名 2>,…]
```

其中，〈修饰符〉可以是 public，也可以省略。如果一个类实现一个接口，则必须实现接口中的所有方法，且方法必须声明为 public。如果一个类实现多个接口，则用逗号分隔接口列表。

例 5-10 实现接口的类。本例声明的类 Stu1 实现例 5-9 定义的接口 Student_info，Stu1 类中有自己的两个成员变量 name 和 birth_year，实现接口方法 age 时使用了接口中的变量 year 的值。

程序清单：ch05\Stu1.java

```
package ch05;
```

```
public class Stu1 implements Student_info {              //实现学生情况接口
  String name;
  int birth_year;                                         //类自己的成员变量
  public Stu1(String n1,int y) {
      name=n1;
      birth_year=y;
  }
  public int age(){                                       //实现接口的方法
     return birth_year;
  }
  public void output(){                                   //实现接口的方法
     System.out.println(this.name+" "+this.age()+"岁");
  }
  public static void main (String[] args) {
     Stu1 s1=new Stu1("李明",1980);
     s1.output();
  }
}
```

程序运行结果如下：

```
李明 22岁
```

由本例可见，一个类实现一个接口，必须给出接口中所有方法的实现。如果不能实现某方法，也必须写出一个空方法。

5.5.4 接口的应用

一个类通过使用关键字 implements 声明自己实现一个或多个接口。如果实现多个接口，用逗号隔开接口名，如：

```
class Dog extends Animal implements Eatable, Sleepable
```

如果一个类实现了某个接口，那么这个类必须实现该接口的所有方法，即为这些方法提供方法体。需要注意的是，在类中实现接口的方法时，方法的名字、返回类型、参数个数及类型必须与接口中的完全一致。特别要注意的是，接口中的方法被默认是 public 的，所以类在实现接口方法时，一定要用 public 来修饰。另外，如果接口的方法的返回类型不是 void 的，那么在类中实现该接口方法时，方法体至少要有一个 return 语句，如果是 void 型，类体除了两个大括号外，也可以没有任何语句。

接口声明时，如果关键字 interface 前面加上 public 关键字，就称这样的接口是一个 public 接口。public 接口可以被任何一个类使用。如果一个接口不加 public 修饰，就称为友好接口类，友好接口可以被同一包中的类使用。

Java 提供的接口都在相应的包中，通过引入包可以使用 Java 提供的接口，也可以自己定义接口。

例 5-11 定义一个接口，设计两个接口的实现类，这两个类中的接口方法的实现各不相同。

程序清单：ch05\TestInterface.Java

```
package ch05;
    interface Computable{
        final int MAX=100;
        void speak(String s);
        int f(int x);
        float g(float x,float y);
    }
class China implements Computable{
    int xuehao;
    public int f(int x){                              //不要忘记 public 关键字
        int sum=0;
        for(int i=1;i<=x;i++){
            sum=sum+i;
        }
        return sum;
}
public float g(float x,float y){
    return 6;                                         //至少有 return 语句
}
public void speak(String s){
}
}
class Japan implements Computable{
    int xuehao;
    public int f(int x){
    return 68;
    }
        public float g(float x,float y){
        return x+y;
        }
    public void speak(String s){                      //必须有方法体,但体内可以没有任何语句
    }
}
public class TestInterface{
    public static void main (String[] args){
      China Li; Japan Henlu;
      Li=new China(); Henlu=new Japan();
      Li.xuehao=991898; Henlu.xuehao=941448;
      System.out.println("学号:"+Li.MAX+Li.xuehao+"从 1 到 100 求和"+Li.f(100));
      System.out.println("学号:"+Henlu.MAX+Henlu.xuehao+"加法"+Henlu.g(2.0f,3.0f));
    }
}
```

程序运行结果如下：

```
学号:100991898 从 1 到 100 求和 5050
学号:100941448 加法 5.0
```

如果一个类声明实现一个接口，但没有实现接口中的所有方法，那么这个类必须是abstract类，例如：

```
interface Computable
{   final int MAX=100;
    void speak(String s);
    int f(int x);
    float g(float x,float y);
}

abstract class A implements Computable
{   public int f(int x)
    {   int sum=0;
        for(int i=1;i<=x;i++)
        {   sum=sum+i;
        }
        return sum;
     }
}
```

接口的语法规则很容易记住，但真正理解接口更重要。在上述例子中如果去掉接口，并修改程序中的相应部分，上述程序的运行没有任何问题，那么为什么要用接口呢？下面进一步加深对接口的理解。

在现实生活中，轿车、卡车、拖拉机、摩托车、客车都是机动车的子类，其中机动车是一个抽象类。如果机动车中有一个抽象方法"收取费用"，那么所有的子类都要实现这个方法，即给出方法体，产生各自的收费行为。

接口可以增加很多类都需要实现的功能，不同的类可以使用相同的接口，同一个类也可以实现多个接口，接口只关心功能，并不关心功能的具体实现，如"客车类"实现一个接口，该接口中有一个"收取费用"的方法，那么这个"客车类"必须具体给出怎样收取费用的操作，即给出方法的方法体，不同车类都可以实现"收取费用"，但"收取费用"的手段可能不相同。

接口与其实现类不一定有继承意义，就像各式各样的商品，它们可能隶属不同的公司，工商部门要求都必须具有显示商标的功能，实现同一接口，但商标的具体制作由各个公司自己去实现。

例5-12　设计一个关于收费行为的接口，设计该接口的几个实现类，测试各个实现类的收费功能。

程序清单：ch05\ExampleInterface.java

```
package ch05;
    interface 收费{
      public void 收取费用();
    }
class 公共汽车 implements 收费{
    public void 收取费用(){
      System.out.println("公共汽车:一元/张,不计算公里数");
    }
}
class 出租车 implements 收费{
    public void 收取费用(){
        System.out.println("出租车:1.60元/公里,起价3公里");
    }
}
class 电影院 implements 收费{
    public void 收取费用(){
        System.out.println("电影院:门票,十元/张");
    }
}
class ExampleInterface{
    public static void main(String[] args){
        公共汽车 七路=new 公共汽车();
        出租车 大众=new 出租车();
        电影院 更俗剧场=new 电影院();
        七路.收取费用();
        大众.收取费用();
        更俗剧场.收取费用();
    }
}
```

程序运行结果如下：

```
公共汽车:一元/张,不计算公里数
出租车:1.6元/公里,起价3公里
电影院:门票,十元/张
```

5.5.5 接口回调

接口回调是指可以把实现某一接口的类创建的对象的引用赋给该接口声明的接口变量中。那么该接口变量就可以调用被类实现的接口中的方法。实际上，当接口变量调用被类实现的接口中的方法时，就是通知相应的对象调用接口的方法。这一过程称为对象功能的接口回调。

例 5-13 定义一个接口 People，设计该接口的两个实现类 Student 和 Teacher，测试接口回调。

程序清单：ch05\BackInterface.java

```
package ch05;
    interface People {
        void peopleList();
    }
    class Student implements People {
        public void peopleList() {
            System.out.println("I'm a student.");
        }
    }
class Teacher implements People {
    public void peopleList(){
        System.out.println("I'm a teacher.");
    }
}
public class BackInterface {
    public static void main(String[] args) {
        People a;                              //声明接口变量
        a=new Student();                       //实例化,接口变量中存放对象的引用
        a.peopleList();                        //接口功能回调
        a=new Teacher();                       //实例化,接口变量中存放对象的引用
        a.peopleList();                        //接口功能回调
    }
}
```

程序运行结果如下：

```
I'm a student.
I'm a teacher.
```

习 题 5

1. 接口与抽象类有哪些异同点？
2. 区分接口与抽象类分别在什么场合使用？
3. 一个类如何实现接口？实现某接口的类是否一定要重载该接口中的所有抽象方法？
4. 对于以下程序，运行“java StaticTest”，得到的输出结果是________。

```
public class StaticTest {
    static {
        System.out.println("Hi there");
    }
    public void print() {
        System.out.println("Hello");
    }
```

```
    public static void main(String args []) {
        StaticTest st1=new StaticTest();
        st1.print();
        StaticTest st2=new StaticTest();
        st2.print();
    }
}
```

5. 编写程序，要求创建一个抽象类 Father，其中有身高、体重等属性及爱好（唱歌）等方法，创建子类 Son 类继承 Father 类，并增加性格这个属性，改写父类的方法（爱好）。

第6章 常用类库

CHAPTER

学习一门编程语言，首先要熟悉该语言的语法规则，然后再学习该语言如何在特定环境下使用常用的类库。Java 运行时环境(Java Runtime Environment，JRE)为 Java 应用开发者提供了大量的类库支持。它是系统提供的、已实现的标准类的集合，开发者可以方便、快捷地使用它们进行 Java 程序的开发。其中，java.lang 核心类库包含了 Java 语言必不可少的一些系统类的定义，该类库不需要在程序中通过 import 显式地引入，程序运行时，系统会自动加载该类库。java.util 类库提供了一些常用的工具类，方便了程序的开发。

6.1 字符串处理类

在 Java 中，字符串常量是一个类型为 java.lang.String 类的对象。通过使用 String 类提供的方法可以完成对字符串的各种操作。创建一个字符串对象后，该字符串的字符将不能做任何修改。在需要修改字符串的字符构成时，通过重新创建一个新的字符串对象来实现字符串的修改。

6.1.1 String 类的构造函数

在 Java 语言中，可以通过 String 类的构造函数创建 String 对象。表 6-1 显示了 String 类的几种构造函数。

表 6-1 String 类的构造函数

构造函数	说明
String()	创建一个空字符串
String(char[] value)	根据字符数组创建一个新字符串
String(byte[] value)	根据指定的字节数组新建一个字符串
String(String value)	创建一个新字符串作为指定字符串的副本

下面简单介绍上述构造函数的使用方法。例如：

```
String str1=new String();                   //创建一个空字符串
char[] arr={'a','b','c'};
String str2=new String(arr);                //根据字符数组 arr 创建一个 String 类的对象
byte[] b={'f','g','h'};
String str3=new String(b);                  //根据字节数组 b 创建一个 String 类的对象
String str4=new String(str3);               //创建 String 类的对象 str3 的副本
```

6.1.2 String 类的常用方法

在 Java 语言中，通过使用 JRE 为 String 类提供的各种方法，可以实现对字符串的各种操作。下面逐一进行介绍。

1. 字符串长度

由 String 类提供的 length()方法可以获取字符串中的字符个数。例如：

```
String name="John House";
int len=name.length();
```

由于字符串 name 中包含 10 个字符，所以 len 的值应该是 10。

2. 字符串比较

==运算符和 equals()方法都可以用于字符串的比较，但是它们的含义是完全不同的。==运算符检查所使用的两个操作数是否指向同一个对象，而 equals()方法检查的是构成两个操作数的内容是否相同。

例 6-1 比较两个字符串是否相等。

程序清单：ch06\CompareString.java

```
public class CompareString {
    public static void main(String[] args) {
        String str1=new String("We are happy! ");
        String str2=new String("We are happy! ");
        System.out.println("使用==运算符比较时：");
        if(str1==str2)
            System.out.println("两个字符串相等");
        else
            System.out.println("两个字符串不相等");
        System.out.println();
        System.out.println("使用 equals()方法比较时：");
        if(str1.equals(str2))
            System.out.println("两个字符串相等");
        else
            System.out.println("两个字符串不相等");
    }
}
```

该程序的输出结果如下：

```
使用==运算符比较时：
两个字符串不相等
使用 equals()方法比较时：
两个字符串相等
```

分析以上结果可知，使用==运算符对两个 String 对象进行比较时，结果是不相等，因为用==比较两个变量是否指向同一个对象，而 str1 和 str2 是两个不同的对象，所以结果为不相等。另一方面，用 equals()方法比较时，是比较两个对象的内容是否相等，str1 和 str2 对象的内容都是"We are happy!"，所以结果是相等。因此，在进行字符串的比较时，一定要使用 equals()方法，而不能使用==运算符。

3. 搜索和提取字符串

String 类中提供了很多提取和搜索字符串的方法。常用的方法如表 6-2 所示。

表 6-2　常用的提取和搜索字符串的方法

方　法	说　明
String substring(int index)	返回从指定位置开始的字符串
String substring(int begin,int end)	返回从指定位置 begin 到 end 之间的字符串
String trim()	删除指定字符串前后的空格，并返回
int indexOf(char ch)	返回字符串中第一次出现字符 ch 的位置
int indexOf(String value)	返回字符串中第一次出现字符串 value 的位置
int lastIndexOf char ch)	返回字符串中最后一次出现字符 ch 的位置
int lastIndexOf(String value)	返回字符串中最后一次出现字符串 value 的位置

例 6-2　提取和搜索指定字符串。

程序清单：ch06\extractAndsearch.java

```
public class extractAndsearch {
    public static void main(String[] args) {
        String str1=new String("中华人民共和国 60 周年庆");
        String str2=new String(" 国庆大阅兵 ");
        int loc1=str1.indexOf('国');
        int loc2=str1.indexOf("人民");
        int loc3=str1.lastIndexOf('人');
        int loc4=str1.lastIndexOf("60");
        System.out.println("loc1="+loc1);                    //A
        System.out.println("loc2="+loc2);                    //B
        System.out.println("loc3="+loc3);                    //C
        System.out.println("loc4="+loc4);                    //D

        System.out.println(str2.substring(2));               //E
```

```
        System.out.println(str2.substring(3,6));                //F
    }
}
```

程序的A行输出了字符'国'出现的位置,B行输出了字符串"人民"出现的位置;C行和D行分别从字符串的后面往前搜索'人'和"60"的位置。E行提取从第2个字符开始的字符串子串,F行提取第3～6的字符串子串。以上搜索方法,如果没有找到指定的字符或字符串,方法将返回－1。因此,在编程时可以根据返回值判断字符串中是否存在指定的字符(串)。

4. 字符串的连接

在String类中,要实现多个字符串的连接,可以通过该类提供的方法concat()将一个字符串连接到另一个字符串后面,或者直接使用"＋"运算符也能实现连接。例如:

```
String str1=new String("Hello");
String str2=new String("World");
String str3=str1.concat(str2);
String str4=str1+str2;
```

在上面的例子中,用两种方法实现了字符串的连接,它们的结果是相同的。在进行字符串连接时需要注意:两个字符串经连接后,会产生第三个字符串,它是前面两个字符串的叠加,原来的两个字符串均保持不变。

String类还有许多其他有用的方法,在使用时可以查阅相关的JDK文档,在此不再一一赘述。

6.2 数据封装类

在Java中,使用基本数据类型声明的变量不能被视为对象。为了能在Java中将基本数据类型作为对象来进行处理,并能使用相关的方法和属性;Java语言在java.lang包中为每个基本数据类型提供了一个相应的封装类。表6-3列出了各个封装类。

表6-3 基本数据类型的封装类

基本数据类型	封 装 类	基本数据类型	封 装 类
byte	Byte	float	Float
char	Character	double	Double
int	Integer	boolean	Boolean
long	Long	short	Short

从表6-3中可知,每一个基本数据类型都有一个封装类跟它对应。除了char类型,其他基本类型与相应的封装类相比,只有一个字母的区别。另外,在这些封装类中,定义了对应基本数据类型的一些常数,如Integer类型的MAX_VALUE,Float类型的POSITIVE_INFINITY;封装类中还包含一个与封装类对应的基本数据类型字段,例如:

每个Double类型的对象都包含有一个double类型的字段；提供了基本数据类型和字符串的相互转换方法，一般是valueOf(String)方法和toString()方法；而且对象中封装的值是不可改变的；每个封装类都包含在java.lang包中。表6-4以Double类为例，列出它的主要属性和方法。

表6-4　Double类的主要属性和方法

属性/方法	说　明
MAX_VALUE	保存double类型的最大正有限值的常量
NEGATIVE_INFINITY	保存double类型的负无穷大值的常量
SIZE	表示double值的位数
doubleValue()	返回此Double对象的double值
parseDouble(String s)	返回由字符串s指定的double值
valueOf(double d)	返回表示指定的double值的Double对象

例6-3　封装类的属性和方法举例。

程序清单：ch06\EnvExample.java

```
public class EnvExample {
    public static void main(String[] args) {
        double d1=3.2;
        Double objd1=new Double(d1);
        Double objd2=new Double("3.2");
        System.out.println("最大的 double 值"+Double.MAX_VALUE);
        System.out.println("最小的 double 值"+Double.MIN_VALUE);
        System.out.println("将字符串转换成 double 值"+Double.parseDouble("23.2"));

        System.out.println("Double 对象中封装的值: "+objd1.doubleValue());
        System.out.println("比较 objd1==objd2:"+(objd1==objd2));
        System.out.println("比较 objd1.equals(objd2)::"+objd1.equals(objd2));
    }
}
```

以上程序使用两种构造方法创建了Double对象；分别输出了Double类型的最大和最小值常量的值；用doubleValue()方法输出了封装类对象objd1中的double值；最后用两种方法比较objd1和objd2。程序的输出结果如下：

```
最大的 double 值 1.7976931348623157E308
最小的 double 值 4.9E-324
将字符串转换成 double 值 23.2
Double 对象中封装的值: 3.2
比较 objd1==objd2:false
比较 objd1.equals(objd2):true
```

以上详细介绍了 double 类型的封装类 Double 的属性和方法。其他封装类具有与 Double 类相似的属性和方法，读者可以查询相关的 JDK 文档。

6.3 Scanner 类

前面我们使用 System.out.println()方法在控制台输出有关信息，那么如何在程序中接收用户从键盘输入的信息呢？在 Java 语言中提供了 java.util.Scanner 类实现这个功能。作为 Java 类库提供的类，Scanner 类定义了一个可以使用正则表达式来解析基本类型和字符串的简单文本扫描器。该类包括许多读取不同类型数据的方法。Scanner 类不仅可以从键盘读取数据，还可以从其他数据源，如字符串、文件读取数据。Scanner 类在接收输入数据时，默认情况下用空格符作为分隔字符。表 6-5 列出了该类的常用方法。

表 6-5 Scanner 类的常用方法

方　法	说　明
Scanner(InputStream source)	构造一个新的 Scanner，从指定的输入流扫描数据
Scanner(String source)	构造一个新的 Scanner，从指定字符串扫描数据
void close()	关闭此扫描器
boolean hasNext()	如果此扫描器的输入中有下一个数据，则返回 true
String next()	查找并返回来自此扫描器的下一个完整数据
boolean nextBoolean()	扫描读取下一个数据，该数据被标识为布尔值
byte nextByte()	扫描读取下一个数据，该数据被标识为 byte 值
double nextDouble()	扫描读取下一个数据，该数据被标识为 double 值
float nextFloat()	扫描读取下一个数据，该数据被标识为 float 值
int nextInt()	扫描读取下一个数据，该数据被标识为 int 值
Scanner useDelimiter(Pattern p)	将此扫描器的分隔模式设置为指定模式

例 6-4 根据输入的值计算总金额。

程序清单：ch06\TotalMoney.java

```
import java.util.Scanner;
public class TotalMoney {
    public static void main(String[] args) {
        double totalMon, UnitPrice;
        int num;
        Scanner sc=new Scanner(System.in);                        //A
        System.out.println("依次输入单价、数量,并以/分隔:");          //B
        String str=sc.nextLine();                                 //C
        Scanner scan=new Scanner(str);                            //D
```

```
        scan.useDelimiter("/");                                    //E
        UnitPrice=scan.nextDouble();                               //F
        num=scan.nextInt();
        totalMon=UnitPrice * num;
        System.out.println("总金额为: "+totalMon);
    }
}
```

分析上述代码：代码行 A 定义了 Scanner 类的对象 sc，接收来自键盘的数据；代码行 B 提示两个数据之间以“/”分隔；代码行 C 读取了一行输入，放入字符串对象 str 中；代码行 D 以得到的字符串对象 str 作为源，又创建了 Scanner 类的对象 scan，用于从字符串 str 中读取输入值；代码行 E 设置以“/”符号作为两个语法单元间的分隔符，取代了默认的回车符、Tab 键等；代码行 F 开始分别获取两个值，计算并输出结果。程序的运行结果如下：

```
依次输入单价、数量，并以/分隔:
3.2/3
总金额为: 9.600000000000001
```

6.4　日期和时间类

前面已经介绍了 java.lang 包中的一些常用类，如 String 类、Double 类等。接下来介绍 java.util 包中的一些常用类。

6.4.1　Date 类

Date 类提供了操作时间的基本功能。Date 类的对象表示当前的日期和时间，提供了获取日期和时间各组成部分的方法。Date 对象必须通过 toString()方法转换为字符串后，才能准确地输出其中的值，否则输出的是一个长整型值。

Date 类提供了两种类型的构造方法：

```
Date()                         //使用当前系统日期和时间创建对象
Date(long dt)                  //使用自 1970 年 1 月 1 日以后的指定毫秒数创建对象
```

其中，第一种构造方法更为常用，可以用它获取当前的实时时钟。由于 Date 类的许多方法已经被废弃(Deprecated)，在使用 Date 类的对象时应尽量避免使用这些方法。所以，当需要获取当前的月份、时间时，需要先将对象转换为字符串，然后通过对字符串的操作进行处理。

例 6-5　获取当前系统时间，显示不同格式的月份和时间。

程序清单：ch06\DateExample.java

```
import java.util.Date;
public class DateExample {
    public static void main(String[] args) {
```

```
        Date dt=new Date();
        System.out.println("今天的日期是: "+dt);              //A
        String strDate=dt.toString();                          //B
        String strMonth=strDate.substring(4,7);                //C
        System.out.println("现在的月份是: "+strMonth);
        String strTime=strDate.substring(11,19);               //D
        System.out.println("当前的时间是: "+strTime);
    }
}
```

在程序的A行，直接输出当前的系统时间；在B行把Date类型转换为String类型；通过分析输出的时间可以发现，当前的月份是从第4个字符开始表示，通过C行可以取出当前的月份；当前的时间从第11个字符开始，通过D行可以取出当前的时间。程序的运行结果如下：

```
今天的日期是: Mon Oct 05 16:08:59 CST 2009
现在的月份是: Oct
当前的时间是: 16:08:59
```

6.4.2 Calendar类

由于Date类的很多方法已经废弃，无法满足程序开发的需要。而Date类的替代品就是java.util.Calendar类。Calendar类是一个抽象类，不能实例化它的对象，只能通过getInstance()方法获得一个Calendar对象。该对象能够根据特定语言和日历风格，生成日期一时间格式化所需的所有日历字段值。表6-6列出了该类的常用方法。

表6-6 Calendar类的常用方法

方法	说明
getInstance()	返回默认地区和时区的Calendar对象
add(int original, int value)	将value添加到original指定的时间或日期部分
get(int calFields)	根据指定的值，返回对应的年、月、日等的值
set(int which, int val)	根据指定的值，设置对应的年、月、日等的值
getTime()	返回一个表示当前对象时间值的Date对象
after(Object c)	判断当前对象表示的时间是否在c表示的时间之后
before(Object c)	判断当前对象表示的时间是否在c表示的时间之前

另外，Calendar类还定义了用于获取或设置Calendar各组成部分的int常量。可以使用的常量包括YEAR、MONTH、DAY、AM_PM等。

例6-6 Calendar类的使用。

程序清单：ch06\CalendarExample.java

```
import java.util.Calendar;
```

```
public class CalendarExample {
    public static void main(String[] args) {
        Calendar cal= Calendar.getInstance();
        System.out.println("当前的日期和时间: ");
        System.out.print("年-月-日 ");
        System.out.println("时:分:秒");
        System.out.print(cal.get(Calendar.YEAR)+"-");
        System.out.print(cal.get(Calendar.MONTH)+"-");
        System.out.print(cal.get(Calendar.DATE)+" ");
        System.out.print(cal.get(Calendar.HOUR)+":");
        System.out.print(cal.get(Calendar.MINUTE)+":");
        System.out.println(cal.get(Calendar.SECOND));
        cal.add(Calendar.DATE,5);
        System.out.print("5天后是");
        System.out.println(cal.get(Calendar.DATE)+"日");
    }
}
```

在程序中，使用 getInstance()方法获取 Calendar 实例；使用 get()方法获取日期和时间的各个组成部分；使用 add()方法添加天数，然后输出新的日期。程序的输出结果如下：

```
当前的日期和时间:
年-月-日 时: 分: 秒
2009-9-5 4:52:12
5天后是10日
```

6.5 数据类型的转换

在编写程序时，经常需要进行数据类型的转换，Java 语言作为一种强类型化的语言，有专门的方法实现各种数据类型之间的转化，本节重点介绍两种数据类型的转换方法。

6.5.1 数值型数据与字符串之间的转换

1. 数值型数据转换为字符串

在 Java 中，将数值型数据转换为字符串有两种方法。

(1) 使用封装类对应的 toString()方法，例如：

```
int i=32;
double d=2.3;
String stri=Integer.toString(i);
String strd=Double.toString(d);
```

通过使用数值型数据对应封装类的 toString()方法可以实现数值到字符串的转换。

（2）使用 String 类的 valueOf()方法，例如：

```
int i=32;
double d=2.3;
String stri=String.valueOf(i);
String strd=String.valueOf(d);
```

通过使用 String 类的 valueOf()方法也能够实现数值到字符串的转换。

2. 字符串转换为数值型数据

与数值型转换为字符串的方法相对应，也有两种方法可以实现字符串到数值型数据的转换。

（1）使用封装类的 parseXXX()方法，例如：

```
String str1="1234";
String str2="32.44";
int i=Integer.parseInt(str1);
double d=Double.parseDouble(str2);
float f=Float.parseFloat(str2);
```

通过使用封装类的 parseInt()、parseDouble()、parseFloat()等方法，可以实现字符串转换为数值型数据的功能。

（2）使用 valueOf()方法，例如：

```
String str1="1234";
String str2="32.44";
int i=Integer.valueOf(str1);
double d=Double.valueOf(str2);
float f=Float.valueOf(str2);
```

可见，通过使用封装类的 valueOf()方法也可以实现字符串到数值型数据的转换。需要注意的是，在进行上述转换时，一定要保证待转换参数的可转换性。例如，试图将字符串 32.2 转换为 int 型数值时，由于 32.2 不是整型字符串，所以在转换时会出现错误，抛出异常信息。

6.5.2 日期型数据与字符串之间的转换

在 Java 语言中，可以通过调用日期型类的 toString()方法，实现将日期型数据转换为字符串的功能。通过前面介绍的 Date 类和 Calendar 类可以分别显示日期型数据中的各个组成部分，但是使用前面的方法在进行日期和时间的显示时，步骤非常烦琐。另外，在 Java 程序中向数据库插入日期时间时，对日期型数据的格式有着非常严格的要求。在 Java 语言中，专门提供了 java.text.SimpleDateFormat 类实现字符串与日期型数据的相互转换。

SimpleDateFormat 类是 java.text 包中的一个类，用与语言环境有关的方式来格式化日期和解析日期的具体类，如在中文环境下，采用中文的日期格式。它允许进行格式化

(日期型字符串)、解析(字符串到日期型)和规范化。该类的常用方法如表 6-7 所示。

表 6-7　SimpleDateFormat 类的常用方法

方　法	说　明
SimpleDateFormat(String pattern)	用给定的模式构造该类的对象
format(Date date)	将一个 Date 对象格式化为日期/时间字符串
parse(String source)	从给定字符串的开始分析文本,以生成一个日期
applyPattern(String pattern)	将给定模式字符串应用于此日期格式
toPattern()	返回描述此日期格式的模式字符串

例 6-7　SimpleDateFormat 类的使用。

程序清单：ch06\SimpleDateExample.java

```
import java.text.SimpleDateFormat;
import java.util.Date;

public class SimpleDateExample {
    public static void main(String[] args) throws Exception {
        SimpleDateFormat sdf=new SimpleDateFormat("yyyy-MM-dd");       //A
        Date dt=sdf.parse("2009-8-30");                                //B
        System.out.println("英文格式: "+dt);
        System.out.println();
        sdf.applyPattern("yyyy年MM月dd日");                            //C
        String str=sdf.format(dt);                                     //D
        System.out.println("中文格式: "+str);
    }
}
```

上面的程序使用 SimpleDateFormat 类实现了日期型数据和字符串的转换。在程序的 A 行,通过调用 SimpleDateFormat 类的构造函数,设置了“yyyy-MM-dd”的日期格式;在 B 行通过调用类的 parse()方法,将符合上述日期格式的字符串“2009-8-30”转换为 Date 类的对象,实现了字符串向日期型数据的转换。在 C 行,将前面的“yyyy-MM-dd”格式修改为中文格式:“yyyy 年 MM 月 dd 日”,在 D 行调用了方法 format(),将日期型对象 dt 转换为字符串,实现了日期型数据向字符串的转换。程序的运行结果如下:

```
英文格式: Sun Aug 30 00:00:00 CST 2009
中文格式: 2009年08月30日
```

在使用这个类时,需要注意“日期和时间模式字符串”的设定有严格的语法要求。例如:在 A 行中,y 代表年,M 代表月,d 代表月份中的天数,如果将 d 改为 D,则代表在一年中的天数;如果把 y 写成 Y 就会出现错误。在模式字符串中每个字母的使用有严格的要求,使用时可以参考相应的 JDK 文档。

6.6 集 合 类

学习 Java 语言，必须学习如何使用 Java 的集合类。Java 的集合类是一个容器，用来存放 Java 类的对象，代表一组对象的对象。集合中的这组对象称为集合的元素。集合中的每一个元素都是对象，任何数据类型的对象都可以存放在集合中。

集合 API 中的接口和类主要分布在 java.util 包中，最基本的接口是 Collection 接口，该接口定义的一些常用方法如表 6-8 所示。常用的接口还有 List、Set 和 Map，其中 List 和 Set 均继承自 Collection 接口。

表 6-8 Collection 接口的常用方法和功能

方　法	功　能
boolean add(Object e)	将指定的对象添加到该集合中
boolean contains(Object o)	在集合中检查是否包含指定的元素
boolean remove(Object o)	从集合中移除指定元素的单个实例
int size()	返回此集合中的元素数
boolean isEmpty()	检查集合中是否包含元素
void clear()	移除集合中的所有元素

6.6.1 Set 接口与 HashSet 类

Set 接口扩展了 Collection 接口，它不允许集合中存在重复的元素。该接口没有定义任何新的方法，只是对 add()方法增加了限制，如果用户试图添加重复的元素，该方法将返回 false。另外，该接口也对 equals()方法和 hasCode()方法添加了限制。

HashSet 类作为 Set 接口的实现类，将元素存放在散列表中。采用这种结构能够快速地定位集合中的元素。但是，由于不允许集合中存在重复的元素，所以在进行添加操作时执行的效率会比较低。另外，由于 HashSet 集合中的对象是无序的，会导致插入对象的顺序与输出对象的顺序不一致的情况。

例 6-8 HashSet 类的使用。

程序清单：ch06\HashSetExample.java

```
import java.util.*;

public class HashSetExample {
    public static void main(String[] args) {
        Set set=new HashSet();
        set.add("1");
        set.add("2");                                    //A
        set.add("3");
```

```
        set.add(new Integer(2));                            //B
        set.add(new Double(3.2));
        set.add("3");                                       //C
        System.out.println("set 集合的元素个数为: "+set.size()+"个");
        System.out.println("set 集合的元素分别为: "+set.toString());
    }
}
```

这段程序的运行结果如下：

```
set 集合的元素个数为: 5 个
set 集合的元素分别为: [2, 3, 2, 3.2, 1]
```

该程序首先创建一个 HashSet 对象 set。注意，变量 set 的类型是用 Set 接口来表示的，而没有用 HashSet，这种通过接口来引用对象的使用方式，是一种非常好的编程习惯。随后使用 add()方法添加了三种类型的对象。由于 Set 接口要求元素不能重复，所以执行了 A 行后，C 行不会再执行插入操作，set 中一共只添加了 5 个元素；其中 A 行和 B 行插入的是两种类型的数据，A 行插入的是 String 对象，而 B 行添加的是 Integer 对象。然后调用 size()方法输出集合中元素的个数。最后通过 toString()方法输出集合中的所有元素。

从输出结果可以看出，输出的结果与插入的顺序是不一致的，这就是 HashSet 类的特点，使用该类的时候要注意这一点。

6.6.2　List 接口与 ArrayList 类

List 接口扩展了 Collection 接口，同时又定义了一些自己的方法，这些方法可归纳为三类：定位方法、搜索方法和 ListIterator 方法。List 是有序集合，允许有相同的元素。在进行插入操作时，用户可以控制每个元素的插入位置；用户还可以使用索引(类似于数组的下标)访问 List 中的元素。

ArrayList 类是 List 接口的实现类，采用数组结构存放对象。数组结构的优点是能快速地对集合元素进行随机访问，如果需要经常根据索引位置访问集合中的元素，此时的效率比较高。但是，如果频繁地执行插入或删除操作，会影响效率。因为，ArrayList 类类似于动态数组，可存放的元素数量会随着插入和删除操作不断地进行调整。

例 6-9　ArrayList 类的使用。

程序清单：ch06\ArrayListExample.java

```
import java.util.*;

public class ArrayListExample {
    public static void main(String[] args) {
        List list=new ArrayList();
        list.add("1");
        list.add("2");
        list.add(2,"3");                                   //A
```

```
        System.out.println("list 集合有"+list.size()+"个元素");          //B
        list.remove(1);                                                   //C
        System.out.println("删除一个元素后,list 集合有"+list.size()+"个元素");
        if(list.contains("3")){                                           //D
            System.out.println("集合中存在元素\"3\"");
        }
        System.out.println("\"1\"的索引位置是: "+list.indexOf("1"));     //E
    }
}
```

该程序首先创建了 ArrayList 类的对象，然后添加元素“1”“2”“3”。其中 A 行表示在集合的第 2 个位置上添加该元素。注意，此处规定的位置必须是集合中确实存在的，在本例中，集合中已有两个元素，所以最大的插入位置应该是“2”。B 行调用了 ArrayList 类的方法 size()，输出集合的元素个数。C 行删除一个元素后，再次输出元素的个数，此时个数会减 1。D 行判断集合中是否存在指定的元素。E 行在集合中查找指定元素的存放位置。程序的执行结果如下：

```
list 集合有 3 个元素
删除一个元素后,list 集合有两个元素
集合中存在元素"3"
"1"的索引位置是: 0
```

6.6.3 Map 接口与 HashMap 类

除了 Collection 接口表示的单一对象数据集合，对于“关键字-值”这种形式的数据集合，Java 语言中提供了另一个接口-Map 接口。该接口实现了将键映射到值的机制，其中的键和值都可以是对象。此接口包含用于基本操作、批操作和集合视图的方法。基本操作包括 put()方法、get()方法、containsKey()方法等；批操作包括 putAll()方法和 clear()方法；集合视图包括 keySet()方法、values()等方法。

HashMap 类是 Map 接口的实现类。由 HashMap 类实现的 Map 集合对于添加和删除映射关系更加高效。在 HashMap 类中，允许用 null 作为键对象或者值，由于要求键的唯一性，因而这种键对象只能有一个。表 6-9 列出了 HashMap 类的常用方法。

表 6-9 HashMap 类的常用方法

方　法	功　能
void clear()	清空集合里的所有元素
Object put(Object key, Object value)	以“键-值对”方式向集合中存入数据
Object get(Object key)	根据键对象获得相关联的值
int size()	获得集合中“键-值对”的个数
Set keySet()	返回键的集合
Collection values()	返回值的集合
Object remove(Object key)	删除指定的键映射的“键-值对”

例 6-10　HashMap类的使用。

程序清单：ch06\HashMapExample.java

```
import java.util.HashMap;
import java.util.Map;
public class HashMapExample {
    public static void main(String[] args) {
        Map map=new HashMap();
        map.put("one","一");
        map.put("two","二");
        map.put("three","三");
        System.out.println(map.get("one"));                          //A
        System.out.println(map.values());                            //B
        map.put("three","3");                                        //C
        System.out.println(map.values());                            //D
        System.out.println("删除前的键集"+map.keySet());             //E
        map.remove("one");                                           //F
        System.out.println("删除后的键集"+map.keySet());             //G
    }
}
```

这段程序的运行结果如下：

```
一
[一, 二, 三]
[一, 二, 3]
删除前的键集[one, two, three]
删除后的键集[two, three]
```

该程序首先创建了一个 HashMap 的对象 map，用 put()方法添加了 3 个键-值对。

在 A 行根据键 one 获取对应的值对象；B 行输出了 map 中值的集合；C 行用已经存在的键 three 添加新的键-值对，此时原先的值“三”被删除，键 three 对应的值变为“3”；D 行输出的值集合发生了变化；E 行到 G 行，输出了删除键 one 前后的不同的键集。

在使用 HashMap 类进行编程时还需要注意以下几点。

(1) 键不允许重复，值是允许重复的；如果反复给一个键赋值，该键最后的值是最后一次赋的值。

(2) 键允许为 null，值也可以为 null，而且允许键和值同时为 null。

(3) HashMap 对象里的“键-值对”是无序的，在输出值时不能保证与输入的顺序一致。

(4) 使用 HashMap 类会提高获取值的速度，但是保存同样的数据，采用该类是最浪费空间的。

本节主要介绍了 Java 集合框架的有关知识。在使用这些接口和类时，必须注意以下几点。

(1) 本节介绍的所有接口和类都属于 java.util 包。

(2) 所有实现类对应的集合容量都是可变的。

(3) 在从实现类的对象中取出数据时，取出的类型都是 Object 类型，在使用之前必须进行强制类型转换。

6.7 泛　　型

6.7.1 泛型的概念

在介绍泛型前，先看下面的代码：

```
ArrayList list=new ArrayList();
list.add(new String("test string"));
list.add(new Integer(9));
Iterator i=list.iterator();
while (i.hasNext()) {
    String element=(String) i.next();                    //A
}
```

执行上述代码后，在 A 行会出错，提示类型转换错误。因为在向集合中添加数据时，先添加了 String 类型的对象，然后添加了 Integer 类型的对象，并没有对这些类型进行检查。但是从集合中读取数据时，需要进行强制类型转换，否则得到的只能是 Object 类型的数据，不符合要求。另外，集合中的数据是经常变动的，有时不能准确定位某个类型对象的位置，无法正确使用强制类型转换。代码行 A 处，企图把 Integer 类型的对象转换为 String 类型的对象时，就出现了类型转换错误。

为了解决上述问题，从 JDK 5.0 开始，Java 语言提供了一种基于"泛型"的解决方案来解决类似问题。在 JDK 5.0 中，所有的 Collection 都加入了 Generics 的声明，如：

```
public class ArrayList<E>extends AbstractList<E>{
    //方法体被忽略
public void add(E element) {
    //方法体被忽略
}
public Iterator<E>iterator() {
    //方法体被忽略
}
}
```

这里的 E 是一个类型变量，并没有对它进行具体类型的定义，它只是在定义 ArrayList 时的类型占位符，在定义 ArrayList 的实例时用 String 绑定在 E 上，当用 add (E element)方法向 ArrayList 中增加对象时，那么就像下面的写法一样：

```
public void add(String element);
```

因为在 ArrayList 中，无论是方法的参数还是返回值，所有方法都会用 String 来替代

E。采用这种方案后，在向集合中添加数据时，系统会自动检查添加的数据类型是否与E对应的类型相匹配。如果类型不匹配，类型的匹配错误在编译阶段就可以捕捉到，而不是在代码运行时被发现。另外，采用这种方法后，从集合中获取数据时不再需要进行强制类型转换，因为集合中只存在一种类型的数据，不再需要类型转换。下面分别介绍“泛型”在定义类和方法时是如何使用的。

6.7.2 泛型类和泛型方法

在使用Java语言编程时，如果无法确定类中某成员的类型，或者想使某个类适用于描述一类问题时，如处理两个相同类型数值型数据的计算时，可以采用定义泛型类的方法来实现上述功能。下面的代码就是泛型类的一种应用。

```
public class Pair< T>
{
    private T first;
    private T second;
    public Pair() { first=null; second=null; }
    public Pair(T first, T second) { this.first=first; this.second=second; }
    //getters and setters….
}
```

在这段代码中，定义了一个名为Pair的类，在类名后加了“<T>”，在类定义中也多次出现了字母T。此处的类型T可以是系统支持的某种数据类型，在使用时有一定的限制。如果用下面的语句定义Pair的对象：

```
Pair<Integer>p=new Pair<Integer>;
```

则定义了一个对象p，该对象包含了两个Integer类型的数据成员，如果把Integer改为其他类型，则对象p就包含其他类型的数据成员。用这种方法显然有助于在软件开发过程中减少类的数目，提高了代码的重用性。

为了使用这个类，我们再定义下面的类：

```
class ArrayGen{
    public static<T extends Comparable>T max(T[ ] a) {
        if (a==null||a.length==0) {
                return null;
        }
        T max=a[0];
        for (int i=1; i<a.length; i++)
                if (max.compareTo(a[i])<0) { max=a[i]; }
        return new T (max);
    }
}
```

在分析上述代码之前，先介绍Comparable接口。此接口强行对实现它的每个类的对象进行整体排序。该接口有唯一的方法：

```
compareTo(T o);
```

用于比较此对象与指定对象的顺序。如果该对象小于、等于或大于指定对象，则分别返回负整数、零或正整数。根据 JDK 5.0 的规定，上述类型变量 T 必须实现 Comparable 接口，而 JDK 中的大部分类都实现了该接口。

上面的代码定义了一个类 ArrayGen，类中定义了一个静态方法 max(T[] a)，方法的返回类型是 T，此处规定类型 T 必须是实现了 Comparable 接口的类型。该方法返回 T 类型数组中的最大值。下面的代码调用了 ArrayGen 类的 max 方法。

```
Integer[] inArr={2,3,6,8};
String[] strArr={"aa","bb","cc"};
Number[] numArr=new Number[10];
Integer iresult=ArrayGen.max(intArr);                    //A
String sresult=ArrayGen.max(strArr);                     //B
Number nresult=max(numArr);                              //C
```

其中类 Number 没有实现 Comparable 接口。A 行参数为 Integer 数组，所以返回值也是 Integer。B 行参数为 String 数组，所以返回值也是 String。以上都调用了同一个方法 max(T[] a)，只不过 T 的类型不一样，一个是 Integer，另一个是 String，所以返回类型也不同。而 C 行会产生编译错误，因为类型 Number 没有实现 Comparable 接口，不符合类型变量 T 的要求，不能通过编译。

6.7.3 List<E> 接口和 ArrayList<E> 类

List＜E＞接口与 List 接口的主要区别是，List＜E＞接口约束了加入集合中的元素类型只能是 E 类型，不能包含其他类型的数据；同时从集合中获取的元素一定是 E 类型，不再需要进行任何的类型转换。下面通过例题介绍这个接口和类的使用。

例 6-11 把学生信息放入到集合中，再进行排序和输出。

程序清单：ch06\ArrGen.java

```
import java.util.ArrayList;
import java.util.List;

class Student{
    private String name;
    private int score;
    public String getName() {
        return name;
    }
    //getters and setters …
    public Student(String name, int score) {
        this.name=name;
        this.score=score;
```

```
    }
    public String toString() {
        return name+"的成绩为: "+score+"分";
    }
}
public class ArrGen {
    public static void main(String[] args) {
        Student stu1=new Student("Smith",70);
        Student stu2=new Student("John",89);
        List<Student>newsStu=new ArrayList<Student>();
        newsStu.add(stu1);
        newsStu.add(stu2);
        for(Student s:newsStu){
            System.out.println(s);
        }
    }
}
```

该程序首先创建了学生类 Student,并重写了该类的 toString()方法,接着在主程序中创建了 ArrayList<Student>类型的对象 newsStu;因为集合中的每个元素都是 Student 类型,所以在最后可以使用 foreach 循环输出集合中每个元素的信息。程序的运行结果如下:

```
Smith 的成绩为: 70 分
John 的成绩为: 89 分
```

6.7.4 Map<K,V> 接口和 HashMap<K,V> 类

通过使用 JDK 提供的 HashMap<K,V>类,可以规范哈希表的使用,规定 HashMap 类中键和值的类型。下面使用 Map <K,V>接口和 HashMap <K,V>类修改例 6-9。修改后的代码如下。

例 6-12 HashMap 类的使用。

程序清单:ch06\HashMapExampleEdit.java

```
import java.util.HashMap;
import java.util.Map;

public class HashMapExampleEdit {
    public static void main(String[] args) {
        Map<String,String>map=new HashMap<String,String>();
        map.put("one","一");
        map.put("two","二");
        map.put("three","三");
        System.out.println(map.get("one"));
```

```
            System.out.println(map.values());
            map.put("three","3");
            System.out.println(map.values());
            System.out.println("删除前的键集"+map.keySet());
            map.remove("one");
            System.out.println("删除后的键集"+map.keySet());
            for (Map.Entry<String, String>entry : map.entrySet()) {          //A
                String key=entry.getKey();
                String value=entry.getValue();
                System.out.println("key="+key+", value="+value);             //B
            }
        }
    }
```

修改后的程序，规定 map 对象的键和值都必须是 String 类型。从代码行 A 到代码行 B，采用了 foreach 循环获取键值对，然后分别取得它的键和值。这是因为采用了泛型，不再需要对取出的数据进行类型转换。

习 题 6

1. Java 中提供了名为________的包装类来包装原始字符串类型。
   A. Integer　　B. Character　　C. Double　　D. String
2. java.lang 包的________方法比较两个对象是否相等，相等返回 true。
   A. toString()　　B. equals()
   C. compare()　　D. 以上所有选项都不正确
3. 使用________方法可以获得 Calendar 类的实例。
   A. get()　　B. equals()　　C. getTime()　　D. getInstance()
4. 下面的集合中，________不可以存储重复元素。
   A. Set　　B. Collection　　C. Map　　D. List
5. 关于 Map 和 List，下面说法正确的是________。
   A. Map 继承 List
   B. List 中可以保存 Map 或 List
   C. Map 和 List 只能保存从数据库中取出的数据
   D. Map 的 value 可以是 List 或 Map
6. 给定如下 Java 代码，编译运行的结果是________。

```
import java.util.*;
public class Test {
    public static void main(String[] args) {
        LinkedList list=new LinkedList();
        list.add("A");
        list.add(2,"B");
```

```
        String s=(String)list.get(1);
        System.out.println(s);
    }
}
```

A. 编译时发生错误　　　　　　　　　　B. 运行时引发异常

C. 正确运行,输出:A　　　　　　　　D. 正确运行,输出:B

7. 请写出下列语句的输出结果________。

```
System.out.println(String.valueOf(10D));
System.out.println(String.valueOf(3>2));
System.out.println(String.valueOf(data,1,3));
```

8. 写出下面代码运行后的输出结果是________。

```
public class Arrtest {
    public static void main(String kyckling[]){
        int i[ ]=new int[5];
        System.out.println(i[4]);
        amethod();
        Object obj[ ]=new Object[5];
        System.out.println(obj[2]);
    }
    public static void amethod(){
        int K[ ]=new int[4];
        System.out.println(K[3]);
    }
}
```

9. 什么是封装? Java语言中的封装类有哪些?

10. 什么是泛型? 使用泛型有什么优点? 泛型List和普通List有什么区别?

11. 编写一个程序,实现下列功能:

(1) 测试两个字符串String str1="It is"和String str2="It is";是否相等。

(2) 将"a book."与其中的str1字符串连接。

(3) 用m替换新字符串中的i。

12. 编程计算距当前时间10天后的日期和时间,并用"××××年××月××日"的格式输出新的日期和时间。

13. 创建一个类Stack,代表堆栈(其特点为后进先出),添加方法add(Object obj)、方法get()和delete(),并编写main()方法进行验证。

14. 编写程序,计算任意两个日期之间间隔的天数。

15. 创建一个HashMap对象,添加一些学生的姓名和成绩:张三:90分,李四,83分。接着从HashMap中获取他们的姓名和成绩,然后把李四的成绩改为100分,再次输出他们的信息。

16. 编写一个程序,用parseInt()方法将字符串200由十六进制转换为十进制的int型数据，用 valueOf()方法将字符串 123456 转换为 float 型数据。

17. 编写程序，将 long 型数据 987654 转换为字符串，将十进制数 365 转换为十六进制数表示的字符串。
18. 编写一个程序，接收以克为单位的一包茶叶的单位重量、卖出的包数和每克的价格，计算并显示出销售的总额。其中三个数据一行输入，数据间用“-”分隔。例如：输入“3-100-2.1”，表示每包的重量为 3 克，共卖出 100 包，每克的价格为 2.1 元。此时的销售总额为 630 元。
19. 编写一个泛型方法，能够返回一个 int 类型数组的最大值和最小值、String 类型数组的最大值和最小值(按字典排序)。
20. 编写一个泛型方法，接受对象数组和集合作为参数，将数组中的对象加入集合中，并编写代码测试该方法。
21. 试编写一个 List 类型的对象，只能存储通讯录(存储同学的姓名和联系方式)，并输出通讯录的列表到控制台。
22. 设计一个程序，基于泛型 Map 实现 10 个英文单词的汉语翻译，即通过单词得到它的中文含义。

第7章 异 常

CHAPTER

异常是程序运行过程中产生的错误。如在进行除法运算时,如果除数为0,则运行时Java会自动抛出一个算术异常,它会中断程序的正常运行,如果不对它进行处理,有时会产生严重的后果。例如:在转账过程中,将钱从一个账户转到另一个账户时,如果钱已经从一个账户转出,在转到另一个账户的过程中出现异常,程序被迫中止。此时,用户就会损失这笔钱。

7.1 异常的处理机制

在Java语言中,通过异常处理机制为程序提供错误处理的能力。根据这个处理机制,对程序运行时可能遇到的异常情况,预先提供一些处理的方法。在程序执行代码时,一旦发生异常,程序会根据预定的处理方法对异常进行处理,异常处理完毕后,程序继续运行。

Java异常处理机制通过5个关键字进行控制:try、catch、throw、throws和finally。下面阐述系统如何通过这5个关键字对异常进行处理。程序将必须监控异常的语句包含在try块中。如果在try块中发生异常,程序将引发一个异常,通过使用catch关键字,系统捕获异常,并将处理该异常的代码写在catch块中。在finally块中,可以指定在程序结束之前必须执行的代码,无论异常是否发生,这段代码一定会被执行。异常的引发可以有自动和手动两种方法,如果需要手动产生异常,可以通过使用throw关键字来实现。throws关键字出现在方法的声明中,标识调用该方法可能抛出的各种异常。

7.2 异常的处理

在Java语言中,若某个方法运行过程中抛出了异常,既可以在当前方法中对抛出的异常进行处理,也可以将该异常向上抛出,由方法的调用者负责处理。

7.2.1 Java 内置异常

为了处理一些常见的异常，Java 语言中提供了一些内置的异常类供使用。这些类都继承自 java.lang.Throwable 类，而 Throwable 类又继承自 Object 类。Throwable 类有两个重要的子类：Error 类和 Exception 类。它们分别用来处理两种类型的异常。

Error 类及其子类通常用来描述 Java 运行时的内部错误，例如：在读取磁盘上的文件时，磁盘的扇区出现了损坏；从软盘中读取文件数据时，软驱中没有放入软盘。Error 类又称为致命异常类，该类表示的异常是比较严重的异常，一旦发生该类型的异常，通过修改程序代码是不能恢复程序的正常运行的。在一般情况下，发生该异常后，程序应该立刻终止。

Exception 类及其子类代表另一种类型的异常。该类用于用户程序可以捕获的异常情况。通过捕获和处理产生的异常，可以恢复程序的正常运行。该类有一个重要的子类 RuntimeException，又称为运行时异常。在程序中出现除数为 0 的运算、数组下标越界等情况时，都会引发该类型的异常。

Java 语言中规定：只有 Throwable、Error、Exception 类及其派生类的实例，Java 运行时系统才将它识别为系统异常。表 7-1 列出了一些常用的异常类及其说明。

表 7-1 常见的异常类型

异常类名称	说 明
Exception	异常层次结构的根类
ArithmeticException	算术异常类
ArrayIndexOutOfBoundException	数组下标越界异常类
ClassNotFoundException	不能加载所需的类
NullPointerException	试图访问 null 对象的成员
InputMistachException	数据类型不匹配
NubmerFormatException	字符串转换为数字异常类
IOException	I/O 异常的根类
FileNotFoundExceptoin	找不到要读写的文件
EOFException	文件意外结束
InterruptedException	线程被中断异常类

下面简单介绍一些常见的异常类，其他异常类将在后面的章节中陆续介绍。

1. ArithmeticException 类

该类用于描述算术异常，如当除数为 0 时，会抛出该异常。

```
int result=8 /0;            //除数为 0,抛出 ArithmeticException 异常
```

2. ArrayIndexOutOfBoundException 类

该类用来描述数组下标越界时出现的异常。

```
float[] arr=new float[4];
arr[4]=9;          //数组的最大下标是 3,而此处的 4 超过了该值
```

3. NullPointerException 类

用来描述空指针异常，当引用的对象是 null 时，如果试图通过“.”操作符访问该对象的成员时，会抛出该异常。

```
String str=null;
int len=str.length();          //因为 str 为 null 对象,不能调用它的 length()方法
```

4. NubmerFormatException 类

该类用于描述字符串转换为数字时的异常。

```
String str="23U";
double d=Double.parseDouble(str);        //"23U"不能转换为 double 类型的数
```

7.2.2 try 和 catch 语句

在 Java 语言中，对容易引发异常的代码，可通过 try-catch 语句捕获。在 try 语句块中编写可能引发异常的代码，然后在 catch 语句块中捕获这些异常，并进行相应的处理。try-catch 语句块的语法格式如下：

```
try{
    可能产生异常的代码
}catch(异常类 1 异常对象 1){
    异常处理代码段 1
}catch(异常类 2 异常对象 2){
    异常处理代码段 2
}
⋮
}catch(异常类 n 异常对象 n){
    异常处理代码段 n
}
```

JDK 7 以后的版本，try catch 语句块中可以写多个异常类型，用“/”隔开即可，示例如下：

```
try {
    ...
} catch(ClassNotFoundException ex) {
    ex.printStackTrace();
} catch(SQLException ex) {
    ex.printStackTrace();
}
```

try 语句块中的代码执行后可能同时产生多种异常，程序捕获哪一种类型的异常，是由 catch 语句中的“异常类”参数指定的。catch 语句类似于方法的声明，包含一个异常类型和该类型的一个对象，通过在 catch 块中调用该对象的方法可以获取该异常的详细信息。

代码中的每个 catch 语句块都用来捕获一种类型的异常。如果 try 语句块中的代码执行时发生异常，则会由上而下依次查找能捕获该异常的 catch 语句块，并执行该 catch 语句块中的代码。

例 7-1　根据输入的总分和人数，计算平均成绩。

程序清单：ch07\ComputeAvg.java

```
import java.util.InputMismatchException;
import java.util.Scanner;
public class ComputeAvg {
    public static void main(String[] args) {
        int score,num;
        double avg;
        Scanner in=new Scanner(System.in);
        try{
            System.out.println("请输入总分: ");
            score=in.nextInt();                                         //A
            System.out.println("请输入人数: ");
            num=in.nextInt();                                           //B
            avg=score/num;                                              //C
            System.out.println("平均成绩为: "+ avg);
        }catch(InputMismatchException e1){
            System.out.println("输入的不是数字!");
        }catch(ArithmeticException e2){
            System.out.println("人数不能为 0");
        }catch(Exception e3){
            System.out.println("其他异常: ");
        }
    }
}
```

程序运行后，提示输入总分，如果输入 280L，系统会抛出 InputMismatchException 异常对象，进入第一个 catch 语句块，并执行其中的代码，后面的 catch 语句块会被忽略。程序的运行结果如下：

```
请输入总分:
280L
输入的不是数字!
```

另外，如果系统提示输入总分，输入 350，系统接着提示输入人数时，输入 0，此时会发生除 0 错误，系统会抛出 ArithmeticException 异常对象，执行第二个 catch 语句块中的代码，其他 catch 语句块被忽略。程序的运行结果如下：

```
请输入总分：
350
请输入人数：
0
人数不能为 0
```

以上介绍了如何使用 try-catch 结构实现异常处理。在使用该结构时，还必须注意以下几点。

（1）catch 块一定要与 try 块一起使用，不能够单独使用 catch 块。

（2）一个 try 块可以有多个 catch 块。但是，多个 catch 块的排列顺序必须是从特殊到一般，最后一个一般是 Exception 类。

（3）如果不发生异常，catch 块永远不会被执行。

（4）一旦某个 catch 块被执行，其他 catch 块都会被忽略。

（5）try-catch 结构可以嵌套使用。

7.2.3　throw 语句

前面介绍了如何获取并处理被 Java 运行时系统抛出的异常。那么，用户可以显式地在程序中手动引发异常吗？答案是可以的，通过使用 Java 异常处理机制提供的 throw 关键字主动地抛出异常。throw 语句的语法结构如下：

```
throw   异常类的实例
```

程序在执行到 throw 语句时，首先检查它所在层的 try 块，是否有一个 catch 子句与该实例的类型匹配。如果找到匹配的，则程序的控制权转移到该语句块。如果没有找到匹配的，再检查上一层的 catch 语句块，直到执行到最外层的 catch 块。如果一直找不到相应的异常处理代码，则程序的控制权将交还给系统，程序将停止运行。

例 7-2　定义一个方法 check()，检查输入的商品数是否大于 0，如果小于 0 就抛出异常。然后在主函数中调用该方法。

程序清单：ch07\checkDemo.java

```
import java.util.Scanner;
public class checkDemo {
    public static void check(){
        Scanner in=new Scanner(System.in);
        System.out.println("请输入商品的数目: ");
        int num=in.nextInt();
        if(num<0)
            throw new NumberFormatException("商品数目不能小于 0!");
        else
            System.out.println("商品数目为: "+num);
    }
```

```
    public static void main(String[] args) {
        try {
            check();
        } catch (Exception e) {
            System.out.println("异常: "+e.getMessage());
        }
    }
}
```

以上程序在运行时,提示输入商品的数目,如果输入−3,将执行 throw 语句,抛出异常。由于在方法 check()中,未对该异常进行处理,该异常将由调用 check()方法的主函数进行处理,由对应的 catch 语句块捕获和处理该异常,程序的运行结果如下:

```
请输入商品的数目:
-3
异常: 商品数目不能小于 0!
```

7.2.4 throws 语句

若某个方法可能产生异常,但不想在当前方法中处理该异常,那么可以将该异常抛出,然后在调用该方法的代码中捕获并处理该异常。

为了实现该功能,可以使用 Java 语言提供的 throws 关键字实现该功能。throws 关键字写在方法声明的后面,用来指定该方法可能抛出的异常,多个异常之间用逗号隔开。

例 7-3 定义一个方法 test(),该方法可能抛出两种类型的异常,然后在主函数中调用该方法,并处理可能出现的这些异常。

程序清单: ch07\throwsDemo.java

```
import java.io.IOException;
import java.util.Scanner;
public class throwsDemo {
    public static void test() throws NullPointerException,IOException
    {
        System.out.println("请输入一个数字(0,1): ");
        Scanner in=new Scanner(System.in);
        int flag=in.nextInt();
        if(flag==1)
            throw new NullPointerException();
        else
            throw new IOException();
    }
    public static void main(String[] args) {
        try {
            test();
        } catch (NullPointerException e) {
            System.out.println("系统抛出了"+e.getClass()+"类型的异常");
```

```
        } catch (IOException e) {
            System.out.println("系统抛出了"+e.getClass()+"类型的异常");
        }
    }
}
```

程序运行后，如果输入 1，方法 test()抛出了 NullPointerException 类型的异常，程序的输出结果如下：

```
请输入一个数字(0,1):
1
系统抛出了 class java.lang.NullPointerException 类型的异常
```

7.2.5　finally 语句

在编写异常处理代码时，无论 try 块中是否有异常抛出，都有一些工作必须在 try 语句正常结束或者出现异常后进行，如对 try 块中所调用资源的回收工作。finally 语句块可以包含一些无论程序是否正常运行都必须执行的一些语句。该子句是可选的，但是每个 try 语句块应该至少有一个 catch 语句块或 finally 语句块。

7.3　自定义异常

通常使用 Java 内置的异常类型可以描述在编写程序时出现的大部分异常情况，但根据需要，有时需要创建自己的异常类，用来描述编程过程中遇到的一些特殊情况。下面就来介绍一下如何创建和使用自定义的异常类。

自定义异常类时，它必须派生自 Throwable 类及其子类。一般情况下，用户自定义异常类应该继承自 Exception 类。这样，可以使用 Exception 类中的所有方法。在程序中定义和使用自定义异常类，一般可分为以下几个步骤。

(1) 创建派生自 Exception 类或其子类的自定义异常类。

(2) 在方法中通过 throw 语句抛出自定义的异常类对象。

(3) 如果在当前抛出异常的方法中处理异常，可以使用 try-catch 语句块捕获并处理该异常；否则在方法声明处通过 throws 语句指明方法可能抛出的异常。

(4) 在调用由 throws 语句声明的方法时，在调用方法的代码中，捕获并处理自定义的异常类对象。

下面通过实例介绍自定义异常类的创建和使用方法。

例 7-4　创建一个自定义异常类，个性化处理除数为 0 的情况。

程序清单：ch07\ExceptionTest.java

```
import java.util.Scanner;
class MyException extends Exception {                          //继承 Exception 类
    private String myString;
    public MyException(String myString) {
```

```
        this.myString=myString;
    }
    public String getMyString() {
        return myString;
    }
    @Override
    public String toString() {                              //重写了类的方法
        return myString;
    }
}
public class ExceptionTest {
    public static void main(String[] args) {
        double i,j;
        Scanner scan=new Scanner(System.in);
        System.out.println("请输入分子:");
        i=scan.nextDouble();
        System.out.println("请输入分母");
        j=scan.nextDouble();
        try {
            if(j==0){                                       //判断分母的值
                throw new MyException("除数不能为零!");      //A
            }
            else
                System.out.println("分数值为: "+i+"/"+j+"="+(i/j));
        } catch (MyException e) {
                System.out.println(e);
        }
    }
}
```

该程序代码定义了一个继承 Exception 类的自定义异常类 MyException。在这个类中,定义了一个字符串成员,重写了 toString()方法,个性化输出自定义的错误信息。然后在测试类中输入了两个数,如果第二个数为 0,则在代码行 A 处抛出带有自定义错误信息的异常对象,然后在 catch 块中对上述抛出异常。程序的运行结果如下:

```
请输入分子:
3
请输入分母
0
除数不能为零!
```

习 题 7

1. 什么是异常?什么是 Java 的异常处理机制?
2. Java 中的异常分为哪几类?

3. 所有异常的父类是________。

A. Error　B. Throwable　C. RuntimeException　D. Exception

4. 下列________操作不会抛出异常。

A. 除数为零　B. 用负数索引访问数组

C. 打开不存在的文件　D. 以上都会抛出异常

5. 能单独和 finally 语句一起使用的块是________。

A. try　B. throws　C. throw　D. catch

6. 在多重 catch 块中同时使用下列类时，________异常类应该最后列出。

A. Exception　B. ArrayIndexOutOfBoundsException

C. NumberFormatException　D. ArithmeticException

7. 执行下面的代码会引发________异常。

```
String str=null;
String strTest=new String(str);
```

A. InvalidArgumentException　B. IllegalArgumentException

C. NullPointerException　D. ArithmeticException

8. 这段代码的输出结果是________。

```
try{
    System.out.print("try,");
    return;
} catch(Exception e){
    System.out.print("catch,");
} finally {
    System.out.print("finally");
}
```

A. try　B. try,catch　C. try,finally　D. try, catch,finally

9. 这个方法的返回值是________。

```
public int count() {
    try{
    return 5/0;
    } catch(Exception e){
        return 2 * 3;
    } finally {
        return 3;
    }
}
```

A. 0　B. 6　C. 3　D. 程序错误

10. 编写一个程序，产生 ArrayIndexOutOfBoundsException 异常，并捕获该异常，在控制台输出异常信息。

11. 设计一个 Java 程序，自定义异常类，从键盘输入一个字符串，如果该字符串值为

"abc",则抛出异常信息,如果从键盘输入的是其他字符串,则不抛出异常。

12. 设计一个Java程序,从键盘输入两个数,进行减法运算。当输入串中含有非数字时,通过异常处理机制使程序正常运行。
13. 自定义异常类,在进行减法运算时,当第一个数大于第二个数时,抛出"被减数不能小于减数",并编写程序进行测试。

第 8 章 CHAPTER

输入输出流

通过允许程序读取文件的内容或者向文件中写入内容，可以使程序的开发更加灵活。要从文件、内存或网络读取信息，程序必须打开源的一个流；同样，通过打开至目标的一个流，并按顺序写入信息，程序可以向文件写入信息。

8.1 获取文件和目录的属性

在 Java 语言中，提供了获取和修改文件/目录属性的类 java.io.File。File 类的使用是与平台无关的，适用于不同的文件系统。在程序中，通过创建 File 类的对象来代表一个文件或目录，利用这个对象可以对文件或目录的属性进行有关操作。表 8-1 列举了 File 类的主要方法和说明。

表 8-1 File 类的主要方法和说明

方 法	说 明
File(String pathname)	将给定路径名字符串转换为抽象路径名来创建新的 File 实例
boolean exists()	判断 File 对象对应的文件或目录是否存在
File getAbsoluteFile()	获取 File 对象对应的绝对路径名形式
String getAbsolutePath()	获取 File 对象对应的绝对路径名字符串
String getName()	获取 File 对象表示的文件或目录的名称
boolean isAbsolute()	判断 File 对象对应的抽象路径名是否为绝对路径名
boolean isDirectory()	判断 File 对象代表的是否是一个目录
boolean isFile()	判断 File 对象代表的文件是否是一个标准文件
boolean isHidden()	判断 File 对象代表的文件是否是一个隐藏文件
long lastModified()	获取 File 对象代表的文件最后一次被修改的时间
long length()	获取 File 对象代表的文件的长度
String[] list()	获取 File 对象对应的目录中的文件和目录列表

下面举例说明该类的使用。

例 8-1　对文件和目录的操作。

程序清单：ch08\FileAndDirectoryTest.java

```
import java.io.File;
public class FileAndDirectoryTest {
    public static void main(String[] args) {
        String filename="testFile";
        File f1=new File(filename);                                    //A
        System.out.println(filename+"是否存在: "+f1.exists());
        System.out.println(filename+"是文件吗: "+f1.isFile());
        System.out.println(filename+"最后修改时间: "+f1.lastModified());
        System.out.println(filename+"文件大小: "+f1.length());
        String direname="testDire";
        File f2=new File(direname);                                    //B
        System.out.println(direname+"的绝对路径: "+f2.getAbsolutePath());
        if(f2.isDirectory()){                                          //C
            String[] fileList=f2.list();                               //D
            System.out.println(direname+"目录中的文件和目录包括: ");
            for(int i=0;i<fileList.length;i++)
                System.out.print(fileList[i]+"     ");
        }
    }
}
```

运行此程序前，在当前源程序所在的目录下创建名为 testFile 的文件，名为 testDire 的目录，在目录 testDire 下创建文件 doc1.doc、ex1.xls、txtq.txt 和目录 sample，则上述程序的运行结果如下：

```
testFile是否存在: true
testFile是文件吗: true
testFile最后修改时间: 1255623454453
testFile文件大小: 15
testDire的绝对路径: D:\MyEclipse 6.5\workspace\chap6\testDire
testDire目录中的文件和目录包括:
doc1.doc  ex1.xls  sample  txtq.txt
```

上述程序中，代码行 A 和 B 根据给定的文件/目录名创建 File 类的对象，代码行 A 至 B 之间输出了 f1 对应的文件的有关属性；代码行 C 判断 f2 对应的是不是目录，从代码行 D 开始，取出该目录下的所有文件名和目录名，并依次输出。

8.2　Java中的IO流

8.2.1　IO流的概念

流(stream)是一组有序的数据序列。根据数据流的流动方向,可以分为输入流和输出流;根据流动的内容,可以分为字节流和字符流。

输入流的指向称为源,程序从指向源的输入流中读取数据。当程序开始读数据时,就会打开一个通向数据源的流,这个数据源可以是文件、内存或网络。例如:在程序中需要从文件a中读取数据,此时文件a就是数据源,在程序和文件a间的管道称为流,因为数据是从文件流向程序,所以称为输入流。

输出流的指向是字节/字符流向的地方,程序通过向输出流中写入数据把信息传递到目的地。当程序需要写入数据时,就会打开一个流向目的地的流。例如:在程序中需要把一些数据写入文件b时,此时文件b就是数据的目的地,在程序和文件b之间的管道称为流,因为数据是从程序流向文件b,所以称为输出流。

Java语言中提供了java.io包,使得读写文件和处理数据流非常容易。

8.2.2　InputStream

InputStream是字节输入流的抽象类,是所有字节输入流的父类,这个类读取的是字节流。在java.io包中存在多个InputStream类的子类。本章会介绍它的子类:FileInputStream类。表8-2列出了该类的常用方法。

表8-2　InputStream类的常用方法

方　法	功　能
FileInputStream(String name)	通过打开一个到实际文件的连接来创建实例对象
int available()	返回此输入流的数据读取方法可以读取的有效字节数
void close()	关闭此输入流并释放与该流关联的所有系统资源
abstract int read()	从输入流中读取下一个数据字节
int read(byte[] b)	从输入流中读取一定数量的字节,并存储在数组b中
int read(byte[] b, int off, int len)	将输入流中最多len个数据字节读入byte数组
long skip(long n)	跳过和丢弃此输入流中n个字节的数据

其中,read()方法是抽象方法,便于子类根据需要实现该方法。

8.2.3　OutputStream

OutputStream类是字节输出流的抽象类,是所有字节输出流的父类。该类接受的也是字节流。该类在java.io包中有很多子类。其中最重要的子类是FileOutputStream类。表8-3列出了该类的常用方法。

表 8-3 OutputStream 类的常用方法

方 法	功 能
FileOutputStream(String name)	创建一个向指定名称的文件中写入数据的输出文件流
void close()	关闭当前输出流并释放与此流有关的所有系统资源
void flush()	刷新当前输出流并强制将缓冲区的字节写入文件
void write(byte[] b)	将 b 数组中的字节写入当前输出流
void write(byte[] b, int off, int len)	将数组中下标从 off 开始的 len 个字节写入输出流
abstract void write(int b)	将指定的字节写入此输出流

其中,write(int b)方法是抽象方法,便于子类根据需要实现该方法。

8.3 字 节 流

8.3.1 FileInputStream

该类是 InputStream 类的子类,用于从磁盘文件中读取字节流数据。该类的所有方法都从 InputStream 类继承而来。下面举例说明如何使用这个类读取并显示文件的信息。

例 8-2 从文件 in.txt 中读取并显示文件的内容。

程序清单:ch08\FileInExample.java

```
import java.io.FileInputStream;
import java.io.IOException;
import java.io.File;
public class FileInExample {
    public static void main(String[] args) {
        int rs;
        byte b[]=new byte[10];                                          //A
        try{
            File f=new File("C:\in.txt");
            FileInputStream fis=new FileInputStream(f);                 //B
            rs=fis.read(b, 0,10);                                       //C
            while(rs>0){
                String s=new String(b,0,rs);                            //D
                System.out.print(s);
                rs=fis.read(b, 0,10);
            }
            fis.close();                                                //E
        }catch(IOException e){
            e.printStackTrace();
        }
```

```
    }
}
```

如果在C盘中存在该文件，文件的内容为"This is you English book!"，则程序的运行结果如下：

```
This is you English book!
```

现在分析程序的执行过程：A行创建了一个字节数组，用于临时存放从文件中读取的内容。B行代码根据C盘的文件"in.txt"创建的File对象，创建FileInputStream类的实例对象fis，此时打开磁盘文件"in.txt"并建立与该文件的连接，通过该对象就可以读取文件的内容了；如果C盘上不存在该文件，则程序会引发IOException异常。C行调用了实例对象的read()方法，从文件中读取最多10个字节的数据，并放入数组b中；如果已经读到文件的尾部，该方法会返回一个负数，否则返回读取的字节数。D行将字节数组的内容转换为字符串对象输出，然后继续读取文件的内容。E行在全部读取文件的内容后关闭fis对象。

在使用FileInputStream类进行文件读取时，需要注意以下几点。

(1) 待读取的文件一定要存在，否则会出现异常。

(2) 文件的路径可以采用绝对路径和相对路径两种，例题中采用的是绝对路径；编程时，可以把待读取的文件放在程序文件所在的项目下，通过

```
FileInputStream fis= new FileInputStream("in.txt");
```

创建FileInputStream实例对象，有利于提高程序的可移植性。

(3) FileInputStream类既可以用来读取文本文件，也可以读取二进制文件，如图像、声音等。

(4) 在不需要使用时，要及时关闭流对象，释放与它关联的所有系统资源。

8.3.2 FileOutputStream

FileOutputStream类是OutputStream类的子类。它能够实现以字节形式将数据写入文件中。该类的所有方法都是从OutputStream类继承并重写的。在创建该类的实例对象时，与FileInputStream类相似，文件可以使用相对路径和绝对路径；但与FileInputStream类的区别：如果文件不存在，则创建一个新的文件；如果文件存在，则把原来的文件删除，然后再创建一个新的文件。

例8-3 将文件notepad.exe的内容复制到note.exe文件中。

程序清单：ch08\FileOutExample.java

```
import java.io.FileInputStream;
import java.io.FileOutputStream;
import java.io.IOException;
public class FileOutExample {
    public static void main(String[] args) {
        int rs;
```

```
        byte b[]=new byte[10];
        try{
            FileInputStream fis=new FileInputStream("notepad.exe");
            FileOutputStream fos=new FileOutputStream("note.exe");
            System.out.println("开始复制文件,请稍候.....");
            rs=fis.read(b, 0,10);                              //A
            while(rs>0){
                fos.write(b, 0,10);
                  rs=fis.read(b, 0,10);
            }                                                  //B
            System.out.println("文件复制结束,谢谢!");
            fis.close();                                       //C
            fos.close();                                       //D
        }catch(IOException e){
            e.printStackTrace();
        }
    }
}
```

在上面的程序中,文件"notepad.exe"是Windows系统提供的记事本应用程序,系统运行这个程序可以创建文本文件。分析上面的程序可知：首先根据提供的两个文件创建字节输入流对象fis和字节输出流对象fos,建立与磁盘文件的连接;如果文件"notepad.exe"不存在,会引发异常;不管"note.exe"文件是否存在,fos对象的创建都不会受影响。从代码行A至B行,首先通过流对象fis从文件"notepad.exe"中读取10个字节的内容,然后通过fos对象的write()方法,将内容写入与fos对象关联的"note.exe"文件中,直到读至文件的尾部。代码行C和D关闭两个流对象,释放它们占用的系统资源,同时将缓冲区中的内容保存到"note.exe"文件中。程序执行后,运行"note.exe"文件,发现它具有与"notepad.exe"文件同样的功能,说明文件复制是正确的。

需要指出的是,用FileOutputStream类执行写文件操作时,只能从文件的开始部分写入,不能实现追加写入的功能;在完成相关操作后一定要及时关闭流对象。如果需要创建的文件已经存在,但它是一个目录,而不是一个常规文件,则抛出异常;或者该文件不存在,但无法创建它,或因为其他某些原因而无法打开它,也会抛出异常。另外,使用该类执行写入操作时,并不区分写入的是什么类型的文件。

8.4 字符流

前面介绍的FileInputStream类和FileOutputStream类只能处理普通的字节流。采用这种流在处理16位的Unicode码表示的字符流时很不方便,容易引起错误。java.io包中有专门用于处理字符流的类：Reader和Writer等。

8.4.1 Reader

该类是用于处理字符输入流类的父类,它是一个抽象类,不能实例化它的对象。

表 8-4 列出了该类的常用方法。

表 8-4　Reader 类的常用方法

方　　法	说　　明	方　　法	说　　明
read()	从流中读入一个字符	reset()	重置该流
read(char[])	从流中将一些字符读入数组	skip(long n)	跳过参数 n 指定的字符数量
ready()	判断是否准备好读取此流		

8.4.2　Writer

该类是处理字符输出流的父类，Writer 类定义了写入字符和字符数组的方法，与 Reader 类、InputStream 类相似，在创建对象时会自动打开流，通过显式调用 close()方法关闭流。表 8-5 列举了该类的常用方法。

表 8-5　Writer 类的常用方法

方　　法	说　　明
abstract void close()	先刷新流，然后关闭该流
void write(char[] cbuf)	将字符数组的内容写入流
void write(int c)	向流中写入单个字符
void write(String str)	向流中写入字符串
void write(String str, int off, int len)	将字符串的某一部分写入流

8.4.3　FileReader

该类是 Reader 类的子类，它实现了从文件中读取字符数据，是文件字符输入流。与 FileInputStream 类相似，在创建 FileReader 对象时，如果给定路径上不存在所需的文件，则会出现异常。

例 8-4　将 Word 文件“java.txt”读出并输出到控制台。

程序清单：ch08\ReaderExample.java

```
import java.io.FileNotFoundException;
import java.io.FileReader;
import java.io.IOException;

public class ReaderExample {
    public static void main(String[] args) {
        try {
            File f=new File("java.txt");
            FileReader fr=new FileReader(f);                    //A
            int len=fr.read();                                  //B
```

```
            while(len>=0){
                System.out.print((char)len);
                len=fr.read();
            }
            fr.close();                                          //C
        } catch (FileNotFoundException e) {
            e.printStackTrace();
        } catch (IOException e) {
            e.printStackTrace();
        }
    }
}
```

假定文件“java.txt”的内容：

```
"Java is a good OOP language.
Java 是一门面向对象的语言。"
```

则执行上述程序后，输出的结果与上面的内容一致。说明用上述程序可以同时实现对英文和汉字的读取和显示。该程序的A行创建了字符输入流对象fr，建立文件“java.txt”与流对象的连接，打开“java.txt”文件。然后通过B行代码在文件中读取一个字符，如果已经读到文件尾则变量len的值为−1，通过判断len的值进行控制。C行代码关闭了该流对象，释放了该对象占用的所有系统资源。

8.4.4 FileWriter

该类是Writer类的子类，实现了将字符数据写入文件的功能，是文件字符输出流。如果需要写入的文件不存在，则会新建该文件，否则会删除旧文件，建立新的文件。下面通过例题介绍该类的使用。

例8-5 创建5个2000之内的随机数，然后存储到文件“rand.txt”中。

程序清单：ch08\WriterExample.java

```
import java.io.FileWriter;
import java.io.IOException;
import java.util.Random;

public class WriterExample {
    public static void main(String[] args) {
        Random rand=new Random();                                //A
        try {
            FileWriter fw=new FileWriter("rand.txt");            //B
            int rs;
            for(int i=0;i<5;i++){
                rs=rand.nextInt(2000);                           //C
                fw.write(String.valueOf(rs));                    //D
```

```
            }
            fw.write("JavaEE 教程");                                    //E
            fw.close();                                                 //F
        } catch (IOException e) {
            e.printStackTrace();
        }
    }
}
```

该程序代码使用了 Random 类产生随机数，使用了类 FileWriter 进行文件的写入。在代码行 A 行创建一个 java.uti.Random 对象，C 行代码使用该类的 nextInt()方法产生一个小于 2000 的随机数；在代码行 B 创建了一个 FileWriter 类的对象，D 行代码利用前面介绍的方法将产生的随机整数转换为字符串写入文件中；代码行 E 直接在文件中写入字符串；代码行 F 关闭流对象，将缓冲区的内容写入文件。

习　题　8

1. 什么是流？什么是输入流和输出流？
2. Java 语言的流分为哪几类？
3. Java 中，________类提供定位本地文件系统的功能，对文件或目录及其属性进行基本操作。

   A. FileInputStream　　B. FileReader　　C. FileWriter　　D. File
4. 在 Java 中，要判断 d 盘下是否存在文件 abc.txt，应该使用以下________判断句。

   A. if(new File("d:/abc.txt").exists()==1)

   B. if(File.exists("d:/abc.txt") ==1)

   C. if(new File("d:/abc.txt").exists())

   D. if(File.exists("d:/abc.txt"))
5. 字符流是以________传输数据的。

   A. 1 个字节　　B. 8 位字符

   C. 16 位 Unicode 字符　　D. 1 个比特
6. ________方法可以用来清空流。

   A. void release()　　B. void close()

   C. void Remove()　　D. void flush()
7. 给定下面的代码段，file1.txt 文件的内容是“Hello World”。编译运行后，输出结果为“Hello”，而不是预期的“Hello Word”。

```
FileInputStream in=new FileInputStream("d:\file1.txt");
StringBuffer sb=new StringBuffer();                             //第一行
for(int i=0;i<in.available();i++)                               //第二行
    sb.append((char)in.read());                                 //第三行
in.close();                                                     //第四行
```

```
System.out.println(sb);
```

判断错误发生在第________行。

A. 一　　　　B. 二　　　　C. 三　　　　D. 四

8. 编写一个程序将文件source.txt的内容复制到文件object.txt中，源文件和目标文件的名称在程序运行时输入。
9. 编写一个程序，将一个身份证号码以数字的形式写入文件中。
10. 编写一个程序，将文本文件中的内容，以行为单位，调整为倒序排列。
11. 列出D盘中所有的文件和目录。如果是目录，再次列举，直到把D盘中的所有目录中的文件都列举出来为止。
12. 假设有字节数组：

    byte b[]=new byte[50]和FileInputStream类的对象in,

    in=new FileInputStream("m.java");

    那么对于：int len=in.read(b);m的值一定是50吗？
13. 编写一个程序，从键盘读入一个数字字符串，然后转换成相对应的int数值后保存到文件中。
14. 设计一个程序，实现下述功能：假设file1.txt包含“1,3,5,7,8”，另一个文件file2.txt包含“2,9,11,13”，编写程序把这两个文件的内容合并到一个新文件中，并且要求这些数据必须按照升序排列写入到新文件中。

第 9 章 多线程

CHAPTER

多线程技术是使程序能够同时完成多项任务的一项技术，Java 语言内置了对多线程技术的支持。多线程可以使程序同时执行多个执行片段，根据不同的条件和环境同步或异步执行代码。到目前为止，本书所介绍的例题都是基于单线程的程序，本章将介绍基于多线程的程序。

9.1 线程概述

9.1.1 进程的概念

进程是程序的一次执行过程，对应了从代码的加载、执行到执行结束这样一个完整的过程，也是进程从产生、发展到消亡的过程。每个进程在计算机的内存中都对应一段专有的内存空间。现在的操作系统都支持多进程操作，例如：计算机可以同时播放视频、声音，同时还可以上网、聊天等。本章介绍的多线程技术与多进程技术是不一样的。

9.1.2 线程的概念

线程是比进程更小的执行单元，单个进程的执行可以产生多个线程。每个线程都有独立的生命周期，同一个进程中的线程共享同样的内存空间，并通过共享的内存空间来达到数据交换、通信和同步等工作。在基于线程的多任务处理环境中，线程是执行特定任务的最小单位。一个程序可以分为多个任务，每个任务都可分配给一个线程来实现。在 Java 程序启动时，一个进程马上启动，同时该进程会自动启动一个线程的运行，这个线程称为程序的主线程。因为它是在程序启动后就执行的。

该主线程是多线程编程的核心，它是产生其他子线程的线程。在多线程运行时，它是第一个启动的线程。由该线程控制其他线程的启动，执行各种关闭操作。

9.2 线程的创建

Java 在类和接口方面提供了对线程的内置支持，任何类如果希望能够以线程的形式运行，都需要实现接口 java.lang.Runnable；或者继承 java.lang.Thread 类。Runnable 接口只有一个 run()方法，实现该接口的类必须重写该方法。而 Thread 类也实现了 Runnable 接口，但该类有更丰富的方法。Thread 类的常用方法包括 start()方法、run()方法、join()方法、interrupt()方法等。start()方法用于启动线程，而 run()方法是线程的主体方法，线程完成的功能代码都写在该方法体内。

Thread 类定义了 8 个常用的构造方法。其中下面的两个是较为常用的：

```
Thread()                        //创建一个具有默认参数值的 Thread 对象
Thread(String name)             //创建一个线程名为 name 的 Thread 对象
```

9.2.1 继承 Thread 类

该类具有创建和运行线程的所有功能，通过重写该类的 run()方法，实现用户所需的功能。通过实例化自定义的 Thread 类，使用 start()方法启动线程。

例 9-1 继承 Thread 类创建 MyThread1 类，显示主线程的信息，创建子线程并启动它。

程序清单：ch09\MyThread1.java

```
public class MyThread1 extends Thread {
    public static void main(String[] args) {
        Thread t=Thread.currentThread();                          //A
        System.out.println("当前主线程是: "+t);                    //B
        t.setName("MyThread1");                                   //C
        System.out.println("当前主线程是: "+t);                    //D
        MyThread1 mt=new MyThread1();                             //E
        mt.start();                                               //F
    }
    public void run() {                                           //G
        int sum=0;
        for(int i=0;i<101;i++)
            sum+=i;
        System.out.println("1+2+…+100="+sum);
    }
}
```

程序的执行结果如下：

```
当前主线程是: Thread[main,5,main]
当前主线程是: Thread[MyThread1,5,main]
1+2+…+100=5050
```

分析上面的程序代码可知，A行代码通过调用Thread类的currentThread()静态方法获得当前主线程的引用。然后在B行代码输出主线程的信息；输出结果“Thread[main,5,main]”的第一个main代表主线程的名称，5代表它的优先级，第二个main代表线程组。通过代码行C修改主线程的名称，代码行D再次输出主线程的信息：第一个参数值改为修改后的值“MyThread1”。代码行E创建了子线程mt，代码行F启动了该子线程，执行线程类的run()方法。从代码行G开始，重写了Thread类的run()方法，实现自定义的功能，本例是实现了“1到100的累加和”的功能。

注意：在本例中，如果不重写run()方法，程序正常运行，只是此时的子线程不完成任何功能；子线程mt的启动是在主线程中实现的，而子线程在运行完run()方法后也自动终止了。

9.2.2　实现Runnable接口

在Java中，不仅可以通过继承Thread类实现多线程的功能，也可以通过实现Runnable接口来实现同样的功能。由于Java语言规定的单一继承原则，所以如果希望用户自定义的类继承其他类，此时可以通过实现Runnable接口的方式使用线程。

例9-2　创建SimpleThread类，实现Runnable接口，并在run()方法中实现规定的输出功能：在控制台输出字符*。

程序清单：ch09\SimpleThread.java

```
public class SimpleThread implements Runnable {
    public static void main(String[] args) {
        Thread t=new Thread(new SimpleThread(),"线程 1");           //A
        t.start();
        System.out.println("主线程运行结束");                        //B
    }
    public void run() {
        int i=1;
        while(i<=10){
            try {
                System.out.print("*");
                Thread.sleep(1000);                                 //C
            } catch (InterruptedException e) {
                e.printStackTrace();
            }
            i++;
        }
    }
}
```

类SimpleThread实现了线程接口Runnable，重写了接口中的方法run()。在代码行A中，通过调用Thread类的构造函数：

```
public Thread(Runnable target)
```

创建了一个线程对象 t;然后启动该线程。在 run()方法中的代码行 C,调用了 Thread 类的静态方法 sleep(long millis),该方法的参数代表线程休眠的毫秒数,本例中的 1000 代表 1s。可见,run()方法实现的功能是每隔 1s 输出一个字符 *,一共输出 10 个字符。在运行该程序时,主线程在运行到代码行 B 时已经结束了,而子线程的 run()方法此时还在运行。显然,两个线程的运行是相互独立的,主线程只能启动子线程的运行,而不能终止它的运行。程序的输出结果如下:

```
主线程运行结束
***********
```

9.3 线程的调度

前面介绍了线程的创建和简单的使用。接下来进一步介绍线程的生命周期、线程的优先级、线程的同步等。

9.3.1 线程的生命周期

线程从创建到死亡的整个过程称为线程的一个"生命周期"。在某个时间点上,线程具有不同的状态,主要的状态有如下几种:

- 创建状态;
- 可执行状态;
- 非可执行状态;
- 终止状态。

线程的各个状态间的关系如图 9-1 所示。

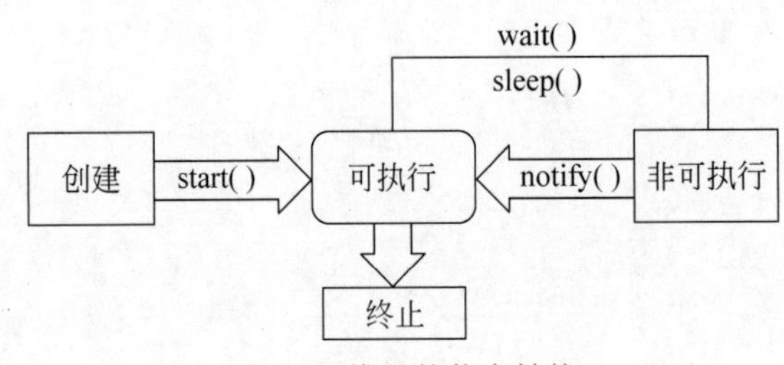

图 9-1 线程的状态转换

下面根据图 9-1 分别介绍线程生命周期的各个状态。

1. 创建状态

当使用线程类的构造函数创建某个线程类的对象时,线程处于"创建状态",在调用了对象的 start()方法后,线程进入了"可执行"状态。

2. 可执行状态

在线程进入"可执行"状态后,如果系统的 CPU 空闲,则线程就可以直接投入运行了。在线程运行时,如果调用线程的 wait()方法或者 sleep()方法,则线程进入了"非可执行"状态,此时系统的 CPU 不再分配时间片给该线程。

3. 非可执行状态

在线程进入“非可执行”状态后，可以通过调用线程的 notify()方法或者 notifyall()方法、interrupt()方法再次进入“可执行”状态。

4. 终止状态

当线程的 run()方法执行完毕，线程自动消亡，该线程占用的系统资源会自动释放。该线程的整个生命周期就此结束。

9.3.2　线程的优先级

根据前面介绍的生命周期，线程创建后调用了 start()方法就进入了“可执行”状态。如果同时有多个线程进入了“可执行”状态，而系统只有一个 CPU，或者 CPU 的个数少于进入“可执行”状态的线程的个数，如何调度线程的运行呢？此时可以通过设定线程的优先级来决定首先执行哪个线程。线程的优先级是通过 Thread 类中定义的常量来实现的，Thread 类中定义了三个此类常量。

- MAX_PRIORITY：线程的最高优先级，代表常量值 10。
- NORM_PRIORITY：线程的默认优先级，代表常量值 5。
- MIN_PRIORITY：线程的最低优先级，代表常量值 1。

在 Java 中的每个线程都有一个优先级。在默认情况下，线程的优先级为 NORM_PRIORITY 或 5。设置和获取线程优先级的方法有：

- void setPriority(int newPriority)；
- int getPriority()。

在线程运行时，一旦高优先级的线程要运行，则低优先级的线程将进入“非可执行”状态，CPU 的控制权交给高优先级的线程。

9.3.3　线程的同步

通过线程的优先级可以设置线程占用 CPU 时间的策略，保证多个线程能合理地、顺序地占用 CPU 时间，执行自己的 run()方法。但是，如果出现多个线程同时操作一个共享资源，如打印机、文件等，如何分配多个线程对打印机的操作和控制呢？

为了处理这种对共享资源的竞争，Java 语言提供了线程的同步机制。所谓同步机制是指两个或多个线程同时访问一个对象时，应该保持对象数据的统一性和完整性。同步是基于“监视器”的概念，类似于平时说的“黑盒子”，一旦某个线程获得控制权，其他线程只能等待，直到原先的线程放弃对“黑盒子”的控制，其他线程才能获得对“黑盒子”的控制权。Java 语言提供了对线程同步的内置支持，通过使用 Java 语言提供的 synchronized 关键字，可以采用同步方法或同步代码块的方法实现线程的同步。

下面分别介绍如何使用同步方法和同步代码块实现线程的同步。

1. 同步方法

同步方法是指将访问共享资源的方法都标记为 synchronized，这样当某个线程调用了该方法后，其他调用该方法的线程将进入阻塞状态，直到原线程完成对 synchronized 方法的调用为止。

例 9-3 创建两个线程,同时调用某个类的 print()方法,把 print()方法定义为同步和非同步两种方法,分析执行结果的差异。

程序清单: ch09\SyncExample.java

```
class PrintCH{
    public static /* synchronized */ void print(char c){
        for(int i=0;i<4;i++){
            System.out.print(c);
            try {
                Thread.sleep(1000);
            } catch (InterruptedException e) {
                e.printStackTrace();
            }
        }
    }
}
public class SyncExample extends Thread {
    private char ch;
    public SyncExample(char ch) {
        this.ch =ch;
    }
    public void run(){
        PrintCH.print(ch);
    }
    public static void main(String[] args) {
        SyncExample t1=new SyncExample('A');
        SyncExample t2=new SyncExample('B');
        t1.start();
        t2.start();
    }
}
```

如果去掉 print()方法前的 synchronized 关键字,print()方法为非同步方法,则执行结果如下:

```
ABBABAAB
```

如果加上 synchronized 关键字,该方法为同步方法,则结果如下:

```
AAAABBBB
```

从上面的程序代码可知,程序定义了两个类,一个是含有方法 print()的类 PrintCH,该方法输出一个字符,然后休眠 1s,再输出一个字符,一共休眠 4 次,输出 4 个字符。类 SyncExample 是一个自定义线程类,其中的 run()方法调用了 PrintCH 类的方法print()。在主函数中,创建了两个自定义线程类的实例对象 t1 和 t2,然后分别启动这两个线程。如果方法 print()不被定义为同步方法,则两个线程分别调用这个方法,输出字符,然后休眠。此时有两个 print()方法分别在执行，输出结果是杂乱无章的。如果把它定义为同步方法，则当线程 t1 调用该方法执行后，线程 t2 进入休眠状态，直到该方法执行完毕后，线程 t2 才能调用该方法。这样保证在同一时刻，只有一个 print()方法在运行，向控制台输出了字符。这种情况输出的字符是有规律的。

2. 同步代码块

尽管可以在创建类时，把访问共享资源的方法定义为同步方法，实现线程对共享资源同步，但是这种方法并不是一直有效。例如：程序中调用了一个第三方类库中某个类的方法，无法获得该类库的源代码。这样，无法在相关方法前添加 synchronized 关键字。那么，怎样才能解决这类问题呢？通过使用 Java 语言的同步代码块机制可以解决这个问题。同步代码块的一般格式如下：

```
synchronized(object){
    //要同步的语句
}
```

其中，object 是需要被同步的对象的引用。一个同步块在调用 object 对象的某个方法之前，必须确保所在线程能够访问 object 对象，获得该对象的控制权。在某一时刻，只能有一个线程获得该对象的控制权，从而保证一次只能有一个线程执行该同步块。

例如：假定线程 A 和 B 都希望访问同步块中的代码，线程 A 已经进入同步块内，那么线程 B 就必须等待。因为此时线程 A 获得了对象 object 的控制权，而线程 B 只能等待线程 A 执行完同步块中的代码，从同步块中退出，然后放弃对 object 的控制权，线程 B 才能进入同步块，执行其中的代码。

例 9-4　修改例 9-3，用代码块实现线程同步的功能。

程序清单：ch09\SyncMassExample.java

```
class PrintCH2{
    public void print(char c){
        for(int i=0;i<4;i++){
            System.out.print(c);
            try {
                Thread.sleep(1000);
            } catch (InterruptedException e) {
                e.printStackTrace();
            }
        }
    }
}
public class SyncMassExample extends Thread {
    private char ch;
    private static PrintCH2 myprint=new PrintCH2();                    //A
    public SyncMassExample(char ch) {
        this.ch =ch;
```

```
    }
    public void run(){
        synchronized(myprint){                                          //B
            myprint.print(ch);
        }
    }
    public static void main(String[] args) {
        SyncMassExample t1=new SyncMassExample('A');
        SyncMassExample t2=new SyncMassExample('B');
        t1.start();
        t2.start();
    }
}
```

这段代码与例9-3相比，添加了代码行A和B，其中A行创建了一个静态对象，代码行B采用了同步块的语法结构，只有获得对象myprint的控制权，才能运行大括号里的代码。通过采用这种方法，不用修改原始类PrintCH2，就可以实现同步功能了。

以上两种同步线程的方法，可以根据实际情况灵活运用。

9.3.4 wait-notify机制

在前面的实例中，两个线程都试图访问某个共享资源，通过采用同步方法或者代码块可以解决多个线程访问共享资源的问题。那么，假如有两个线程A和B，A线程需要首先访问共享资源M，然后访问共享资源N；线程B也需要访问共享资源M和N。现在，A线程已经拥有资源M的控制权，需要资源N，线程才能正常运行；而线程B已经获得资源N的控制权，需要资源M。此时，线程A在等待线程B释放资源N，而线程B在等待线程A释放资源M。这样两个线程互相等待，永远不会结束，程序进入"死锁"状态。

为了解决这类问题，Java语言提供了"wait-notify机制"。Java语言通过使用wait()、notify()和notifyAll()方法实现线程间的通信，从而尽量避免多线程运行时出现"死锁"的情况。

wait()方法通知被调用的线程放弃对共享资源的控制，进入等待状态，直到其他线程释放了共享资源并调用notify()方法。notify()方法唤醒同一对象上第一次调用了wait()方法的线程。notifyAll()方法唤醒所有调用了wait()方法的线程，此时退出睡眠状态的、优先级最高的线程将恢复执行。

在使用这三个方法时要注意以下几点。

(1) 线程调用wait()方法并进入等待状态时，会释放已经控制的共享资源，必须由当前线程自己调用wait()方法，即是线程本身在得不到需要的资源时，主动放弃对已有资源的控制，进入等待状态。

(2) 线程调用notify()和notifyAll()方法时，是在当前线程已经使用完所控制的共享资源，并且已经放弃了对共享资源的控制时，通知其他线程恢复执行。

(3) 线程不能自己调用notify()或者notifyAll()方法唤醒自己；线程不能调用wait()

方法要求其他线程进入等待状态。

例 9-5　4位哲学家用4根筷子吃饭的问题。

程序清单：ch09\WaitNotiExample.java

```
class ChopStick {
    boolean available;
    ChopStick() {
        available =true;
    }
    public synchronized void takeup() {
        while (! available) {
            try {
                System.out.println("哲学家等待另一根筷子");
                wait();
            } catch (InterruptedException e) {
            }
        }
        available=false;
    }
    public synchronized void putdown() {
        available=true;
        notify();
    }
}
class Philosopher extends Thread{
    ChopStick left,right;
    int phio_num;
    public Philosopher(ChopStick left, ChopStick right, int phio_num) {
        this.left=left;
        this.right=right;
        this.phio_num=phio_num;
    }
    public void eat(){
        left.takeup();
        right.takeup();
        System.out.println("哲学家 "+(this.phio_num+1)+" 在用餐");
    }
    public void think(){
        left.putdown();
        right.putdown();
        System.out.println("哲学家 "+(this.phio_num+1)+" 在思考");
    }
    public void run(){
        while(true){
```

```
            eat();
            try {
                sleep(1000);
            } catch (InterruptedException e) {}
            think();
            try {
                sleep(1000);
            } catch (InterruptedException e) {}
        }
    }
}

public class WaitNotiExample {
    public static void main(String[] args) {
        final ChopStick[] chopsticks=new ChopStick[4];
        final Philosopher[] philos=new Philosopher[4];
        for(int i=0;i<4;i++){
            chopsticks[i]=new ChopStick();
        }
        for(int i=0;i<4;i++){
            philos[i]=new Philosopher(chopsticks[i],chopsticks[(i+1)%4],i);
        }
        for(int i=0;i<4;i++){
            philos[i].start();
        }
    }
}
```

本程序是Java语言使用wait-notify机制的典型例题。4位哲学家一边就餐,一边思考,每个人之间只有一根筷子,而哲学家要就餐必须有两根筷子,所以任一时刻,只能有两个人就餐,两个人思考。

本程序创建了三个类,其中ChopStick类中定义了一个变量available,指明是否有筷子,方法takeup()和putdown()均被定义为同步方法,takeup()方法表示已经有一根筷子,需要等待第二根筷子,因而在方法体中调用了wait()方法等待另一根筷子;putdown()方法表示放下筷子,将筷子让给别人,并调用了notify()方法通知其他被阻塞的线程。类Philosopher是一个自定义线程类,方法eat()模拟了就餐的过程,先拿两根筷子,然后就餐;方法think()模拟了思考的过程,放下两根筷子,然后思考;run()方法先就餐,然后睡眠1s,再思考、睡眠,一直循环下去。类WaitNotiExample是测试类,初始化两个数组:chopsticks和philos,模拟筷子和哲学家。其中4位哲学家对应了4个线程,它们的优先级是一样的。

通过使用wait()和notify()方法,4个线程间实现了通信功能,避免出现死锁的情况。在程序运行时,由于所有的筷子都空着,所以第一个线程对应的哲学家能顺利拿到两根筷子开始就餐，而第二个线程对应的哲学家就必须等待了，此时调用了 wait()方法进入等待状态；当第一位哲学家用餐后，放下筷子，调用了 notify()方法，通知其他等待的线程，可以访问共享资源：筷子。不断循环下去，每位哲学家都能顺利地获得就餐的机会。也就是说，每个线程都能正常地运行，不会发生死锁的情况。程序的运行结果如下：

```
哲学家 1 在用餐
哲学家等待另一根筷子
哲学家等待另一根筷子
哲学家等待另一根筷子
哲学家等待另一根筷子
哲学家 4 在用餐
哲学家 1 在思考
…
```

以上的输出结果在每次运行后可能会有所不同，但是每一位哲学家都有机会用餐、思考，而且每一位获得的机会都是均等的。这就是线程间的 wait-notify 机制。

习　题　9

1. 什么是线程？什么是进程？它们有什么区别？
2. 如何创建一个线程？实现 Runnable 接口和继承 Thread 类有什么区别？
3. 什么是线程的同步？为什么要实现线程的同步？
4. run()方法在________方法被调用后执行。

   A. init()　　B. begin()　　C. start()　　D. create()

5. 分析下面的代码，选择所有正确的选项是________。

```
public class Test {
    public static void main(String[] args) {
        Thread t=new Thread();
        t.start();
    }
}
```

   A. Test 类必须继承 Thread 类
   B. Test 类必须实现 Runnable 接口
   C. 由于未实现 run()方法，因此会出现运行时错误
   D. 这段代码没有任何错误

6. 编写一个程序，用于实现 Runnable 接口并创建两个线程，分别输出从 10～15 的数，每个数字间延迟 500ms，要求输出的结果如下：

```
10, 11, 12, 13, 14, 15
10, 11, 12, 13, 14, 15
```

提示：采用线程同步的方法。

7. 编写一个采用多线程技术的程序，对 10 000 个数据求累加和。
8. 编写一个程序，创建 3 个线程，分别输出 26 个字母。在输出结果时要指明是哪个线程输出的字母。
9. 使用 Runnable 接口，把下面的类转化为线程，实现利用该线程打印边界范围内的所有奇数。

```
public class PrintOdds {
    private int bound;
    public PrintOdds(int b) {
        bound=b;
    }
    public void print() {
        for(int i=1;i<bound;i+=2)
            System.out.println(i);
    }
}
```

第10章 数据库编程

CHAPTER

10.1 MySQL数据库的安装与配置

MySQL是一个小型关系数据库管理系统，开发者为瑞典MySQL AB公司。该公司在2008年1月16日被Sun收购，而2009年，Sun又被Orcale收购。目前MySQL被广泛地应用在Internet上的中小型网站中。由于其体积小、速度快、总体拥有成本低，尤其是开放源码这一特点，许多中小型网站为了降低网站总体成本而选择了MySQL作为网站数据库。MySQL的下载网址是https://downloads.mysql.com/archives/community/，写作本书时的最新版本是8.0.21，本书用的5.7.13社区版本，以此为安装示例。下面是具体安装步骤。

10.1.1 MySQL数据库的安装

(1)首先下载安装程序，然后运行mysql-installer-community-5.7.13.0.exe进行安装，出现如图10-1所示的界面。

(2) 图10-1共有5个选项，分别表示开发模式、服务器、客户端、所有的产品和特性及定制安装。这里选择第一项：开发模式。

(3) 图10-2是在安装时选择是否支持列表中的某一个选项，此处可以先不选择任务选项。

(4) 图10-3设置MySQL服务器的端口号，默认为3306。

(5) 图10-4设置MySQL服务器的登录密码。

(6) 图10-5是测试安装选项是否成功，如果所有选项前面都是绿色，表示安装成功，否则安装失败。

(7) MySQL默认的系统管理员是root，登录密码是第(5)步设置的，图10-6是登录刚安装的MySQL服务器。登录成功后会出现图10-7所示的画面，表示MySQL安装成功。

安装完成之后，从“开始”菜单进入MySQL命令行程序，出现命令行窗口，在窗口中输入安装时的密码，画面如图10-8所示，在这里可以进行数据库的操作。

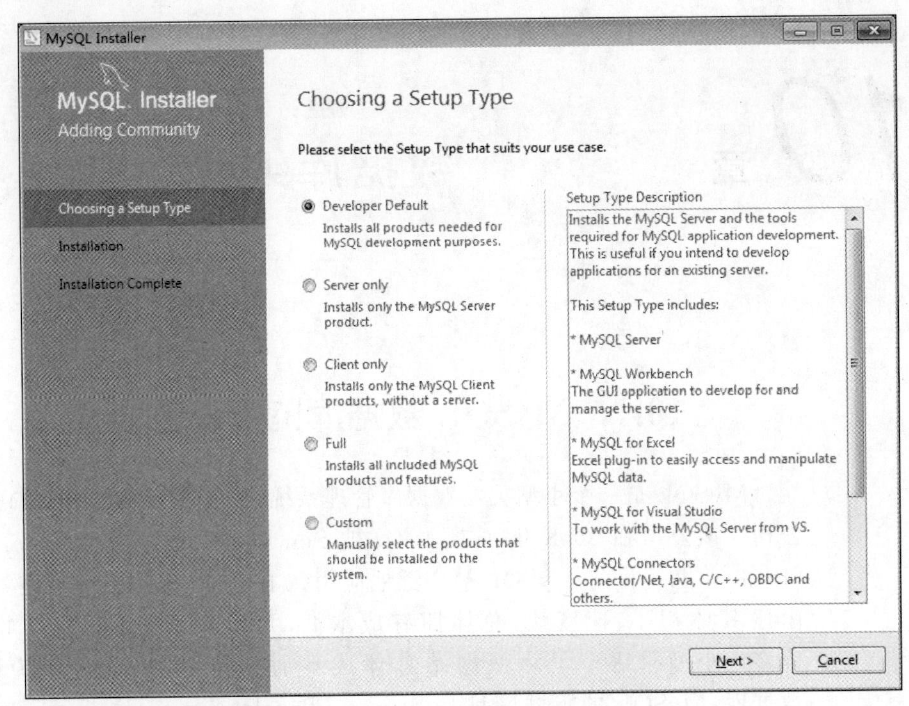

图 10-1 选择安装选项

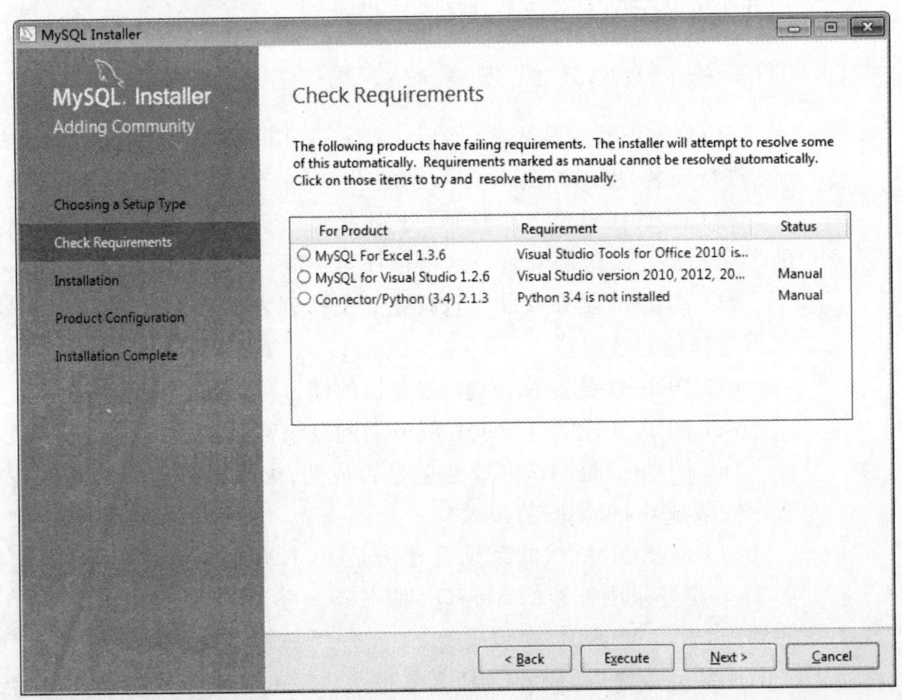

图 10-2 从列表中选择需要支持的选项

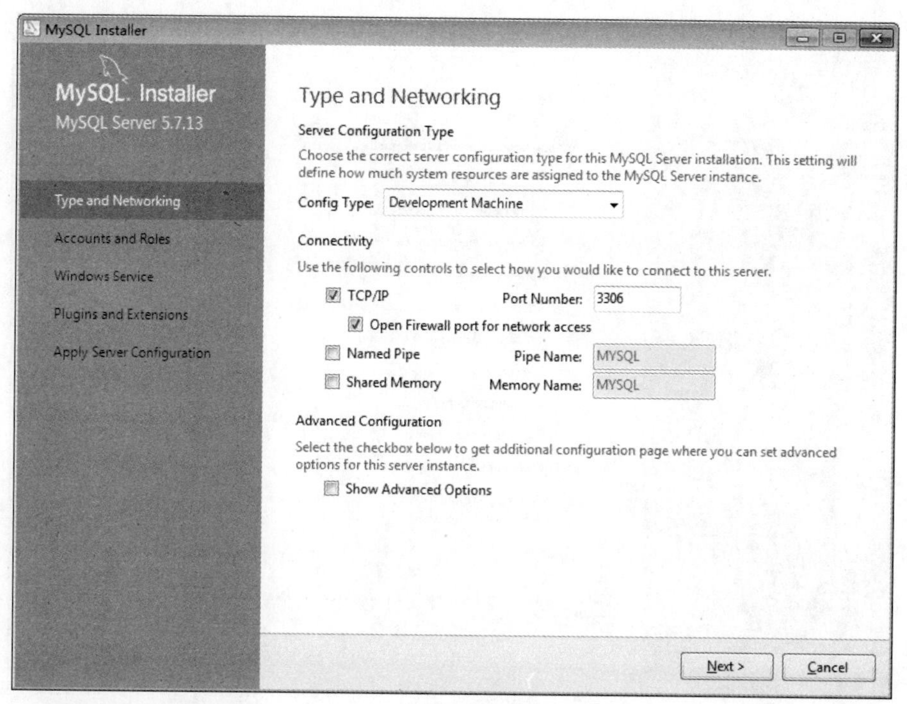

图 10-3　设置端口号

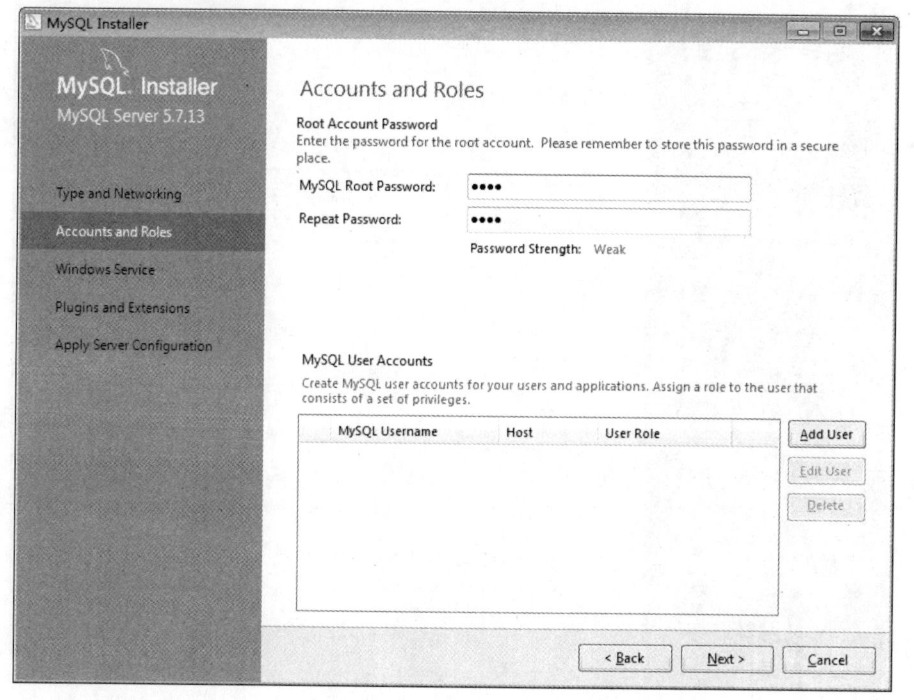

图 10-4　设置服务器登录密码

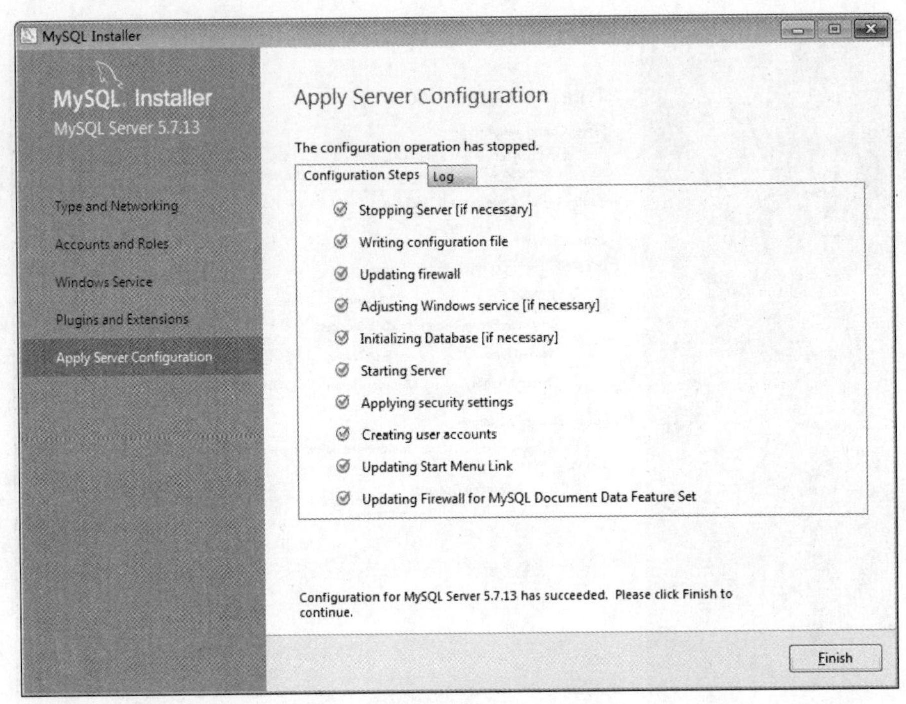

图 10-5 测试安装选项是否成功

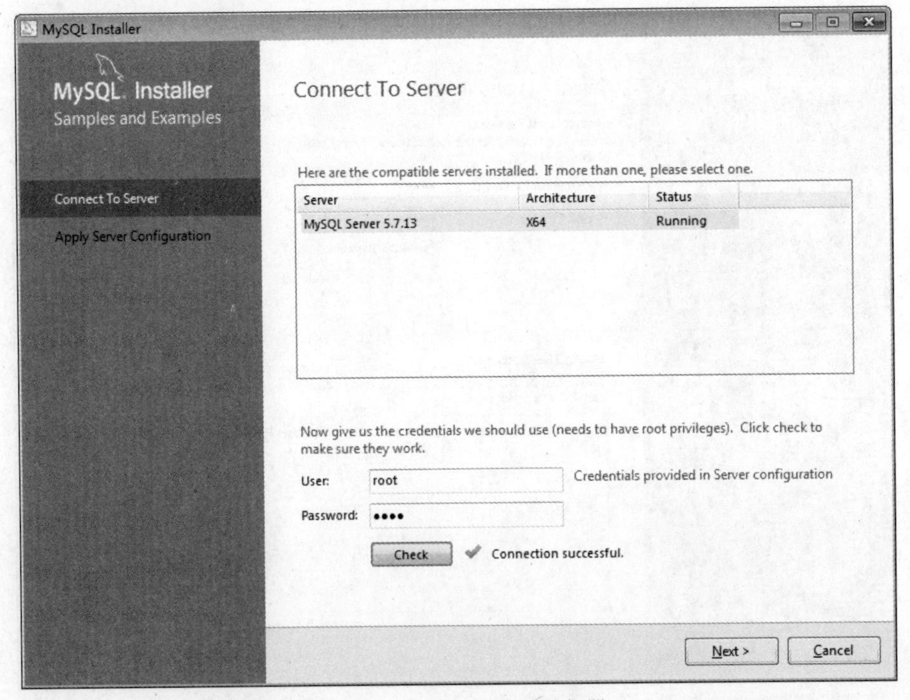

图 10-6 登录 MySQL 服务器

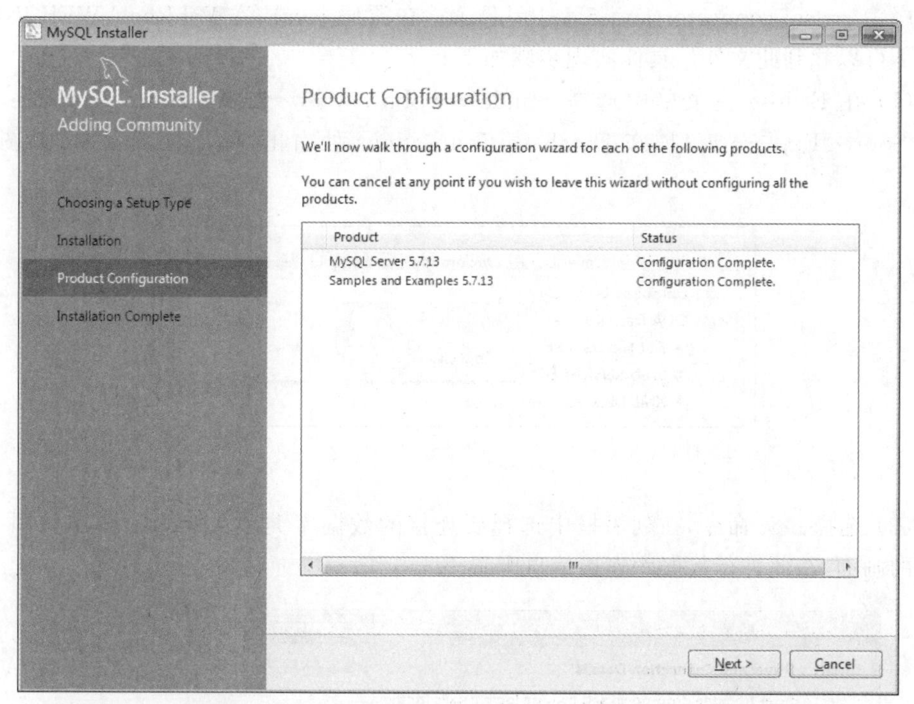

图 10-7　安装成功

```
MySQL 5.7 Command Line Client
Enter password: ****
Welcome to the MySQL monitor.  Commands end with ; or \g.
Your MySQL connection id is 30
Server version: 5.7.13-log MySQL Community Server (GPL)

Copyright (c) 2000, 2016, Oracle and/or its affiliates. All rights reserved.

Oracle is a registered trademark of Oracle Corporation and/or its
affiliates. Other names may be trademarks of their respective
owners.

Type 'help;' or '\h' for help. Type '\c' to clear the current input statement.

mysql>
```

图 10-8　运行命令行程序窗口

在命令行窗口中可创建数据库和表。教材中用到的示例数据库的脚本在 javaEE\code\db 目录下，文件名为 books.sql，这是一个文本文件。用记事本打开此文件，将文档内容全部复制到剪贴板，转到 MySQL 命令行窗口，在空白处右击弹出快捷菜单，执行"粘贴"命令，运行所有 SQL 命令。至此，books.sql 脚本中的命令全部执行完毕。要想查看 book 数据库是否安装成功，可在命令行窗口中执行 show databases 命令，查看已经安装的数据库。

10.1.2　Eclipse 中连接和使用 MySQL 数据库

在 Eclipse 中可以建立与数据库的连接，并可以修改和查看已连接的数据库，这给编程带来很大的方便。在建立连接之前要准备 MySQL 数据库的 JDBC 驱动程序，此处驱动程序为 mysql-connector-java-5.1.40-bin.jar，在源码 javaEE\WebRoot\WEB-INF\lib 目录下可以找到此文件。具体实现步骤如下。

(1) 在 Eclipse 主菜单中选择 Window→Show View→Data Source Explore，打开 Data Source Explore 窗口，在 Database Connections 处右击，弹出快捷菜单，如图 10-9 所示。

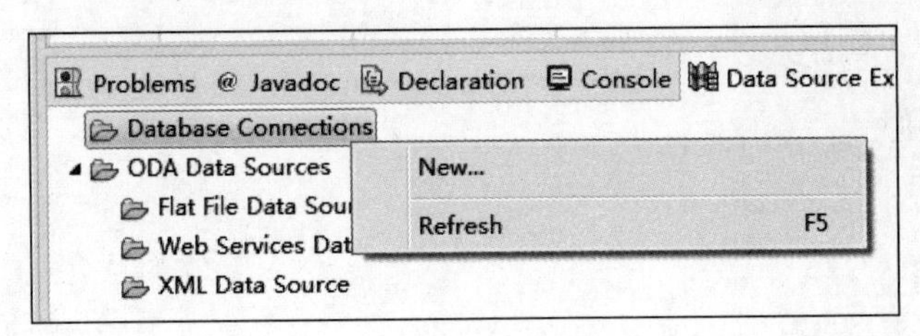

图 10-9 创建数据库连接

(2) 选择 new 命令，在列表框中选择要连接的数据库类型 MySQL，弹出如图 10-10 所示的画面，在此进行数据库连接信息配置。

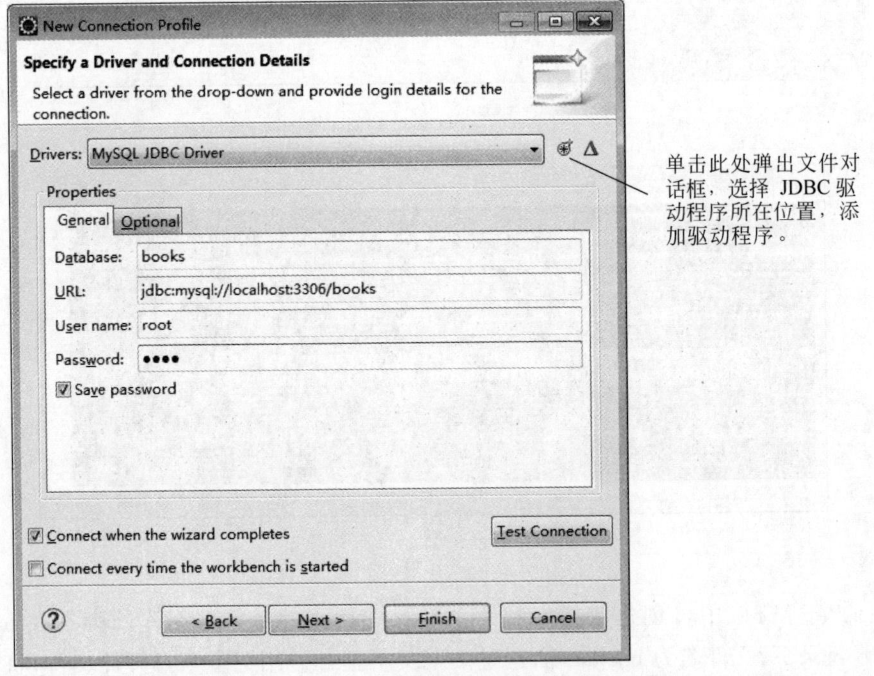

图 10-10 配置数据库连接

(3) 在图 10-10 中单击 next 按钮后弹出如图 10-11 所示的画面，显示已配置好的数据库连接信息。单击 Finish 按钮，完成数据库的配置。

(4) 在 Data Source Explore 窗口可以查看已建立的连接，如图 10-12 所示。

在 Data Source Explorer 窗口中可创建表、修改表的属性和修改表中的记录。选中要查看的表，右击，弹出的快捷菜单，如图 10-13 所示。选中快捷菜单中的 Data→Edit 选

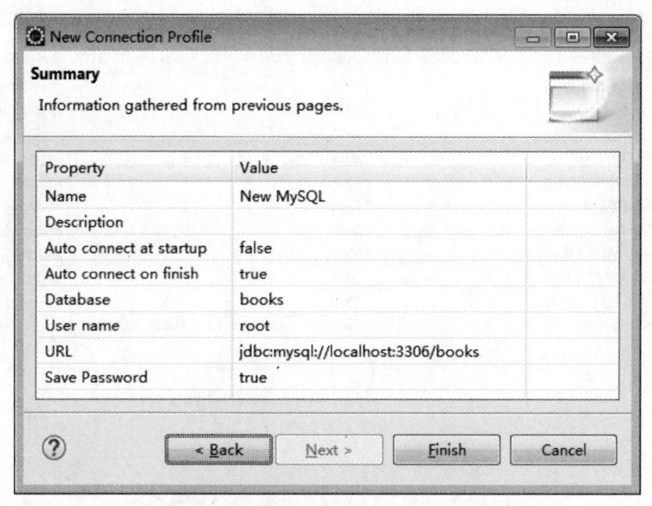

图 10-11　显示已配置数据库连接信息

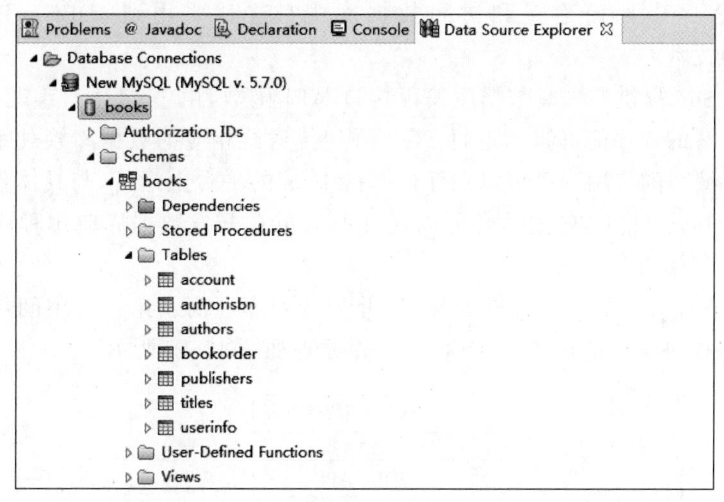

图 10-12　Data Source Explorer 窗口显示图

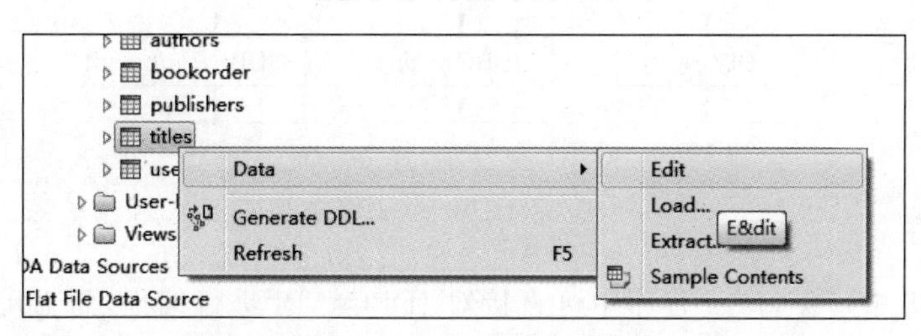

图 10-13　操作表的快捷菜单

项,可以修改和查看选中表的内容,如图 10-14 所示。

HelloWorld.java | Myano.java | student_course | account | titles

isbn [VARCHAR(20)]	title [VARCHAR(100)]	editionNumber [INT]	copyright [VARCHAR(4)]	publisherID [INT]	imageFile [VARCHAR(100)]	price
0123456677	JavaEE编程技术	1	2002	2	vbctc1.jpg	38.40
0135289106	C++ 程序设计	2	1998	1	cpphtp2.jpg	50.0
0138993947	Java How to Progr...	2	1998	1	jhtp2.jpg	50.0
0139163050	The Complete C+...	3	2001	2	cppctc3.jpg	110.0
9787030207357	Web编程技术JSP X...	1	2008	1	xmlhtp1.jpg	36.0
9787030207358	Web编程技术JSP X...	1	2008	1	xmlhtp1.jpg	36.0
9787115170026	精通JavaEE项目案例	1	2007	1	iw3htp1.jpg	70.0
9787121062629	EJB JPA数据库持久...	3	2008	2	javactc3.jpg	49.0
9787121072984	Java Web整合开发...	1	2009	1	perlhtp1.jpg	49.0
9787121072985	Flex 3 RIA开发详解...	1	2009	1	ebechtp1.jpg	44.0

Problems | @ Javadoc | Declaration | Console | Data Source Explorer

图 10-14　显示 titles 表中的记录

10.2　JDBC 技术简介

在 Java 程序中如何连接和访问数据库呢？这就要用到 JDBC（Java Database Connectivity）技术。

JDBC 是 Sun 提供的一套数据库编程接口 API 函数，由 Java 语言编写的类、界面组成。用 JDBC 写的程序能够自动地将 SQL 语句传送给相应的数据库管理系统。不但如此，使用 Java 编写的应用程序可以在任何支持 Java 的平台上运行，与具体数据库管理系统平台无关。Java 和 JDBC 的结合可以让开发人员在开发数据库应用程序时真正实现“一次编写，到处运行！”

JDBC 为程序开发提供了标准的接口，并为数据库厂商及第三方中间件厂商实现与数据库的连接提供了标准接口。JDBC 的工作原理如图 10-15 所示。

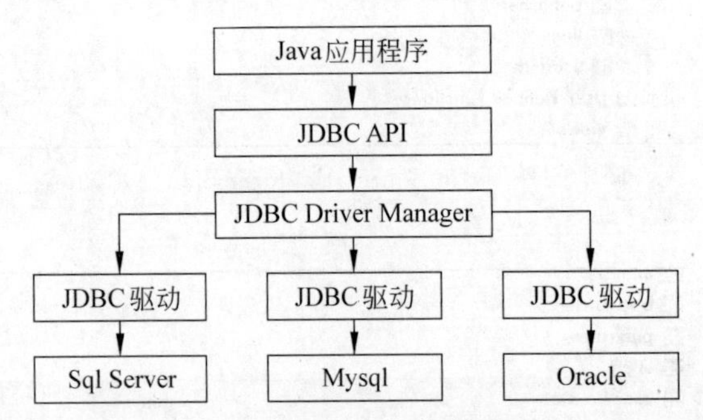

图 10-15　JDBC 的工作原理

从图 10-15 中可见，Java 程序中可直接对 JDBC API 进行编程，而 JDBC 又通过驱动程序管理器调用驱动程序来访问相应的 DBMS。不同的数据库由生产厂家提供相应的驱动程序，因此，在 Java 中要想访问数据库必须添加相应的驱动程序。在 Java 应用程序中对数据库的操作是通过 JDBC 来完成的，而不是直接对某一个数据库编程。应用程序和具体的数据之间增加了 JDBC 这个中间件，使得应用程序与具体数据库之间实现了很好的解耦。

JDBC API 是一组由 Java 语言编写的类和接口，其包含在 JDK 的 java.sql 和 javax.sql 两个包中。Java.sql 为核心包，它包括了 JDBC 1.0 规范中规定的 API 和新的核心 API，这个包包含于 J2SE 中；javax.sql 包扩展了 JDBC API 的功能，使其从客户端发展到了服务器端，成为了 JavaEE 组成的一部分。

目前 JDBC 驱动程序可分为 4 类，如表 10-1 所示。在生产环境中，第 4 种是现在应用最多的一种，其次是第一种，主要用于学习环境中。下面主要介绍第 4 种驱动方式。

表 10-1　JDBC 驱动程序的分类

驱动程序	说　　明
JDBC-ODBC	通过 ODBC 驱动器提供数据库连接，要求在客户端安装 ODBC 驱动
JDBC 本地 API 驱动	把客户机上的 JDBC 调用转换为对应的 DBMS 的调用
JDBC 网络纯 Java 驱动程序	将 JDBC 调用转换为与 DBMS 无关的网络协议
本地协议纯 Java 驱动	将 JDBC 调用直接转换为 DBMS 所使用的网络协议

10.3　JDBC 访问数据库

JDBC API 通过 java.sql、javax.sql 与其他包提供了大量预定义的类和接口，使得我们可以编写出与平台和数据库无关的代码。在 java.sql 包中主要用到以下几个类和接口：

- DriverManger(类)；
- Connection(接口)；
- Statement(接口)；
- PreparedStatement(接口)；
- ResultSet(接口)。

10.3.1　DriverManager 类

DriverManager 类是 JDBC 的管理层，作用于用户和驱动程序之间。它跟踪可用的驱动程序，并在数据库和相应驱动程序之间建立连接。在使用此类之前，必须先加载数据库驱动程序，加载方式为 Class.forName(JDBC 数据库驱动程序)。在加载驱动程序之前，必须确保驱动程序已经在 Java 编译器的类路径中，否则会抛出“找不到相关类”的异常信息。不同的数据库，其 JDBC 驱动程序是不同的，下面给出了常用的数据库的 JDBC 驱动程序的写法。

- MySQL 数据库驱动：com.mysql.jdbc.Driver。
- SQL Server 2005 数据库驱动：com.microsoft.sqlserver.jdbc.SQLServerDriver。
- Orcale 数据库驱动：com.microsoft.sqlserver.jdbc.SQLServerDriver。

10.3.2 Connection 接口

数据库驱动程序加载之后，可以调用 DriverManagergetConnection()方法得到数据库的连接。在 DriverManager 类中定义了三个重载的 getConnection()方法，分别如下：

- static Connection getConnection(String url)；
- static Connection getConnection(String url，Properties info)；
- static Connection getConnection(String url，String user，String password)。

由于这三个方法是静态方法，所以可以直接通过类名进行调用。方法中的参数含义如下。

- url：表示数据库资源的地址。
- info：是一个 java.util.Properties 类的实例。
- user：是建立数据库连接所需的用户名。
- password：是建立数据库所需的密码。

其中，url 是建立数据库连接的字符串，不同的数据库其连接字符串也不一样。常用的数据库连接字符串如下。

- MySQL 数据库：jdbc:mysql://主机名:3306/数据库名。
- SQL Server 2005 数据库：jdbc:sqlserver://主机名:1433;databaseName=数据库名。
- Orcale 数据库：jdbc:orcale:thin:@主机名:1521:数据库名。

在运行数据库应用程序之前，必须保证数据库驱动程序在工程的构建路径上。在工程中添加驱动程序的步骤如下。

打开工程构建路径配置窗口，添加 MySQL 数据库驱动程序到构建路径中，如图 10-16 所示。

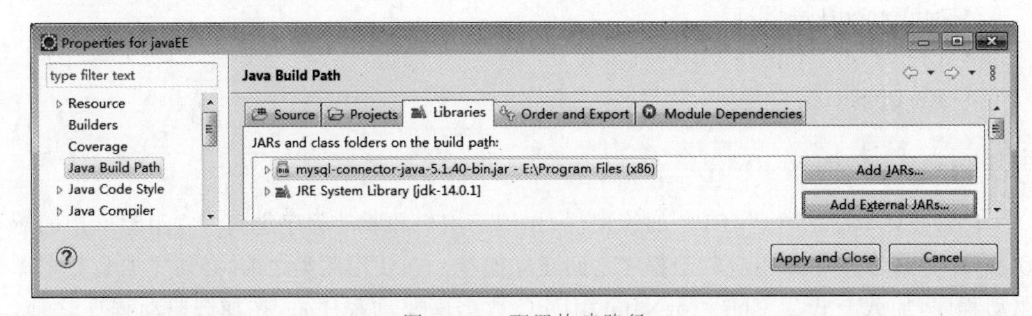

图 10-16 配置构建路径

例 10-1 通过 JDBC 驱动与 MySQL 数据库中的 books 数据库建立连接。

程序清单：ch10\ConnectionManager.java

```
package ch10;
import java.sql.*;
public class ConnectionManager {
//定义数据库驱动字符串
```

```
    private static final String DRIVER_CLASS="com.mysql.jdbc.Driver";
//定义数据库连接的字符串
    private static final String DATABASE_URL="jdbc:mysql://localhost:3306/books?";
//登录数据库用户名
    private static final String DATABASE_USRE="root";
//登录数据库密码
    private static final String DATABASE_PASSWORD="11";
    //返回一个数据库连接
    public static Connection getConnction() {
        Connection dbConnection=null;
        try {
            Class.forName(DRIVER_CLASS);
            dbConnection=DriverManager.getConnection(DATABASE_URL,
                DATABASE_USRE, DATABASE_PASSWORD);
        } catch (Exception e) {
            e.printStackTrace();
        }
        return dbConnection;
    }
}
```

ConnectionManager 类的静态方法 getConnction()返回一个数据库连接。与数据库建立连接后，可以对数据库进行访问，如增、删、改、查等基本操作。

10.3.3　Statement 接口

Statement 接口对象用于将普通的 SQL 语句发送到数据库中。建立了到数据库的连接后，就可以创建 Statement 对象。Statement 接口对象可以通过调用 Connection 接口的 CreateStatement()方法创建。示例代码如下：

```
Connection con=DriverManager.getConnection(url,"user","password");
Statement stmt=con.createStatement();
```

Statement 接口提供了 4 种执行 SQL 语句的方法：executeQuery()、executeUpdate()、executeBatch()和 execute()。使用哪一种方法由 SQL 语句所返回的结果决定，常用的是前两个方法。

executeUpdate()方法用于更新数据，如执行 INSERT、UPDATE 和 DELETE 语句及 SQL DDL(数据定义)语句，这些语句都不返回记录集，而是返回一个整数，表示受影响的行数。其方法原型如下：

```
int executeUpdate(String sql);
```

其中，sql 为 SQL 命令字符串。

executeQuery()方法用于执行 SELECT 语句，此方法返回一个结果集，其类型为 ResutSet。ResultSet 是一个数据库游标，通过它可以访问数据库中的记录，在后面有详细讲解。executeQuery()方法原型如下：

```
ResultSet executeQuery(String sql);
```

其中，sql 为 SQL 命令字符串。

例 10-2 演示了如何利用 Statement 对象显示数据库中表的信息。

例 10-2 已知数据库 books 中有一个 titles 表，表的结构如表 10-2 所示。用 Statement 对象查询显示 titles 表中所有图书的 ISBN 和图书名。数据库的连接可以调用例 10-1 所定义的类 ConnectionManager 的 getConnection()方法获得。

表 10-2 图书表 titles 的结构

字　段	类　型	说　明
ISBN	Varchar(20)	ISBN
title	Varchar(100)	书名
copyright	Varchar(4)	版权
imageFile	Varchar(20)	封面图像文件名称
editionNumber	INTEGER	版本号
publisherID	INTEGER	出版商 ID
price	DOUBLE	价格

程序清单：ch10\ShowTitles.java

```
package ch10;
import java.sql.*;
public class ShowTitles  {
    private Connection connection;
    private Statement titlesQuery;
    private ResultSet results;
    //显示图书信息方法
    public  void getTitles() {
      try{
         connection=ConnectionManager.getConnction(); //得到数据库连接
         titlesQuery=connection.createStatement();//创建 Statement 对象
         //执行 SQL 查询,并得到结果集
         ResultSet results=titlesQuery.executeQuery("select * from titles");
         //在控制台打印所有图书的 ISBN 和书名
         while (results.next()) {
               System.out.println(results.getString("isbn")+" "+results.
               getString("title"));
         }
      }
      //处理数据库异常
```

```
        catch (SQLException exception) {
            exception.printStackTrace();
        }
        //释放资源
        finally {
            ConnectionManager.closeResultSet(results);
            ConnectionManager.closeStatement(titlesQuery);
            ConnectionManager.closeConnection(connection);
        }
    }
    public static void main(String args\) {
        new ShowTitles().getTitles();
    }
}
```

程序运行结果如图 10-17 所示。

```
Problems  @ Javadoc  Declaration  Console
<terminated> ShowTitles [Java Application] C:\Program Files
9787121062629 EJB JPA数据库持久层开发
9787121072984 Java Web整合开发与项目实战
9787121072985 Flex 3 RIA开发详解与精深实践
9787121072986 精通EJB3.0
9787121072987 The Complete精通Spring
9787811232417 JavaEE编程技术
```

图 10-17　例 10-2 程序的运行结果

10.3.4　PreparedStatement 接口

PreparedStatement 接口继承自 Statement 接口，所以它具有 Statement 的所有方法，同时添加了一些自己的方法。PreparedStatement 与 Statement 有以下两点不同。

- PreparedStatement 接口对象包含已编译的 SQL 语句。
- PreparedStatement 接口对象中的 SQL 语句可包含一个或多个 IN 参数，也可以用“?”作为占位符。

PreparedStatement 对象已预编译过，其执行速度要快于 Statement 对象。因此，对于多次执行的 SQL 语句使用 PreparedStatement 对象，可大大提高执行效率。

PreparedStatemen 对象可以通过调用 Connection 接口对象的 prepareStatement()方法得到。代码示例如下：

```
Connection con=DriverManager.getConnection(url,"user","password");
PreparedStatement pstmt=conn.preparedStatement(String sql);
```

创建 PreparedStatement 对象与创建 Statement 对象不同，在创建 PreparedStatement 对象时，需要 SQL 命令字符串作为 preparedStatement()方法的参数，这样才能实现 SQL 命令预编译。在调用 PreparedStatement 对象的 executeQuery()或 executeUpdate()方法执行查询时，不再需要参数。使用 PreparedStatement 对象的 SQL

命令字符串中可用“?”作为占位符，在执行 executeQuery()或 executeUpdate()方法之前用 setXXX(n,p)方法为占位符赋值。如果参数为 Java 类型的 String，则使用 setString()方法。在 setXXX(n,p)方法中的第一个参数 n 表示要赋值的参数在 SQL 命令字符串中出现的次序，n 从 1 开始；第二个参数为参数设置的值。

例 10-3 演示了这个接口对象的使用方法。

例 10-3 利用 PreparedStatement 对象在 Userinfo 表中插入一条记录，用户名为 admin，密码为 11。Userinfo 表的结构如表 10-3 所示。

表 10-3 Userinfo 表的结构

字　段	类　型	说　明
id	INTEGER	用户 ID
loginname	VARCHAR(20)	用户名
pussword	VARCHAR(20)	密码

程序清单：ch10\InsertUser.java

```
package ch10;
import java.sql.*;
public class InsertUser {
    private Connection con;
    private PreparedStatement pstmt;
    public int insert(String name, String password) {
        int result=0;
        con=ConnectionManager.getConnction();      //得到数据库连接
        try {
            //两个占位符分别表示 loginname 和 password 的值
            String sql="insert into userinfo(loginname,password) values(?,?)";
            pstmt=con.prepareStatement(sql);       //创建 PreparedStatement 对象
            pstmt.setString(1,name);               //为第一个占位符赋值
            pstmt.setString(2,password);           //为第二个占位符赋值
            result=pstmt.executeUpdate();          //执行插入操作
        } catch (SQLException e) {
            e.printStackTrace();
        }
        finally {
            ConnectionManager.closeStatement(pstmt);
                                                   //释放 PreparedStatement 对象
            ConnectionManager.closeConnection(con);
                                                   //关闭与数据库的连接
        }
        return result;
    }
```

```
    public static void main(String\ args) {
        int result=new InsertUser().insert("admin","11");
                                                  //调用 insert()方法执行插入操作
        if(result> 0)                             //根据 result 的值判断插入是否成功
            System.out.println("插入成功");
        else
            System.out.println("插入失败");
    }
}
```

10.3.5　ResultSet 接口

ResultSet 接口用于获取执行 SQL 语句/数据库存储过程返回的结果，它的实例对象包含符合 SQL 语句中条件的所有记录的集合，并且可以通过一套 get×××()方法提供对这个集合的访问。next()方法用于移动数据库游标到记录集中的下一行，使下一行成为当前行，可通过此游标访问记录集中的记录。

ResultSet 接口对象通过其 next()方法移动指向数据库的游标。ResultSet 接口对象的游标最初位于结果集的第一行的前面，当执行一次 next()方法之后才会将指针指向第一个记录。每调用一次 next()方法数据库游标向下移动一行，直到记录集最后一行。在 ResultSet 或 Statement 对象关闭之前，数据库游标一直有效。

在数据库游标移动过程中，可通过 get×××()方法获取结果集中的数据，其中×××与结果集中所存放的数据类型有关。get××× ()方法将基本数据类型转换成指定 Java 类型，然后返回合适的值。例如，如果 get×××()方法为 getString()，而基本数据库中数据类型为 VARCHAR，则 getString()方法将把 VARCHAR 转换成 String 对象。

例 10-4　对 userinfo 表进行查询，得到 ResultSet 对象，通过此对象对查询结果进行遍历，在控制台上显示记录。Userinfo 表结构如表 10-3 所示。

程序清单：ch10\ShowUser.java

```
package ch10;
import java.sql.*;
public class ShowUser {
    public static void main(String\ args) {
        new ShowUser().listAll();
    }
    public void listAll(){
        Connection con=null;
        Statement stmt=null;
        ResultSet rs=null;
        try {
            con=ConnectionManager.getConnction();       //得到一个数据库连接
            stmt=con.createStatement();                 //创建 Statement 查询对象
            String sql="select * from userinfo";        //构造查询字符串
```

```
                rs=stmt.executeQuery(sql);                    //执行查询返回结果集
                System.out.println("ID"+"用户名"+" 密码"); //打印标题
                while(rs.next()){
                    int id=rs.getInt("userId");         //得到 userInfo 表 userID 字段值
                    String loginName=rs.getString("loginName");
                                                              //得到 loginName 字段值
                    String password=rs.getString("password");
                                                              //得到 password 字段值
                    System.out.println(id+"   "+loginName+" "+password);
                                                              //显示记录内容
                }
            } catch (SQLException e) {
                //TODO Auto-generated catch block
                e.printStackTrace();
            }
        }
```

10.4 数据库的操作示例

10.4.1 更新数据

更新数据包括对数据库中的记录进行添加、修改和删除。在此利用 PreparedStatement 对象对 books 数据库中的 account 表进行更新操作。account 表是用来存放用户的卡号和账户余额的数据表,其结构如表 10-4 所示。

表 10-4 account 表的结构

字 段	类 型	说 明
id	INTEGER	账户 ID
balance	DOUBLE	余额
creditcard	VARCHAR(20)	卡号

在 Java 中提倡面向接口编程,通过接口定义类的方法原型,在具体类中实现接口,这样给 Java 编程带来很大的灵活性。下面我们先给出 account 表的操作接口定义,此接口主要定义了对表的插入、修改和删除的方法。

例 10-5 定义 account 表的数据操作接口。

程序清单:ch10\AccountDao.java

```
package ch10;
public interface AccountDao {
  public int insert(double balance,int cardNo);              //添加卡号和余额
  public int update(int id);                                 //根据 id 更改数据
  public int delete(int id);                                 //根据 id 删除数据
```

例 10-6 定义 account 表的数据操作类,要求实现 AccountDao 接口。在此类中用到了例 10-1 中定义的 ConnectionManager 类,通过此类的 getConnection()方法获取数据库连接。

程序清单: ch10\AccountDaoImpl.java

```
package ch10;
import java.sql.Connection;
import java.sql.PreparedStatement;
import java.sql.SQLException;
public class AccountDaoImpl implements AccountDao {
    private Connection con;
    private PreparedStatement pstmt;
    //根据 id 删除记录
    public int delete(int id) {
        int result=0;
        con=ConnectionManager.getConnction();     //得到数据库连接
        try {
            String sql="delete from account where id=?";
            pstmt=con.prepareStatement(sql);      //创建 PreparedStatement 对象
            pstmt.setInt(1,id);
            result=pstmt.executeUpdate();         //执行删除操作
        } catch (SQLException e) {
            e.printStackTrace();
        }
        finally {
            ConnectionManager.closeStatement(pstmt);
                                                  //释放 PreparedStatement 对象
            ConnectionManager.closeConnection(con);  //关闭与数据库的连接
        }
        return result;
    }
  //添加记录
    public int insert(double balance, String cardNo) {
        int result=0;
        con=ConnectionManager.getConnction();     //得到数据库连接
        try {
            String sql="insert into account(balance,creditcard) values(?,?)";
            pstmt=con.prepareStatement(sql);      //创建 PreparedStatement 对象
            pstmt.setDouble(1,balance);
            pstmt.setString(2,cardNo);
            result=pstmt.executeUpdate();         //执行插入操作
        } catch (SQLException e) {
            e.printStackTrace();
        }
```

```
        finally {
            ConnectionManager.closeStatement(pstmt);
                                                //释放 PreparedStatement 对象
            ConnectionManager.closeConnection(con); //关闭与数据库的连接
        }
        return result;
    }
//根据卡号修改账户余额
    public int update(String cardNo,double balance) {
        int result=0;
        con=ConnectionManager.getConnction();       //得到数据库连接
        try {
            String sql="update account set balance=? where creditcard=?";
            pstmt=con.prepareStatement(sql);        //创建 PreparedStatement 对象
            pstmt.setDouble(1,balance);
            pstmt.setString(2,cardNo);
            result=pstmt.executeUpdate();            //执行插入操作
        } catch (SQLException e) {
            e.printStackTrace();
        }
        finally {
            ConnectionManager.closeStatement(pstmt);
                                                //释放 PreparedStatement 对象
            ConnectionManager.closeConnection(con);    //关闭与数据库的连接
        }
        return result;
    }
}
```

例 10-7 编写测试类 TestAccount，对 TestAccountDaoImpl 类中的方法进行测试，看是否能得到正确的结果。

程序清单：ch10\TestAccount.java

```
package ch10;
public class TestAccount {
    public static void main(String\ args) {
        AccountDao dao=new AccountDaoImpl();
        int n;
        n=dao.insert(10000,"001");        //插入卡号为 001 余额为 10000 的账户
        if(n> 0) System.out.println("插入成功");
        else
            System.out.println("插入失败");
        n=dao.update("001",20000);        //将卡号为 001 的账户余额更改为 20000
        if(n> 0) System.out.println("更新成功");
        else
```

```
            System.out.println("更新失败");
        n=dao.delete(2);                    //删除 id 为 2 的账户信息
        if(n> 0)System.out.println("删除成功");
        else
            System.out.println("删除失败");
    }
}
```

如果在控制台上输出：

```
插入成功
更新成功
删除失败
```

则说明此类中的三个方法是正确的，通过了测试。如果程序运行过程中出现错误信息，则说明有BUG，根据提示信息修改程序，直到没有错误为止。

10.4.2　查询数据

对数据库查询分为有条件查询和无条件查询。无条件查询返回表中的所有记录，而有条件查询是根据某个或几个条件进行查询。在此以titles表为例进行查询操作，有条件查询是根据ISBN和title属性进行查询的。由于图书的ISBN是唯一的，所以根据ISBN查询只能返回一本书的信息或者没有找到。以图书的标题title进行查询的返回结果可能返回多个记录，也可能一个记录也没有，所以查询结果是一个集合。如果查询返回值是多个记录的集合，通常将查询结果封装到一个数组里，将数组作为函数返回值。数组里存放的是同一数据类型的多个元素，而查询结果集中每个记录有多个属性。如何将记录存入一个数组中呢？解决问题的最好办法是首先将结果集中的每个记录封装到一个对象中，其次再将对象添加到数组中。

例 10-8　编写titles表的一个数据封装类Titles，要求类中的属性与titles表中的属性一一对应，每个属性有相应的set和get方法。Titles表的结构如表10-2所示。

程序清单：ch10\Titles.java

```
package ch10;
public class Titles {
    private String isbn;                //ISBN
    private String title;               //书名
    private String copyright;           //版权
    private String imageFile;           //封面图像文件名称
    private int editionNumber;          //版本号
    private int publisherId;            //出版商 ID
    private float price;                //价格
 ⋮ //set 和 get 方法省略
}
```

例 10-9　编写Titles表的操作接口类，要求实现以下功能：

（1）以数组形式返回表中的所有记录；

（2）根据 ISBN 返回一个 Titles 类的实例；

（3）根据 title 属性进行模糊查询，返回值为一个数组。

程序清单：ch10\TitleDao.java

```
package ch10;
import java.util.*;
public interface TitleDao {
    public List getByIsbn(String isbn);        //根据 ISBN 进行查询
    public List getByTitle(String title);      //根据书名 title 进行查询
}
```

例 10-10 编写类实现 TitleDao 接口中的所有方法。

程序清单：ch10\TitleDaoImpl.java

```
package ch10;
import java.sql.Connection;
import java.sql.PreparedStatement;
import java.sql.ResultSet;
import java.sql.SQLException;
import java.util.*;
public class TitleDaoImpl  implements TitleDao{
    private Connection connection;
    private PreparedStatement titlesQuery;
    private ResultSet results;
    //根据 title 查询,返回图书列表
    public List getByTitle(String title) {
        List titlesList =new ArrayList();
        //获取书籍列表
        try {
            connection =ConnectionManager.getConnction();
            titlesQuery =connection
                .prepareStatement("SELECT isbn, title, editionNumber, "
                    +"copyright, publisherID, imageFile, price "
                    +"FROM titles where title like '% "+title+"% ' ORDER BY title");
            ResultSet results=titlesQuery.executeQuery();
            //读取行数据
            while (results.next()) {
                Titles book=new Titles();      //每次创建一个封装类的实例
                //将数据表中的一条记录数据添加到封装类中
                book.setIsbn(results.getString("isbn"));
                book.setTitle(results.getString("title"));
                book.setEditionNumber(results.getInt("editionNumber"));
                book.setCopyright(results.getString("copyright"));
                book.setPublisherId(results.getInt("publisherID"));
```

```
                book.setImageFile(results.getString("imageFile"));
                book.setPrice(results.getFloat("price"));
                titlesList.add(book);     //将封将类添加到数组中
            }
        }
        //处理数据库异常
        catch (SQLException exception) {
            exception.printStackTrace();
        }
        //释放资源
        finally {
            ConnectionManager.closeResultSet(results);
            ConnectionManager.closeStatement(titlesQuery);
            ConnectionManager.closeConnection(connection);
        }
        return titlesList;  //返回存放所有查询结果的一个数组
    }
//根据 ISBN 进行查询,返回一个 Titles 类的实例
    public Titles getByIsbn(String isbn) {
        connection =ConnectionManager.getConnction();
        Titles book=null;
        try {
            titlesQuery=connection
                .prepareStatement("SELECT isbn, title, editionNumber, "
                    +"copyright, publisherID, imageFile, price "
                    +"FROM titles where isbn="+isbn);
            ResultSet results=titlesQuery.executeQuery();
            if(results.next()){
                book=new Titles();  //创建一个封装类的实例
                //将结果集中记录数据添加到封装类中
                book.setIsbn(results.getString("isbn"));
                book.setTitle(results.getString("title"));
                book.setEditionNumber(results.getInt("editionNumber"));
                book.setCopyright(results.getString("copyright"));
                book.setPublisherId(results.getInt("publisherID"));
                book.setImageFile(results.getString("imageFile"));
                book.setPrice(results.getFloat("price"));
            }
        } catch (SQLException e) {
            //TODO Auto-generated catch block
            e.printStackTrace();
        }
        return book;
    }
}
```

例 10-11 编写测试类,测试 TitlesDaoImpl 类的两个方法。

程序清单: ch10\TestTitleDaoImpl

```
package ch10;
import java.util.*;
public class TestTitleDaoImpl {
    public static void main(String\ args) {
        TitleDao dao=new TitleDaoImpl();
        //测试 getByTitle 方法
        List list=dao.getByTitle("Web");
        int n=list.size();
        Titles title=null;
        System.out.println("测试 getByTitle 方法");
        for(int i=0;i< n;i++){
            title=(Titles)list.get(i);
            System.out.println(title.getIsbn()+" "+title.getTitle());
        }
        //测试 getByIsbn 方法
        title=dao.getByIsbn("0123456677");
        System.out.println("测试 getByIsbn 方法");
        System.out.println(title.getTitle());
    }
}
```

控制台上显示的运行结果如图 10-18 所示。

图 10-18 测试类 TestTitleDaoImpl 的运行结果

习 题 10

1. JDBC API 中常用的类和接口有哪几个?
2. Statement 接口与 PreParedStatement 接口有什么区别?
3. 修改例 10-3,为 InsertUser 类添加两个方法实现如下功能:

   (1) 根据用户 ID 添加删除用户方法 del(int userId);

   (2) 根据用户 ID 修改用户密码方法 update(int userId,String password)。
4. 已知与表 userinfo 对应的实体类为 UserInfo,代码如下:

```
public class UserInfo{
private int userId;
private String username;
private String password;
…//相应的 set 和 get 方法省略
}
```

创建一个 OpUserInfo 类，添加相应方法实现如下功能：

(1) 根据用户名和密码查询用户信息，如果找到满足条件的用户则返回 1，否则返回 0。

(2) 根据用户名进行模糊查询，返回值为一个 List 类型的实例，数组实例中存放的是 UserInfo 类的对象，可参照例 10-10。

5. 在例 10-5 和例 10-6 的基础上，为 account 表添加查询功能：根据用户账号查询用户的余额，如果查找到则返回余额，如果未找到则返回－1。

下　篇

Java Web 开发

第11章 CHAPTER

Java Web 概述与 Web 发布

11.1 Java Web 概述

随着 Internet 的发展，基于 HTTP 协议和 HTML 标准的 Web 应用呈几何数量级的增长，人们的生活在不知不觉中已经被网络悄悄地改变了。在网络普及之前，人们购买图书要去书店，给亲人汇钱要去邮局或者银行……而现在，一切都是这么便捷，你可以在网上购买图书、汇款、缴纳电话费，甚至可以为远在他乡的朋友订购一束玫瑰或一个蛋糕。各种各样的网上业务丰富了我们的生活，节省了我们的时间，提高了我们的工作效率，改善了我们的生活品质。支撑这些网上业务的就是各种各样的 Web 应用，而这些 Web 应用又是用各种 Web 技术开发的。

早期的 Web 应用主要是静态页面的浏览（如新闻的浏览），这些静态页面使用 HTML 语言来编写，放在服务器上。用户使用浏览器通过 HTTP 协议请求服务器上的 Web 页面，服务器上的 Web 服务器软件接收到用户发送的请求后，读取请求 URI 所标识的资源，加上消息报头发送给客户端的浏览器，浏览器解析响应中的 HTML 数据，向用户呈现多姿多彩的 HTML 页面。整个过程如图 11-1 所示。

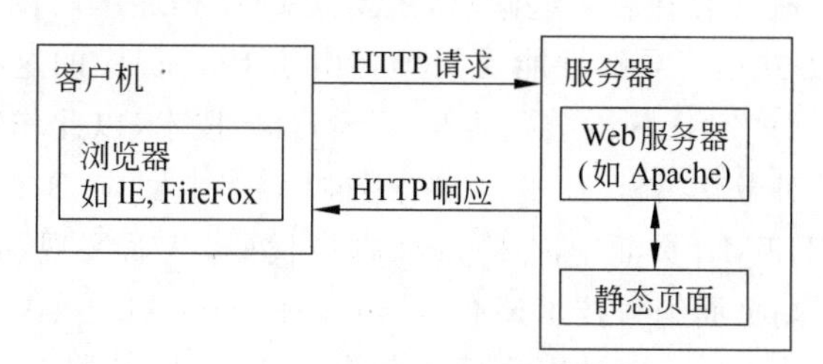

图 11-1　浏览器请求静态页面

随着网络的发展，很多线下业务开始向网上发展，基于 Internet 的 Web 应用也变得越来越复杂，用户所访问的资源已不仅仅局限于在服务器硬盘上存放的静态网页，更多的应用需要根据用户的请求动态生成页面信息，复杂一些的还需要从数据库中提取数据，经过一定的运算，生成一个页面返回给客户。例如,我们现在每个人几乎都有手机,如果需要查询电话费,只要登录到相应服务商的网站就可以查到自己的话费清单,也可以在网上办理一些简单的业务。实际上,每个手机的通信记录都是存放在数据库中的,当我们在网页上单击“查询”按钮时,是向 Web 服务器发送了一个请求,Web 服务器再到数据库中查询手机的相关记录,并将结果返回 Web 服务器。类似于上述的应用还有很多,要为用户提供各种各样的增强功能,就需要在 Web 服务端通过软件来实现。可是这种实现,如何才能完成呢?

了解 HTTP 协议的读者,可能会想到,可以遵循 HTTP 协议实现一个服务器端软件,提供增强功能。想法本身没有错误,但是由于 HTTP 协议服务器端的实现较为复杂,需要考虑很多方面,而且由于应用的广泛性,不可能针对每一种应用都去实现这样的一个 HTTP 服务器,所以这种方法在现实中不太可行。还有一种方法,就是利用已经实现 HTTP 协议的服务器端软件,而这些软件预先留出了扩展的接口,只需要按照一定的规则去提供相应的扩展功能。当这类 Web 服务器接收到客户请求后,判断请求是不是访问我们提供的扩展功能,如果是,就将请求交由我们所编写的程序去处理。当处理完成后,程序将处理结果交回 Web 服务器软件,Web 服务器软件拿到结果信息后,再将结果作为响应信息返回客户端。第二种方式的好处在于,不需要对 HTTP 协议有过多的了解,HTTP 协议服务器端的实现已经由 Web 服务器软件完成了,只需要根据应用去开发相应的功能模块,然后将这些功能模块按照所采用的 Web 服务器软件的要求,部署到 Web 服务器中进行集成。

早期使用的 Web 服务器扩展机制是 CGI,它允许用户调用 Web 服务器上的 CGI 程序。CGI 的全称是 Common Gateway Interface,即公共网关接口。大多数的 CGI 程序使用 Perl 来编写,也有使用 C、Python 或 PHP 来编写的。用户通过单击某个链接或者直接在浏览器的地址栏中输入 URL 来访问 CGI 程序,Web 服务器接收到请求后,发现这个请求是给 CGI 程序的,于是就启动并运行这个 CGI 程序,对用户请求进行处理。CGI 程序解析请求中的 CGI 数据,处理数据,并产生一个响应(通常是 HTML 页面)。这个响应被返回 Web 服务器,Web 服务器包装这个响应(例如添加消息报头),以 HTTP 响应的形式发送给 Web 浏览器。

然而 CGI 程序存在着一些缺点,主要是 CGI 程序编写困难、对用户请求的响应时间较长、以进程方式运行导致性能受限等。由于 CGI 程序的这些缺点,开发人员需要其他的 CGI 方案。1997 年,Sun 公司推出了 Servlet 技术,以此作为 Java 阵营的 CGI 解决方案。同时为了对微软 ASP 技术(1996 年推出)作出回应,Sun 公司于 1998 年推出了 JSP 技术,允许在 HTML 页面中嵌入 Java 脚本代码,从而实现动态网页功能。与 ASP、JSP 类似的服务器端页面编写技术还有 Rasmus Lerdorf 于 1994 年发明的 PHP 技术。

基于以上技术生成的动态页面被保存在 Web 服务器上,当客户端用户向 Web 服务器发出访问动态页面的请求时,Web 服务器不会将程序的源代码直接返回客户端,而是根据用户所请求的程序的后缀名确定该页面所使用的脚本语言,然后把该页面提交给相应的语法解释引擎;语法解释引擎扫描整个页面找到特定脚本语言的定界符,并执行位于定界符内的脚本代码以实现不同的功能,如访问数据库、发送电子邮件、执行算术或逻辑运算等,并把执行结果返回 Web 服务器;最后,Web 服务器把解释引擎的执行结果连同页面上的 HTML 内容以及各种客户端脚本一同传送到客户端。在客户端看到的内容是所请求的动态程序自动生成的 HTML 代码，与传统静态页面并没有任何形式上的区别，但是动态程序所生成的内容是动态变化的，每次返回的结果都不一定相同。

11.2　HTTP 协议

当计算机用户在 Internet 上冲浪时，通过浏览器从一个网页跳转到另一个网页时，在计算机内部发生了很多事情。例如，当用户输入一个网址时，Web 服务器将做出响应，发送构成该站点 HTML(Hypertext Markup Language，超文本标记语言)的页面。在客户端 Web 浏览器对下载的 HTML 文件进行处理，并确定所需要的其他信息，如图像、Java 小程序以及多媒体文件等。如果有图像需要显示，浏览器将一边下载这些图像，一边显示它们，这都是通过 HTTP(Hypertext Transfer Protocol，超文本传输协议)完成的，HTTP 是 Web 浏览器在 Internet 上传输信息的协议。

HTTP 是一个无状态协议，它基于客户端/服务器模型。客户端与服务器通信之前要先建立一个连接，并将一个请求消息通过连接发送到 Web 服务器，服务器对请求进行处理，并将处理结果返回给客户端。服务器端在返回客户端请求后关闭了这个连接，在服务器端没有保留任何客户端的信息，所以 HTTP 是无状态协议。

计算机应用程序与网络通信是通过指定的端口号进行的，HTTP 使用的默认端口号是 80，并通过此端口进行发送和接收消息。在访问 Web 服务器时，如果这个服务器的端口号是 80，可不需指定端口号也能进行访问。如访问新浪网可以输入如下网址：http://www.sina.com.cn/，也可以输入：http://www.sina.com.cn：80，都可以进入新浪网。如果服务器的端口号不是 80，则必须指定端口号。如 Tomcat 服务器的默认端口号是 8080，这时要访问 Tomcat 服务器就必须指定端口号。

HTTP 向服务器提交请求有两种方式，一种是 GET 方法，另一种是 POST 方法，这两种请求方法在下面两节将做详细介绍。

11.2.1　GET 方法的请求和响应格式

HTTP 请求由 3 个部分构成，分别是：

- 请求方法(URI 协议/版本)；
- 请求头；
- 请求正文。

在 Eclipse 中可以通过 TCP/IP Monitor 窗口查看 HTTP 的请求和响应过程。下面是一个 HTTP 请求的例子。

第一个 HTML 页面代码如下：

```
index.html
<html>
    <body>
    <form action="check.jsp" method="get">
```

```
        用户名:<input type="text" name="name"/>
        密码:<input type="text" name="password"/>
        <input type="submit" value="提交"/>
        </form>
    </body>
</html>
```

在浏览器中输入 http://localhost:8088/javaEE/ch11/index.html 后，从 Monitor 窗口可以看到请求和回应的信息。

要使用 Monitor 首先要配置 Monitor，打开首选项界面，如图 11-2 所示。单击 Add 按钮，弹出如图 11-3 所示的对话框。

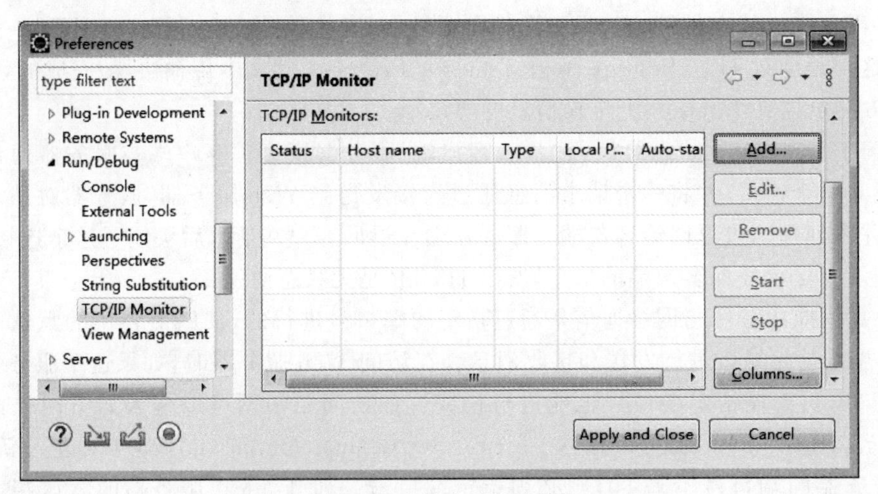

图 11-2 “首选项”对话框

图 11-3 新建一个 Monitor 对话框

在图 11-3 中单击 OK 按钮建立一个监听器。在“首选项”界面选中刚建的监听器，同时单击右侧的 Start 按钮就可以启动监听器，可以通过 8088 端口进行监听。

当在浏览器中输入网址：http://localhost:8088/chap11/ch11/index.html，在监控器窗口可以看到请求信息，如图 11-4 所示。返回的信息显示请求的方法是 GET，传输的协议是 HTTP/1.1。当在文本框中输入数据后，单击“提交”按钮后得到图 11-5。此时的 Request（请求信息）的方法是 POST，Response（回应）的信息是 200 表示响应成功。

图 11-4 从 Monitor 对话框查看请求信息

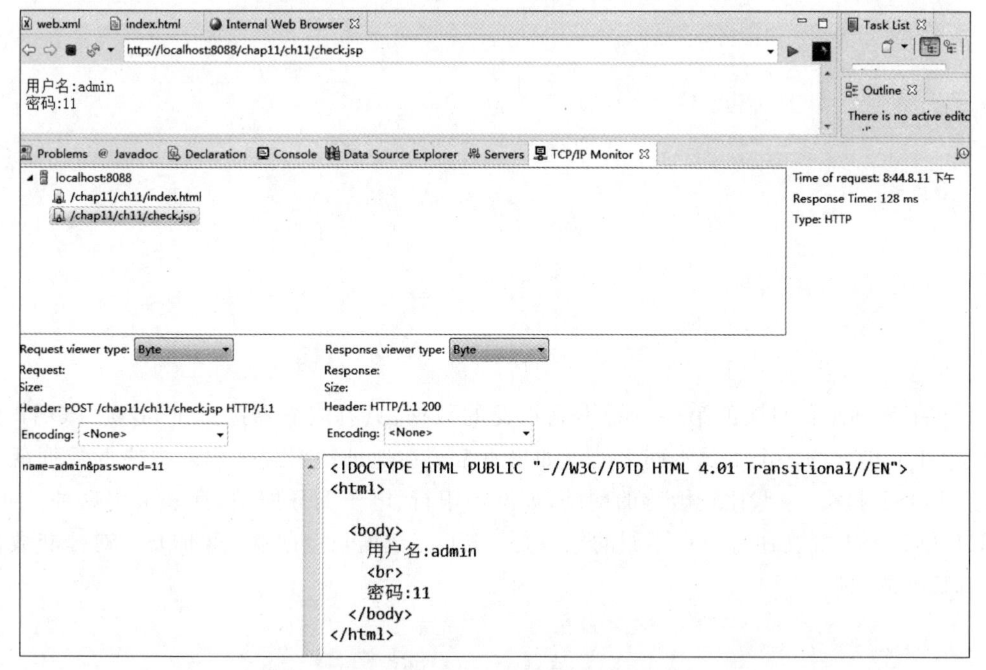

图 11-5 从 Monitor 对话框查看返回信息

11.2.2 POST 方法的请求格式

如果将 check.jsp 页面中的请求方式改为 POST，当再次提交 index.html 页面时，在 Monitor 窗口中会看到不同的请求信息。

修改后的 index.html 页面为

```
<html>
    <body>
    <form action="check.jsp" method="POST">
    用户名:<input type="text" name="name"/>
    密码:<input type="text" name="password"/>
    <input type="submit" value="提交"/>
    </form>
</body>
```

请求头信息如下：

```
POST /javaEE/ch11/check.jsp HTTP/1.1
Accept: image/gif, image/x-xbitmap, image/jpeg, image/pjpeg, application/x-shockwave-flash, application/msword, application/vnd.ms-excel, application/vnd.ms-powerpoint, application/x-silverlight, */*
Referer: http://localhost:8088/javaEE/ch11/index.html
Accept-Language: zh-cn
Content-Type: application/x-www-form-urlencoded
Accept-Encoding: gzip, deflate
User-Agent: Mozilla/4.0 (compatible; MSIE 6.0; Windows NT 5.1; SV1; QQDownload 551; .NET CLR 2.0.50727)
Host: localhost:8080
Content-Length: 22
Connection: Keep-Alive
Cache-Control: no-cache
Cookie: JSESSIONID=C76283DD523E931F81A8E72129FAE6FE
```

在上面请求信息头的第一行看不到提交的数据，只有服务器的地址，这是 POST 提交与 GET 提交的一个主要不同之处。如果不希望在地址栏看到客户端提交的数据就要采用 POST 提交，一些比较敏感的网站，如网上银行、电子商务网站，都是采用这种方式。GET 和 POST 提交还有一个不同的地方是 GET 有数据长度限制，而 POST 对提交数据没有长度的限制。

11.3 Tomcat 服务器

Jakarta Tomcat 服务器最开始是 Sun 公司开发的一个 Servlet/JSP 容器，它现在归属 Apache-Jakarta 基金组织。作为一个开放源码的软件，Tomcat 得到了开放源码志愿者的广泛支持，它可以和目前大部分的主流 HTTP 服务器（如 Apache 服务器）一起工作，而且运行稳定、可靠、效率高。

11.3.1　Servlet 容器介绍

Servlet 是一种运行在支持 Java 语言的服务器上的组件，它与普通 Java 类的区别是它必须运行在服务器中。使用 Servlet 可以实现很多网络服务功能，为网络客户提供安全可靠的、易于移植的动态网页。

由于 Java 语言的平台无关性，加之 Servlet 是运行在服务器端，所以对于网络用户，Servlet 的运行是完全透明的。

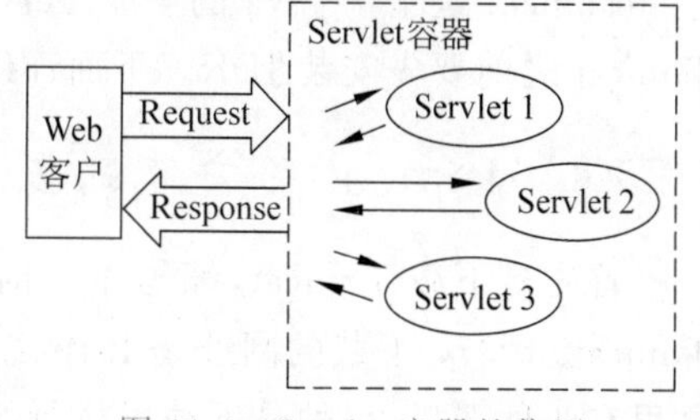

图 11-6　Servlet 容器的作用

Servlet 容器的作用是处理客户端的请求，并将处理结果返回给客户端。在 Servlet 容器中，当客户请求到来时，Servlet 容器获取请求，然后调用某个 Servlet，并把 Servlet 的执行结果返回给客户。Tomcat 就是这样的一个 Servlet 容器。

当客户请求某个资源时，Servlet 容器使用 ServletRequest 对象把客户的请求信息封装起来，然后调用 Servlet 生命周期中的一些方法，完成客户端的请求任务。容器将 Servlet 执行的结果封装在 ServletResponse 对象中，以此返回给客户端，完成了一次服务过程。Servlet 容器的作用如图 11-6 所示。

11.3.2　Tomcat 简介

Tomcat 服务器最主要的功能就是充当 Java Web 应用的容器。在 Java Servlet 规范中，对 Java Web 应用做了这样的定义：Java Web 应用由一组 Servlet、HTML 页、类，以及其他可以被绑定的资源构成，它可以在各种供应商提供的实现 Servlet 规范的 Web 应用容器中运行。Tomcat 就是这样一个实现了 Servlet 规范的 Servlet/JSP 容器。

一个 Java Web 应用在 Tomcat 中与一个 Context 元素对应，也就是说一个 Context 元素定义了一个 Java Web 应用，它们是一一对应的关系。通过前面的定义可以知道，在一个 Java Web 应用中可以包含以下内容：

- Servlet；
- JSP 页面；
- Java 类；
- 静态资源（HTML、图片等）；
- 描述 Web 应用的描述文件。

在 Tomcat 中有 3 个组件是可以处理客户请求并生成响应的，这 3 个组件分别是 Engine、Host 和 Context 组件。这 3 个组件分别代表了不同的服务范围，通过嵌套关系可以知道这 3 个组件的范围有如下的关系：Engine>Host>Context。

Engine 组件下可以包含多个 Host 组件，它为特定的 Service 组件处理所有客户请求。

一个 Host 组件代表一个虚拟主机，一个虚拟主机中可以包含多个 Web 应用(Context 组件)，Context 组件代表一个 Web 应用。

Tomcat 有 3 种工作模式：独立的 Servlet 容器、进程内的 Servlet 容器和进程外的 Servlet 容器。Tomcat 作为独立的 Servlet 容器时，它是内置在 Web 服务器中的一部分，是指使用基于 Java 的 Web 服务器的情形，独立的 Servlet 容器是 Tomcat 的默认模式。当需要和其他的 Web 服务器结合使用时，可以使用 Tomcat 的其他两种工作模式。

Tomcat 是基于 Java 的一个 Servlet 容器，它的运行离不开 JDK 的支持，所以，安装 Tomcat 之前要先安装 JDK。下面详细介绍 Tomcat 的安装过程。

11.3.3　Tomcat 的安装配置

首先是下载 Tomcat，编写本书时 Tomcat 的最新版本是 10，但比较稳定的版本是 Tomcat9.0.37，下载的网址是 https://tomcat.apache.org/download-90.cgi#9.0.37。在这里有两种选择，一种是下载可执行的安装程序，另一种是下载压缩包。下载安装程序的安装比较简单，直接运行安装程序，按照提示即可完成安装。如果是下载压缩包需要做一些配置。因为 Tomcat 是用 Java 开发的软件，不管是哪一种安装方式，在系统中都要先安装 JDK，这部分内容在第 1 章已经介绍过。在此要注意的是，必须正确配置系统的环境变量。

系统环境变量：JAVA_HOME=JDK 的安装路径。

系统环境变量：

```
CLASSPATH=%JAVA_HOME%\\lib\\tools.jar;%JAVA_HOME%\\LIB\\dt.jar
```

在定义 CLASSPATH 变量时，此变量的值必须以".;"开头。

以上准备工作完成以后可以运行 Tomcat 的安装程序，在安装过程中按照提示选取默认值即可，在安装 Tomcat 时要给出正确的 JDK 安装路径。如果下载的是压缩包，只需将压缩包解压即可。

11.3.4　测试 Tomcat

如果是在 Windows 中通过安装程序安装的 Tomcat，则在"开始"菜单中可找到启动项，在"开始"菜单中选择"程序"→Apache-Tomcat 9.0→Monitor Tomcat，出现如图 11-7 所示的界面。

在图 11-7 中单击 Start 按钮可启动 Tomcat 服务器。Tomcat 启动后，在浏览器地址栏中输入 http://localhost:8080/，可以看到如图 11-8 所示的画面，表示 Tomcat 安装成功。

11.3.5　在 Eclipse 中配置 Tomcat

Eclipse 中没有安装 Web 服务器，如果想要做 Web 开发就必须自己添加 Web 服务器。可用的 Web 服务器有很多，常用的 Servlet 服务器是 Tomcat。下面详细介绍如何在 Eclipse 中配置 Tomcat。

图 11-7　Monitor Tomcat 界面

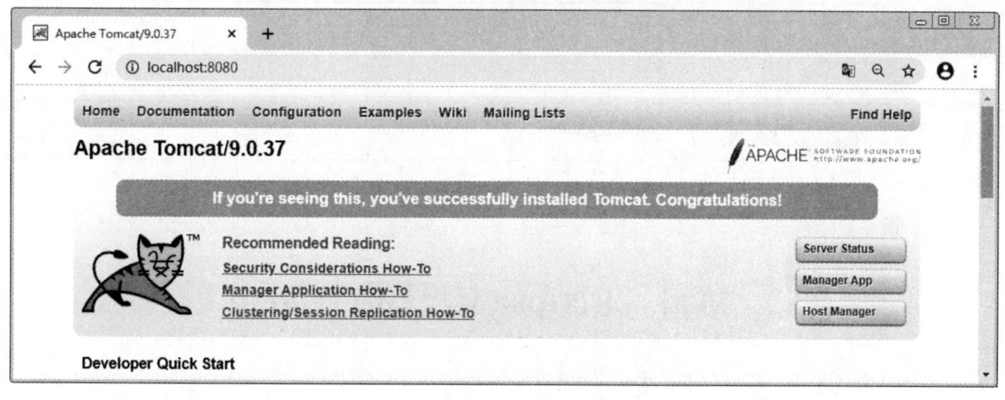

图 11-8　Tomcat 服务器首页

从 Eclipse 菜单栏的 Window 下拉菜单中选择 Preferences，打开如图 11-9 所示的窗口。在窗口中选择 Eclipse→Servers→Tomcat→Tomcat 9.x，然后在右面的 Tomcat home directory 对应的文本框中填入已安装的 Tomcat 的主目录，同时将上面的单选按钮 Enable 选中，单击 Finish 按钮即可。至此已可以在 Eclipse 中启动自己安装的 Tomcat 9 了。

在如图 11-10 所示的菜单栏上单击 Start the server 按钮，可以启动 Tomcat 服务，在控制台上可以看到 Tomcat 的启动过程。

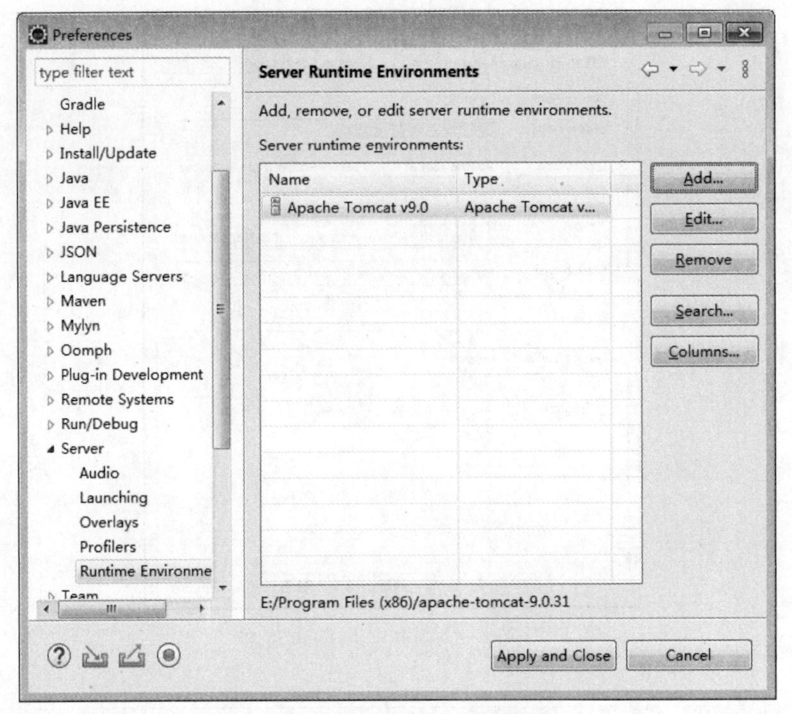

图 11-9　配置 Tomcat 服务器

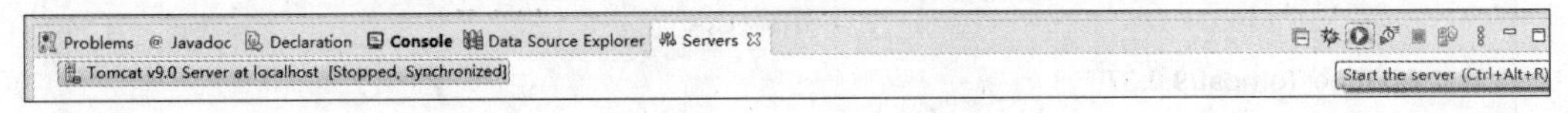

图 11-10　启动 Tomcat 服务器

11.4　Eclipse 中开发 Web

11.4.1　Web 工程的创建

在 Eclipse 中有很多工程模板，可以根据需要选择相应的模板。经常使用的 Web 工程可以按如下的步骤来创建。

从菜单中选择 File→new→Project，弹出如图 11-11 所示的窗口。在窗口中选择 Dynamic Web Project 选项，单击 Next 按钮。

在弹出的窗口中添加工程的名字为 Hello，其他选项默认选中，单击 Next 按钮，在最后一个窗口中，如果要生成 web.xml 文件，要选中生成 web.xml 的选项。单击 Finish 按钮。这时在左边的包资源管理器中可以看到如图 11-12 所示的目录结构。

从图中可以看到，src 是存放类源文件的目录，WebContent 是存放静态网页和动态网页的目录，WEB-INF 是受 Web 容器保护的目录，在这个目录下有一个 lib 目录，是用来存放工程用到的 jar 包的目录。web.xml 是描述符文件，这是一个 Java Web 服务的配置文件，在创建项目时可以选择是否生成 web.xml，在这里可以配置和 Web 服务相关的一些参数，包括 Servlet。

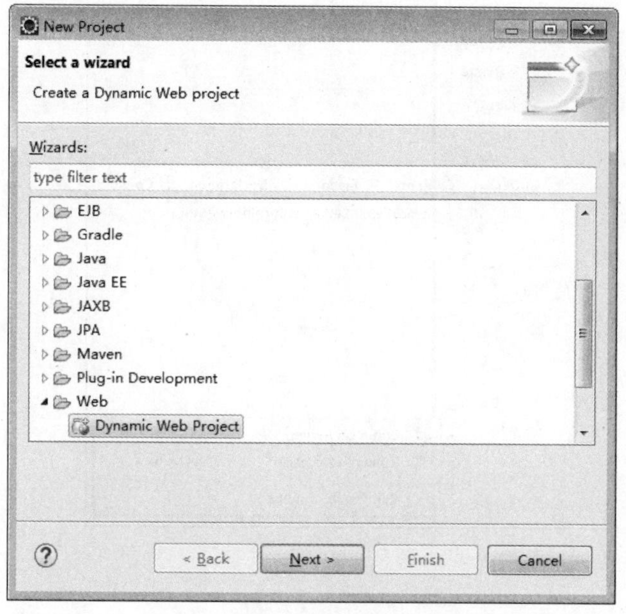

图 11-11　创建 Web 工程

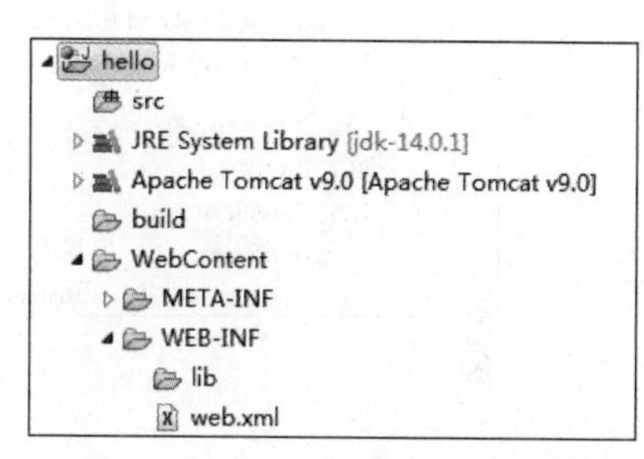

图 11-12　Web 工程的目录结构

11.4.2　Web 工程的发布

Web 工程创建完成以后，可以在这里编程和调试，要想看到程序的运行结果必须将工程发布到服务器中。在 Eclipse 中有两种方式可以发布 Web 工程，下面分别介绍。

第一种工程发布方式是在如图 11-12 所示的包资源管理器中，选中要发布的工程，然后右击，在弹出的快捷菜单中选择 Run As→Run on Server 选项，如图 11-13 所示。选择 Run on Server 后弹出如图 11-14 所示的窗口。

窗口中显示已安装的 Web 服务器 Tomcat v9.0，当前的项目工程就发布在这个服务器中，单击 Next 按钮后显示已经发布的所有项目，单击 Finish 按钮完成发布。Tomcat 启动后会在浏览器中显示默认的网站主页 index.html，如图 11-15 所示。

第二种工程发布方式是在如图 11-15 的 Server 窗口中双击 Tomcat v9.0 图标，打开一个 Web Modules 窗口，如图 11-16 所示。单击 Add Web Module 按钮后弹出一个选择列表，列表中显示所有的 Web 项目，可以从中选择要发布的工程项目，然后保存这个配置，在下面的 Server 窗口中会显示已经发布的工程项目。项目发布完成后可以单击与 Server 工具栏中对应的 Start 按钮，启动 Tomcat，这样就可以在浏览器中访问已发布的 Web 服务。

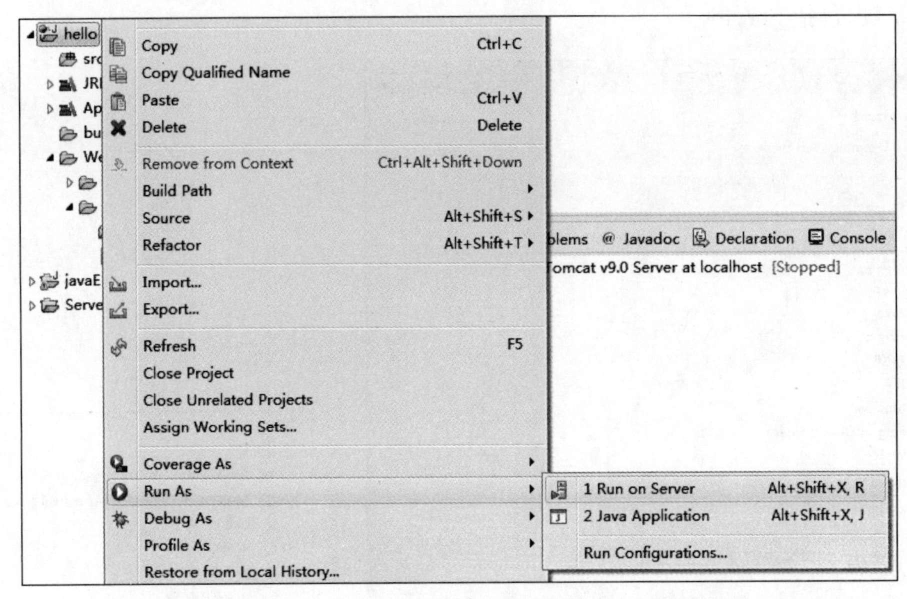

图 11-13 发布 Web 工程

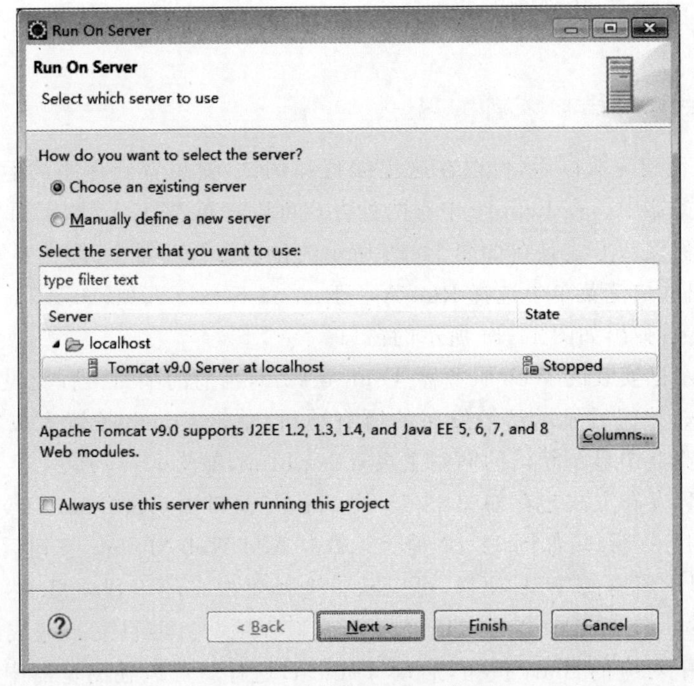

图 11-14 选择发布 Web 服务器

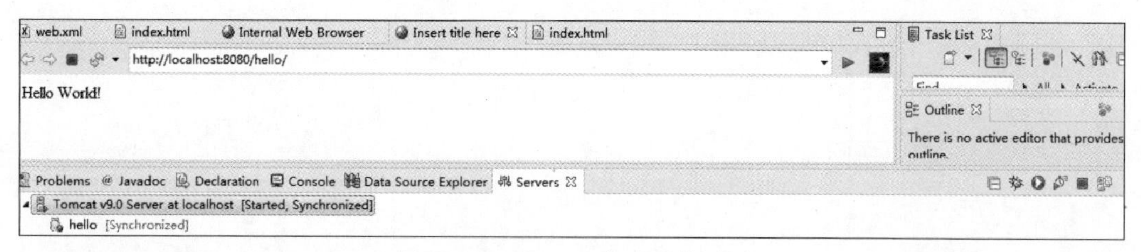

图 11-15　Tomcat 启动后的画面

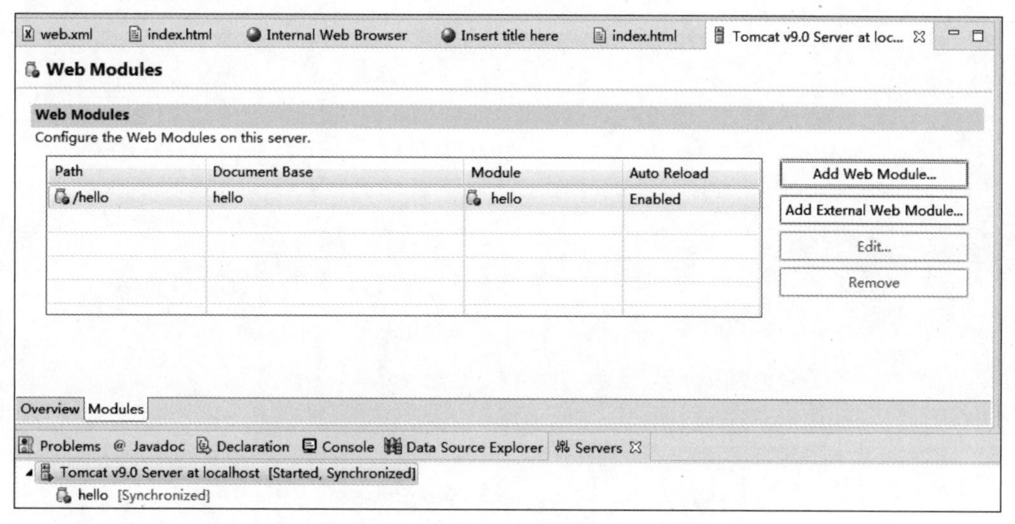

图 11-16　在 Tomcat 中发布工程项目

习　题　11

1. 怎样理解 HTTP 是无状态协议？HTTP 默认端口号是多少？
2. 通过 HTTP 向服务器提交请求有哪两种方式？它们有什么区别？
3. 在服务器返回的头信息中状态码 200 和 404 分别表示什么含义？
4. Tomcat 由哪几个组件组成？它们的关系如何？
5. 在 MyEclipse 中如何配置和启动 Tomcat？
6. 简述 Java Web 的目录结构。

第12章 JSP 技术

CHAPTER

JSP 技术为创建显示动态生成内容的 Web 页面提供了一个简捷而快速的方法。JSP 技术的设计目的是使得构造基于 Internet 的应用程序更加容易和快捷，而这些应用程序能够在各种 Web 服务器、应用程序服务器、客户端浏览器下顺利运行。

12.1 JSP 简介

JSP(Java Server Pages)是基于 Java Servlet 和整个 Java 体系的 Web 服务器端开发技术，用于在网页上显示动态内容。在传统的 HTML 文件里加入 Java 程序片段或 JSP 标记就可以构成 JSP 网页。JSP 页面文件以 jsp 为扩展名进行保存。

JSP 的执行流程：第一个用户请求 JSP 文件时，JSP 容器（如 Tomcat）把 JSP 文件转换成 Java 文件（Servlet 类文件），然后编译成 class 文件，常驻内存；当有客户请求时，直接再开一个线程，而不是一个进程，无须重新编译，直接执行第一次已经编译好的 class 文件，速度比每次都要重新编译 JSP 文件快得多。如果 JSP 文件发生变化则需要重新编译一次。JSP 的执行过程如图 12-1 所示。

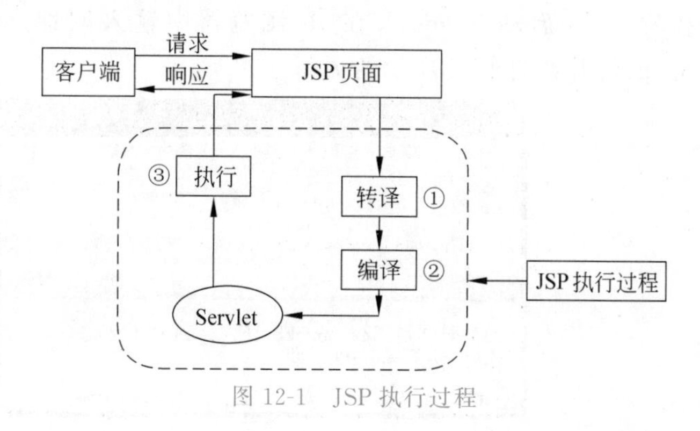

图 12-1 JSP 执行过程

JSP 页面主要由以下元素构成：

- 静态内容；
- 注释；
- 声明；
- JSP 表达式；
- JSP 程序段；
- 指令；
- 动作。

下面各节将分别做详细介绍。

12.2 JSP 标准语法

12.2.1 一个简单的 JSP 程序

首先，在 Eclipse 下面新建一个 Web 工程，工程的名字为 ch12，在工程中建一个简单的 JSP 程序，其内容和普通的 HTML 文件一样，只是其中加入了一段 Java 代码。

例 12-1 在页面上输出系统的时间。

程序清单：ch12\hello.jsp

```
<%@page contentType="text/html;charset=GBK" %>
<html>
<body bgcolor="#ffffff">
<%
  java.util.Date now=new java.util.Date();
  out.println("当前时间是:"+now);
%>
<br>你好,这是一个 JSP 页面
</body>
</html>
```

将工程发布，并启动 Tomcat，在 IE 浏览器中输入网址：http://localhost:8080/ch12/hello.jsp，将看到图 12-2 所示的页面。

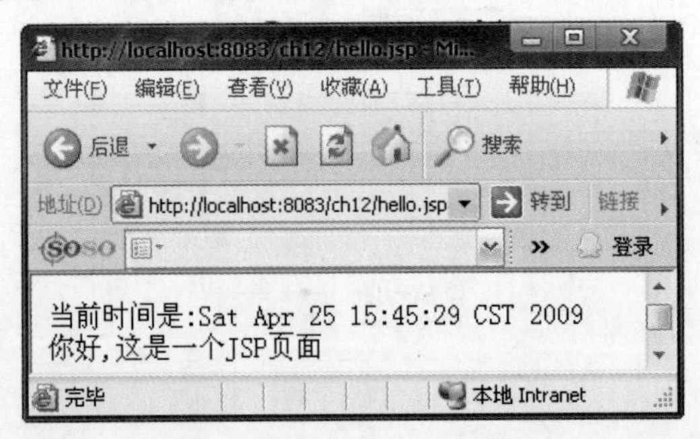

图 12-2 第一个 JSP 程序

12.2.2　JSP 注释与声明

1. JSP 注释

JSP 的注释包括两种：一种是 HTML 注释，如"<!--这是 HTML 注释，在客户端是可见的-->"，这段代码在客户端浏览器中是可见的；另一种是 JSP 程序注释，如"<%--这个注释在客户端是不可见的--%>"，这段代码在客户端浏览器中是不可见的。

这两种注释的作用是显而易见的，那就是如果注释希望在浏览器中被看到，那就用第一种，如果注释只是为了说明程序的作用和便于维护，而且不希望在浏览器中显示出来，那就用第二种。以下面的代码(ch12_jsp1.jsp)为例：

```
<%@page pageEncoding="gbk"%>
<html>
<body>
<!--这是 HTML 注释，在客户端是可见的-->
<%--这个注释在客户端是不可见的--%>
</body>
</html>
```

在客户端浏览器地址栏中输入网址：http://localhost:8080/ch12/ch12_jsp1.jsp，打开网页以后，在空白处右击，在快捷菜单中选择"查看源文件"命令，就可以看到如下代码：

```
<html>
<body>
<!--这是 HTML 注释，在客户端是可见的-->
</body>
</html>
```

这段代码中没显示出被<%--…--%>所注释的内容，而用<!--…-->所注释的内容却全部显示了出来。

2. 声明

JSP 声明使用户可以定义网页层的变量来存储信息，如定义方法和变量，以便在 JSP 网页的其余部分能够使用这些定义过的变量或函数。JSP 声明变量的语法为

```
<%! Java 变量或方法%>
```

在下面的例子中分别声明了一个变量和一个方法：

```
<%!int i=0;
public int sum(int a,int b)          //求两个数的和
{
return a+b;
} %>
```

注意：在 JSP 声明中的变量，相当于 static 变量，如用 int 定义的变量 i 即使不赋初值，其初值也默认为 0。

12.2.3 JSP表达式和JSP程序段

1. JSP表达式

JSP表达式就是一个符合Java语法的表达式,JSP表达式直接把Java表达式的值作为字符串输出。JSP表达式的语法形式如下:

```
<%=Java表达式%>
```

Java表达式是一个值,是在服务器中被JSP引擎编译后产生的字符串,可以在页面中直接输出。

例12-2 在声明中定义一个函数,函数作用是计算两个数的和。

```
<%!int i=0;
  public int sum(int a,int b)
  {
  return a+b;
  }%>
<%=sum(1,2)%>
```

最后一行代码调用了前面定义的函数sum(),并将计算结果在页面上显示出来。JSP表达式可以用来输出变量的值、系统API的函数值和自定义函数值。

2. JSP程序段

JSP程序段指的是包含在"<%"和"%>"标记之间的有效Java程序段。它是JSP程序的主要逻辑块,一般来说,每个JSP程序段都有一定的独立性并完成特定的功能。JSP程序段的具体语法格式如下:

```
<%Java代码%>
```

JSP程序段实际上就是嵌入在页面中的Java代码,要在JSP中处理比较复杂的业务逻辑时,就可以将代码写在JSP程序段中。在JSP程序段中也可以像在JSP声明中那样定义变量,但用这两种方式所定义变量的作用域是不同的。在声明中所定义的变量的作用域是整个页面,而在JSP程序段中定义的变量,只能从定义这个变量的位置以后才可以引用。为什么会是这样呢?要从JSP的运行原理说起。

当我们将一个写好的JSP程序发布到Web服务器的发布目录中,并在客户端浏览器中访问该JSP程序,当Web服务器接到这个请求时,它就会自动检查在服务器的内存缓冲区中是否有这个JSP程序的实例线程,如果有,就产生一个新的实例线程,向客户端输出反馈信息;如果没有,服务器判断这是一个没有被编译过的JSP程序,那么它就会调用Java编译器,将该JSP程序翻译为Java文件,并编译为二进制可解释执行的class文件,然后解释执行,并将结果反馈给客户端浏览器。如果在JSP声明块中声明了某个Java变量,那么它就在此时此刻被创建和初始化,这是它第一次被创建和初始化,同时,也是最后一次,只有当JSP被修改过它才重新被编译。从此以后,这个JSP程序的二进制代码就一直存在于JSP引擎的内存中,当该JSP程序被客户端再次请求时,JSP引擎只是简单地创建一个新的线程,执行这些二进制代码,新的线程将会直接使用原来就已经存在的JSP

变量的一个复制份。如果 JSP 变量是在 JSP 程序段中被声明的，每当新的请求线程产生，它都需要重新创建和重新初始化。在 JSP 声明块中声明的变量相当于全局变量，而在 JSP 程序段中声明的变量则相当于局部变量。

例 12-3 下面的程序段是计算 1 到 10 的和，并用 JSP 表达式将计算结果输出到客户端。

```
<html>
  <body>
   <%int sum=0;
     for(int i=1;i<=10;i++){
       sum+=i;
     }
   %>
   <%=sum%>
  </body>
</html>
```

12.2.4 JSP 与 HTML 的混合使用

在 JSP 页面中，既有 HTML 代码又有 Java 代码，它们分工协作各负其责。HTML 代码主要是用于页面的外观组织与显示，如显示字体的大小、颜色、定义表格、是否换行、显示图片、插入链接等。Java 代码主要用于业务逻辑的处理，如对数据库的操作、数值的计算等，同时，可以用 Java 代码控制 HTML 的显示，这可以通过将 HTML 嵌入到 Java 的循环和选择语句中来实现。

例 12-4 在页面上由小到大显示字符串 WELCOME。

程序清单：ch12\s12-4.jsp

```
 1. <HTML>
 2. <HEAD>
 3. <TITLE>JavaServer Pages Sample-JSP Scriptlets</TITLE>
 4. </HEAD>
 5. <BODY>
 6. <%@page language="java"%>
 7. <%
 8. String welcome="WELCOME! ";
 9. int font_size=0;
10. for (int i=0;i<8;i++)
11. {
12. %>
13. <FONT SIZE =<%=++font_size%>>
14. <%=welcome.charAt(i)%>
15. </FONT>
16. <%
```

```
17. }
18. %>
19. </BODY>
20. </HTML>
```

以上代码中，第 6 行是 JSP 指令，表示当前 JSP 程序所使用的脚本语言的种类，将在后面介绍；第 7～12 行为 JSP 程序段，即 Java 代码，其作用是用一个 for 循环来控制字体的大小；第 13 行是将 JSP 表达式嵌入到了 HTML 代码的属性中，实现字体大小每次加 1；第 14 行利用 String 类的 charAt() 函数每次取出 WELCOME 中的一个字符，并利用 JSP 表达式输出；第 16～18 行是 JSP 程序段，表示 Java 循环结束。以上代码很好地演示了 HTML 和 JSP 互相嵌套，可以实现一些复杂的业务逻辑和显示页面问题。

12.3 JSP 编译指令

JSP 编译指令是给 JSP 引擎提供编译器指令信息的，它们的作用是设置 JSP 程序和由该 JSP 程序编译所生成的 Servlet 程序的属性。JSP 编译指令格式为

```
<%@指令名  属性="值"%>
```

JSP 指令有 6 种，其中 include、page 和 taglib 使用得最频繁。下面分别介绍这三种指令的使用方法。

12.3.1 include 指令

JSP 页面可以通过 include 指令将其他文件插入到当前页面中。include 指令将会在编译 JSP 时插入一个包含文本或代码的文件，这个包含的文件可以是 JSP 文件、HTML 文件或文本文件。include 指令的格式为

```
<%@include file="relativeURL"%>
```

include 指令告诉 Java 编译器在编译当前的 JSP 程序时，将由字符串 relativeURL 所指定的外部文件代码插入到 include 编译指令所在的位置，并把它作为当前 JSP 程序的一个部分编译。如果被嵌入的代码发生了变化，那么当这个 JSP 程序下次被请求时将会被重新编译。

这个指令的主要作用是在一个 Web 应用中，当多个 JSP 页面包含相同的内容时，可以把相同的部分放在一个 JSP 文件中，然后在其他的文件中用 include 指令包含这个 JSP 文件即可。这样做的好处是当需要修改时，只需修改一个 JSP 文件，其他包含该文件的 JSP 文件会同时修改。

例 12-5 下面的代码包含两个 JSP 文件，通过 include 指令将 s12-5-1.jsp 嵌入到 s12-5-2.jsp 文件中。

程序清单：ch12\s12-5-1.jsp

```
1. <%@page language="java" pageEncoding="gbk"%>
```

```
2. <html>
3. <body>
4. 这是第一个 JSP 页面<br>
5. </body>
6. </html>
```

S12-5-2.jsp 代码如下：

```
1. <%@page language="java" pageEncoding="gbk"%>
2. <%@include file="s12-5-1.jsp"%>
3. <html>
4. <body>
5. 这是第二个 JSP 页面
6. </body>
7. </html>
```

程序运行结果如图 12-3 所示。

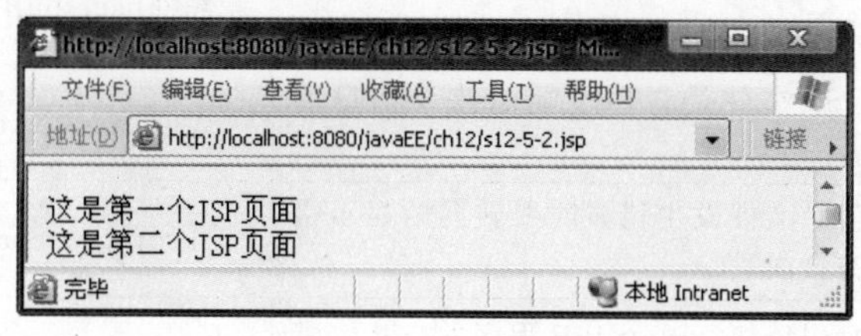

图 12-3　运行的页面

使用 include 指令可以使整个 Web 应用有统一的风格，如网页上部的标题、网页底部的版权声明等都可以放在一个文件中，在其他的文件中只要包含此文件即可。

12.3.2　page 指令

page 指令主要用于定义作用于当前 JSP 页面的属性。包括指定 JSP 脚本语言的种类、导入的包或类、指定页面编码的字符集等。page 指令的格式为

```
<%@page
[language="java"]
[import="package.class|package. * "]
[session="true|false"]
[buffer="none|8kb|sizekb"]
[isThreadSafe="true|false"]
[errorPage="relativeURL"]
[contentType="mimeType [;charset=characterSet]"|"text/html;charst=ISO-8859-1"]
[isErrorPage="true|false"]
[pageEncoding="characterSet|ISO-8859-1"]
[isELIgnored="ture|false"]
%>
```

page 指令各个属性的含义如表 12-1 所示。

表 12-1 page 指令各个属性的含义

属 性 名	含 义	举 例
language	设置当前页面中编写 JSP 脚本使用的语言。目前仅 Java 为有效值和默认值	<%@page language="java"%>
import	用来导入 Java 包名或类列表，用逗号分隔，可以在同一个文件中导入多个不同的包或类	<%@page import="java.util. * "%>
session	可选值为 true 或 false，指定 JSP 页面是否使用 session	<%@page session="true"%>
contentType	用于设置传回网页的文件格式和编码方式，即设置 MIME 类型，默认 MIME 类型是 text/html，默认的字符编码是 ISO-8859-1	<%@page contentType="text/html; charset=gbk"%>
pageEncoding	指定本页面编码的字符集，默认为 ISO-8859-1	<%@page pageEncoding="gbk"%>
buffer	指定服务器向客户端发送 JSP 文件时使用的缓冲区大小，以 KB 为单位，默认值为 8KB	<%@page buffer="8k"%>
iserrorPage	指定本 JSP 文件是否用于显示错误信息的页面	<%@page iserrorPage="true"%>
errorPage	指定本 JSP 文件发生错误时要转向的显示错误信息的页面	<%@page errorPage="error.jsp"%>
isThreadSafe	声明 JSP 引擎执行这个 JSP 程序的方式。默认值是 true，JSP 引擎会启动多个线程来响应多个用户的请求。如果是 false，则 JSP 引擎每次只启动一个线程响应用户的请求	<%@page isThreadSafe="ture"%>
isELIgnored	用来设置是否忽略 EL 表达式。设置为 true，表示忽略 EL 表达式 ${}	<%@page isELInored="true"%>

12.3.3 taglib 指令

taglib 指令可以在页面中使用基本标记或自定义标记来完成指定的功能。tablib 指令的格式为

```
<%@tablib uri="taglibURI" prefix="tagPrefix"%>
```

其中属性含义如下。

- uri：唯一地指定标记库的绝对 URI 或相对 URI，URI 用于定位这个标记库资源的位置。
- tagPrefix：指标记库的识别符，用以区别用户的自定义动作。

例 12-6 在 JSP 文件中引用 JSP 的标准标签库中的核心标签库，并使用其中的 set 标签定义一个变量，使用 out 标签输出变量的值。

程序清单：ch12\s12-6.jsp

```
1. <%@page language="java" pageEncoding="gbk"%>
2. <%@ taglib uri="http://java.sun.com/jstl/core_rt" prefix="c"%>
3. <body>
4. <c:set var="example" value="${100+1}" scope="session" />
5. <c:out value="${example}"/>
6. </body>
```

其中第2行使用taglib指令引入JSTL的标签库，第4行定义一个变量example，第5行输出变量的值。JSP标准标签库在第17章还要详细介绍。

12.4　JSP动作

JSP动作主要是一组动态执行的指令，它和JSP编译指令是有区别的。包含JSP动作的页面，每次被客户端请求时都会被重新执行一次；而在JSP页面中的编译指令是在编译期即被JSP引擎编译执行。JSP动作比较多，最常用的动作有<jsp:forward>、<jsp:param>、<jsp:include>、<jsp:useBean>、<jsp:setProperty>和<jsp:getProperty>。下面详细介绍这些动作。

12.4.1　forward动作

<jsp:forward>动作的作用是从当前页面转发到另一个页面，其格式为

```
<jsp:forward page="relativeURL" />
```

其中属性含义如下。

Page属性：该属性指定了要转发的目标文件的路径。如果路径是以“/”开头，表示是在当前应用的根目录下查找文件，否则就在当前文件所在路径下查找要转发的文件。

<jsp:forward>动作从当前页面转发到另一个页面时，实际完成了一次请求，因此在转发过程中request对象是有效的。如果在页面转发的过程中需要传递参数，可以与<jsp:param>动作结合起来使用。下面通过一个例子加以说明。

例12-7　利用<jsp:forward>和<jsp:param>实现页面转发过程中传递参数。

程序清单：ch12\s12-7-1.jsp

```
1. <%@page language="java" pageEncoding="gbk"%>
2. <html>
3. <head>
4. <body>
5. 这是第一个页面
6. <jsp:forward page="s12-7-2.jsp">
7. <jsp:param name="userName" value="Admin"/>
8. </jsp:forward>
9. </body>
10. </html>
```

程序清单：ch12\s12-7-2.jsp

```
1. <%@page language="java" import="java.util.*" pageEncoding="gbk"%>
2. <body>
3. 这是第二个页面
4. Hi<%=request.getParameter("userName")%>你好
5. </body>
6. </html>
```

在地址栏中输入 s12-7-1.jsp 后，在浏览器中看到的结果如图 12-4 所示。

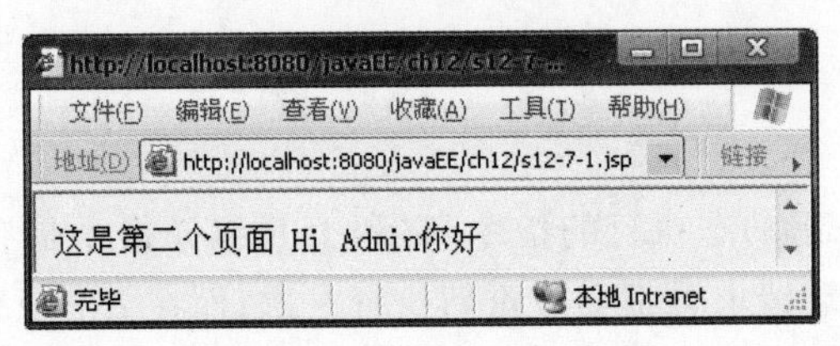

图 12-4 运行的页面

在 s12-7-1.jsp 中的第 4 行代码 request.getParameter("userName")的作用是从 request 对象取得 s12-7-1.jsp 中利用<jsp:param>传递过来的参数的值，request 对象在 12.5.2 节会有详细介绍。在实际使用中往往不需要传递参数，只是利用<jsp:forward>实现页面的简单跳转，并不一定要用到<jsp:param>动作。

12.4.2 include 动作

<jsp:include>动作用于在 JSP 中包含一个静态或动态文件。其格式为

```
<jsp:include page="relativeURL" flush="true|false"/>
```

其中属性说明如下。

page：指定需要包含的文件的相对路径或绝对路径。

flush：指定是否将被包含的文件的执行结果输出到客户端，默认为 true。

<jsp:include>动作也可与<jsp:param>动作一起使用，用来向被包含的页面传递参数。<jsp:include>动作与<%@include%>指令的作用是相同的，都可以在当前页面嵌入某个页面，但它们在执行过程中还是有区别的。include 指令是在 JSP 程序的转换时期(也就是 JSP 程序被翻译为 Java 程序的时期)就先将 file 属性所指定的程序内容嵌入到当前的 JSP 程序中，使嵌入文件与主文件成为一个整体，然后进行编译。而<jsp:include>动作中 page 所指定的文件在当前 JSP 程序的转换时期是不会被编译的，它只有在客户端请求时，如果被执行到才会被动态地编译和载入。

12.4.3 useBean 动作

在这里首先介绍 JavaBean。JavaBean 就是一个特殊的 Java 类，这个类必须符合 JavaBean 的规范。<jsp:useBean>动作用于在 JSP 页面中实例化一个或多个 JavaBean 组件，这些被实例化的 JavaBean 对象可以在 JSP 中被调用。它的语法格式为

```
< jsp: userBean  id =" name "  class =" classname "  scope =" page | request | session |
application"/>
```

其中属性含义如下。

- id：用来声明所创建的 JavaBean 实例的名称，在页面中可以通过 id 的值来引用 JavaBean。
- class：指定 JavaBean 的完整路径和类名。
- scope：指定 JavaBean 实例对象的生命周期。其值可以是 page、request、session 和 application 中的一个。

<jsp:userBean>经常和<jsp:setProperty>以及<jsp:getProperty>动作一起使用。<jsp:setProperty>可以对 JSP 页面中的 Bean 的属性赋值，而<jsp:getProperty>可以将 JSP 页面中的 Bean 中的属性值显示出来。下面通过一个例子来说明这三个 JSP 动作的使用方法。

例 12-8　已知一个图书类 Book，在 S12-8-1.jsp 页面中用<jsp:userBean>创建 Book 的实例，并通过<jsp:setProperty>为其属性赋值，利用<jsp:getProperty>将 Bean 的属性值显示出来。

程序清单：ch12\Book.java

```
package ch12;
public class Book  {
    private String title;
    private String author;
    public String getTitle() {
        return title;
    }
    public void setTitle(String title) {
        this.title=title;
    }
    public String getAuthor() {
        return author;
    }
    public void setAuthor(String author) {
        this.author=author;
    }
}
```

程序清单：ch12\S12-8-1.jsp

```
<%@page language="java" pageEncoding="gbk"%>
<html>
<body>
<!--利用 userBean 创建 Bean 的实例,实例变量名为"book",实例的生命周期为 request-->
<jsp:useBean id="book" class="ch12.Book" scope="request"/>
<!--利用 setProperty 为"book"中的属性"title"赋值,值为"java programming"-->
```

```
<jsp:setProperty name="book" property="title" value="java programming" />
<!--利用 setProperty 为"book"中的属性"author"赋值,值为"Jame"-->
<jsp:setProperty name="book" property="author" value="Jame"/>
书名:
<!--利用 getProperty 输出"book"中的属性"title"值-->
<jsp:getProperty name="book" property="title"/>
作者:
<!--利用 getProperty 输出"book"中的属性"author"值-->
<jsp:getProperty name="book" property="author"/>
</body>
</html>
```

以上程序的输出结果为

```
书名:java programming 作者:Jame
```

以上程序运行过程中,<jsp:setProperty>动作实际是调用的 book 实例变量的相应的 set 方法为属性变量赋值,而<jsp:getProperty>动作实际是调用的 book 实例变量的相应的 get 方法获取属性的值。

12.5 JSP 的隐含对象

前面几节介绍了 JSP 的一些基本语法、JSP 编译指令和 JSP 的标准动作,利用这些知识能实现一些简单的应用程序。但要实现一些复杂的业务逻辑,如网上购物等,这些知识还是远远不够的。在 JSP 内部,已经定义好了一些内部对象,可以直接使用这些对象及这些对象提供的方法和属性来实现一些业务逻辑。这些内部对象是 out、request、response 和 session 等。下面详细介绍这些对象。

12.5.1 输出对象 out

out 对象的主要作用是用来向客户端输出各种格式的数据,同时管理应用服务器输出缓冲区,out 对象是 javax.servlet.jsp.JspWriter 的子类。out 对象主要有两个方法用于输出数据: out.println(DataType)和 print(DataType)。其中 DataType 表示 Java 的数据类型。println()和 print()方法的区别是 println()换行,而 print()不换行。out 对象可以输出任何合法的 Java 表达式。

例 12-9 利用 out 对象在浏览器中输出服务器的系统时间。

程序清单: ch12\s12-9.jsp

```
<%@page language="java" import="java.util.*" pageEncoding="gbk"%>
<html>
  <body>
<%Date date=new Date();
  out.println(date);
  %>
```

```
  </body>
</html>
```

以上程序在浏览器的地址栏中输入：http://localhost:8080/ch12/s12-9.jsp，则在浏览器中输出：Sun May 17 16:40:48 CST 2009。这里通过创建Date类实例，可以获得服务器的系统时间。

12.5.2 请求对象request

客户每次向JSP服务器发送请求时，JSP引擎都会创建一个request对象代表该请求，每请求一次会有一个request对象与之对应。request对象是javax.servlet.http.HttpServletRequest的实例。在request对象中封装了客户端的相关信息，如HTTP头(HTTP Header)和消息体。在客户端对服务器发送请求时，允许带有参数，请求的参数也是请求的组成部分，它们作为字符串从客户端传送到Servlet/JSP容器中。request对象的方法有很多，表12-2列出了其中的部分方法。

表12-2 request对象的常用方法

名称	作用
getAttribute(String name)	返回参数name所指定的属性值
getCookies()	返回客户端的Cookie对象数组
getHeader(String name)	返回指定名字的HTTP Header的值
getParameter(String name)	客户端传送给服务器端的参数值
getParameterNames()	客户端传送给服务器端的所有参数名
getParameterValues(String name)	客户端向服务器端传递的指定参数的所有值
getRequestURI()	客户端通过浏览器所请求的URI地址
getRemoteAddr()	客户端的IP地址
getServletPath()	客户端所请求的服务器端程序的路径
getServerPort()	客户端所请求的服务器端的HTTP的端口号
setAttribute(String name,Object o)	将一个对象以指定的名字保存在request中

request对象的方法中比较常用的有getParameter()和getParameterValues()两种。getParameter()方法可以获取客户端提交页面中的某一个控件的值，这个函数的返回值是一个String对象，如文本框、单选按钮、下拉列表框等。getParameterValues()方法可以获取客户端提交页面中的一组控件的值，返回值是一个String数组。下面通过一个示例来说明这几个方法的使用。

例12-10 本例由两个页面组成，第一个页面是s12_10_1.jsp，在这个页面中有文本框、单选按钮、下拉列表框和复选框，s12_10_1.jsp提交给s12_10_2.jsp页面，在s12_10_2.jsp中显示第一个页面控件中的值。

程序清单：ch12\S12_10_1.jsp

```
<%@page contentType="text/html;charset=GB2312"%>
<html>
<body>
  <form action="show.jsp" method="post" name="frm">
<font size="4">基本资料</font></strong>
<table width="700" cols="2" border=1>
    <tr><td "><font color="#ff8000" size="2">*</font>姓    名:</td>
        <td><input type="text" size="18" name="name"></td></tr>
    <tr><td ><font color="#ff8000" size="2">*</font>性    别:</td>
        <td ><input type="radio" name="rdo" value="先生"checked>
        <font size="3">男</font>
        <input type=radio name=rdo value="女士"><font size="3">女</font></td></tr>
    <tr><td><font color="#ff8000" size="2">*</font>民    族:</td>
        <td><input type="radio" name="rdo1" value="汉族" checked>
        <font size="3">汉族</font></td></tr>
   <tr ><td align="left"><font color="#ff8000" size="2">*</font>出生日期:</td>
      <td><input type="text" size="4" name="year">年
         <select name="month">
            <option value="1">1</option>
            <option value="2">2</option>
         </select>月
         <select name="day">
            <option value="1">1</option>
            <option value="2">2</option>
         </select>日
      </td></tr>
 </table>
 <strong><font size="4">兴趣爱好:</font></strong>
 <table width="700" cols="2" border=1>
    <tr><td width="15%">兴趣爱好:</td>
        <td width="22%" ><input type="checkbox" name="ckbx" value="电影">电影
        <input type="checkbox" name="ckbx" value="戏剧">戏剧</td>
        <td><input type="checkbox" name="ckbx" value="音乐">音乐
        <input type="checkbox" name="ckbx" value="美术">美术</td></tr>
</table><br>
    <input type="submit" value="注册" name="submit1">
 </form>
 </body>
</html>
```

程序清单：ch12\S12_10_2.jsp

```
<%@page contentType="text/html;charset=GB2312" import="java.lang.reflect.*"%>
```

```
<html>
<body>
    <%request.setCharacterEncoding("gb2312");%>
    用户注册信息<br>
    基本资料<br>
        姓名: <%=request.getParameter("name")%><br><!--得到姓名文本框的值-->
        性别: <%=request.getParameter("rdo")%><br><!--得到性别单选按钮的值-->
        出生日期: <%=request.getParameter("year")%>年
        <%=request.getParameter("month")%>月 <!--得到月份下拉列表框的值-->
        <%=request.getParameter("day")%>日<br>
    兴趣爱好:<%String ckbx1[]=request.getParameterValues("ckbx");
                                                        //得到选中的兴趣的复选框的一组值
        if(ckbx1!=null){
      int lng=Array.getLength(ckbx1);
      for(int i=0;i<lng;i++)out.println(ckbx1[i]+" ");}%>
    </body>
</html>
```

在图 12-5 中添加必要的信息并单击“注册”按钮，得到如图 12-6 所示的界面。以上程序演示了 request.getParameter()方法和 request.getParameterValues()方法的使用。

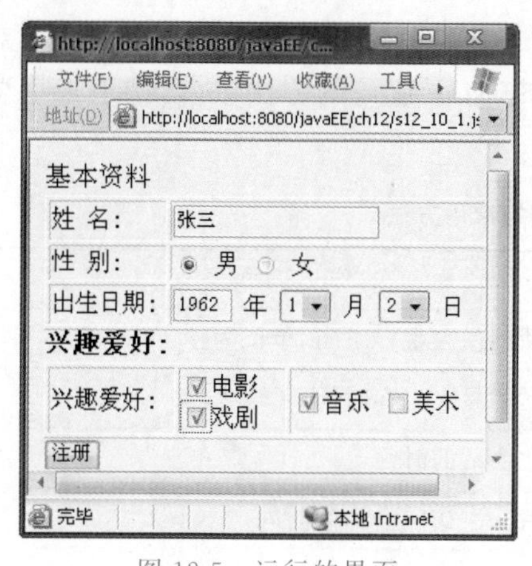

图 12-5　运行的界面

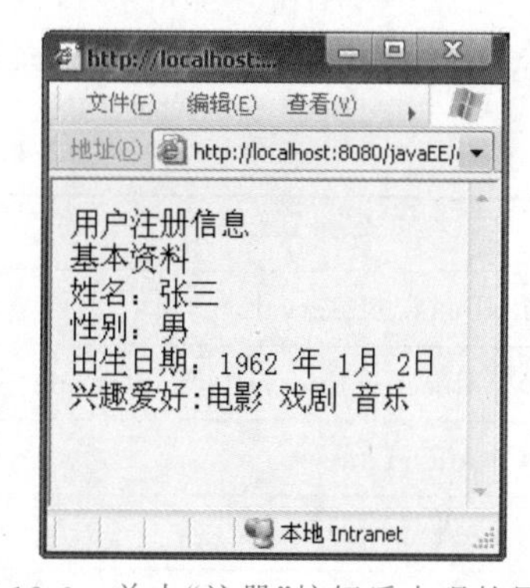

图 12-6　单击“注册”按钮后出现的界面

12.5.3　响应对象 response

response 对象是服务器对 request 对象请求的回应，负责向客户端发送数据。它是 javax.servlet.http.httpServletResponse 的实例。通过调用 response 对象的方法可以获得服务器端的相关信息，如状态行、头和信息体等。其中状态行包括使用的协议和状态码；头包含关于服务器和返回的文档的消息，如服务名称和文档类型等。response 对象有很多方法，其中常用的方法如表 12-3 所示。

表 12-3 response 对象的常用方法

名 称	作 用
setContentType(String type)	设置发送文档的 MIME 类型
setHeader(String name,String value)	设置头中指定属性的值
sendRedirect(String url)	重定向到指定的 URL
setStatus(int state)	设置返回的状态码

12.5.4 会话对象 session

在 Web 开发中，客户端与服务器端进行通信是以 HTTP 协议为基础的，而 HTTP 协议本身是无状态的，也就是说不能对访问服务器的用户进行跟踪。在用 JSP 进行开发的过程中，可以利用 session 对象来解决这个问题。session 对象的生命周期是在整个会话期间都有效。所谓的会话是从一个客户打开浏览器连接到服务的某个服务开始，到关闭浏览器离开该服务称为一个会话。一个客户访问某个服务中的若干个页面，每次新请求都会产生一个新的 request 和 response 对象，但 session 对象只有一个。结束 session 对象的生命周期有三种方法：一是关闭访问该服务的客户端的浏览器；二是到达 session 的最大生存周期；三是调用 session 的 invalidate()方法。通过以上三种方法中的任意一种方法都可以销毁 session 对象。

session 对象是 javax.servlet.htp.HttpSession 接口的实例对象。因此，session 对象的方法其实就是 HttpSession 接口的方法，HttpSession 接口的方法很多，接下来主要介绍几个常用的重要方法，如表 12-4 所示。

表 12-4 session 对象的常用方法

名 称	作 用
int getMaxInactiveInterval()	返回会话的最大生存时间，单位为秒
void setMaxInactiveInterval(int interval)	设置会话的最大生存时间，单位为秒
long getCreationTime()	返回创建会话的时间
long getLastAccessedTime()	返回最后一次访问会话的时间
void invalidate()	使 session 对象失效
boolean isNew()	判断是不是新会话
String getId()	返回服务端生成的唯一标识
void setAttribute(String key,Object value)	将一个 Object 对象以 key 为关键字保存到 session 中
Object getAttribute(String key)	返回以 key 为关键字的 Object 对象
void removeAttribute(String key)	从 session 对象中删除以 key 为关键字的属性

下面是一个用户登录的例子，在这个例子中演示了如何使用 session 对象中的

setAttribute()和 getAttribute()方法。

例 12-11　在这个例子中有两个 JSP 文件：s12_11_1.jsp 和 s12_11_2.jsp。s12_11_1.jsp 用于输入用户登录的信息，然后提交给 s12_11_2.jsp 页面。

程序清单：ch12\S12_11_1.jsp

```
<%@page language="java" import="java.util.*" pageEncoding="gbk"%>
<html>
  <head>
    <title>示例 12-11</title>
  </head>
  <body>登录界面
   <form action="s12_11_2.jsp">
  用户名：<input type="text"name="name"/><br>
  密   码：<input type="text"name="password"/><br>
        <input type="submit" value="登录"/>
   </form>
  </body>
</html>
```

程序清单：s12_11_2.jsp 代码

```
<%@page language="java" pageEncoding="gbk"%>
<html>
  <head>
    <title>示例 12-11</title>
   </head>
 <body>
  <%if(session.getAttribute("user")!=null)    //判断 session 中是否存在 name 属性
          out.println("你已成功登录！");
     else
        {
        String name=request.getParameter("name");            //获得用户名
        String password=request.getParameter("password");  //获得密码
        if(name.equals("ntu")&&password.equals("ntu"))
                                   //如果用户名和密码都正确将用户名保存到 session 中
                                   //将用户名 name 以属性名为"user"保存到 session 对象中
         {  session.setAttribute("user",name);
            out.println("你这是第一次登录！");
         }
        else
          out.println("<a href='s12_11_1.jsp'>请先登录");      //输出一个链接
        }
        session.setMaxInactiveInterval(10);       //设置 session 的有效期为 10 秒
    %>
  </body>
```

```
</html>
```

在浏览器的地址栏中输入：http://localhost:8080/ch12/s12_11_1.jsp，出现登录界面，然后输入用户名和密码都为ntu，之后登录，则在浏览器中显示“你这是第一次登录”，此时如果单击浏览器的“后退”按钮将重新出现登录界面，在登录界面中直接单击“登录”按钮，则在浏览器中会出现“你已成功登录”的界面。当第二次登录时因为session对象中已经存在name属性，在整个会话期间这个变量都会存在，所以在会话的有效期内可以通过判断这个属性是否存在来判断这个用户是否已经登录。上面的例子很好地演示了session对象在登录过程中的应用，其实，session对象在购物车中有更多的应用，在后面的例子中会涉及。

session对象的生命周期的长短可以通过setMaxInactiveInterval(int interval)方法进行设置。例如，session.setMaxInactiveInterval(10)表示如果在10秒钟内用户没有活动，则服务器会销毁当前的session对象。当在程序中调用session.invalidate()方法时也会使当前的session失效。在Web服务器中一般将session的有效期设为30分钟，在上面的例子中，将session的有效期改为10秒，如果在10秒内重复登录都会显示“你已经登录”的信息，当在10秒钟以后再登录时则会显示“你这是第一次登录!”的信息。

12.5.5 Web服务器对象application

application对象是在Web服务器启动时由服务自动创建的，因此可将application对象看作是Web服务器中的全局变量。application对象的生命周期是JSP所有隐含对象中生命周期最长的，只有当Web服务器关闭时才销毁application对象。正是由于application对象的这个特性，我们可以将要在多个用户中共享的数据放在application对象中，如当前的在线人数的统计，实现聊天室的功能等。

application对象是javax.servlet.ServletContext接口的实例对象，因此它具有所有的ServletContext接口的方法。application对象的常用方法主要有两个：setAttribute()和getAttribute()。

例12-12 利用Application对象实现网站计数器。

程序清单：ch12\S12_12.jsp

```
<%@page language="java" import="java.util.*" pageEncoding="gbk"%>
  <head>
    <title>例12-12</title>
    </head>
  <body>
    <%int counter=0;
      if(null!=application.getAttribute("counter"))
          {
          counter=(Integer)application.getAttribute("counter");
          }%>
    一共有<%=++counter%>人访问过网站
    <%application.setAttribute("counter",counter);%>
```

```
  </body>
</html>
```

当第一次访问时在页面上显示"一共有 1 人访问过网站"，当第二次访问此网页时会显示"一共有 2 人访问过网站"，此计数器记录的是所有访问过网站的人数，而与是否同一客户端无关。

12.6　编程示例：网上书店

本节以一个网上书店为例，应用前面学习的 JSP 相关知识完成一个用户登录的过程。网上书店购物过程是这样的，首先登录网上书店，显示书店所有图书信息，当客户单击某一本书的书名或图片时会显示这本书的详细信息，客户可将选中的图书放入购物车，也可返回显示图书详细页面，如果用户选择完图书可进入结账界面。用户表 userinfo 的结构和图书表 titles 的结构分别如表 12-5 和表 12-6 所示。

表 12-5　用户表 userinfo 的结构

字　段	类　型	说　明	字　段	类　型	说　明
userId	int	用户 ID	password	Varchar(20)	密码
loginName	Varchar(20)	用户名			

表 12-6　图书表 titles 的结构

字　段	类　型	说　明	字　段	类　型	说　明
ISBN	Varchar(20)	ISBN	editionNumber	INTEGER	版本号
title	Varchar(100)	书名	publisherID	INTEGER	出版商 ID
copyright	Varchar(4)	版权	price	DOUBLE	价格
imageFile	Varchar(20)	封面图像文件名称			

登录页面的代码：index.jsp

```
<%@page contentType="text/html;charSet=GBK" pageEncoding="GBK"%>
<html>
<head>
<meta http-equiv="Content-Type" content="text/html;charset=gb2312">
<title>用户名</title>
<script language="javascript" type="">
   function RegsiterSubmit(){          //设置用户名和密码文本框不为空的校验函数
      with(document.Regsiter){
         var user=loginName.value;
         var pass=password.value;
         if(user==null||user==""){
```

```
                alert("请填写用户名");
                }
                else if(pass==null||pass==""){
                    alert("请填写密码");
                }
                else submit();
            }
        }
</script>
</head>
<body>
<form method="POST" name="Regsiter" action="checkUser.jsp">
  <p align="left">
  用户名:<input type="text" name="loginName" size="20"></p>
  <p align="left">
  密  码:<input type="password" name="password" size="20"></p>
  <p align="left">
  <input type="button" value="提交" name="B1" onclick="RegsiterSubmit()">
  <input type="reset" value="重置" name="B2"></p>
</form>
</body>
</html>
```

以上页面为用户登录页面，在这个页面中利用 JavaScript 函数对两个文本框进行了数据有效性检验，保证提交到服务器的数据不为空，这在工程中是经常使用的方法。Login.jsp 页面中的 action＝"checkUser.jsp"表示提交给 checkUser.jsp 来处理数据。

处理登录页面 checkUser.jsp

```
<%@page contentType="text/html; charset=GB2312"%>
<%@page import="java.sql.*"%>
<html>
<head>
    <title>登录验证</title>
</head>
<body><h2 align="center">图书列表</h2>
    <table >
<tr><td>ISBN</td><td>书名</td><td>版本</td><td>发布时间</td><td>价格</td>
</tr>
<%                          //得到 index.jsp 页面中控件名为 loginName 的文本框的值
    String name=request.getParameter("loginName");
    String password=request.getParameter("password");
    //得到 index.jsp 页面中控件名为 password 的文本框的值
```

```
    Class.forName("com.mysql.jdbc.Driver");          //注册 mysql 数据库驱动
    //连接到 mysql 数据库中的 books 数据库
    Connection con=DriverManager.getConnection("jdbc:mysql://localhost:3306/
    books","root","11");
    Statement stmt=con.createStatement();
    //构造根据用户和密码进行查询的字符串
    String sql="select * from userinfo";              //对 userinfo 表的查询
    sql+=" where loginname='"+name+"' and password='"+password+"'";
    //执行查询
    ResultSet rs=stmt.executeQuery(sql);
    //判断结果集中是否有记录
    if(rs.next())
    {
        session.setAttribute("name",name);            //将用户名保存到 session 中
        sql="select * from titles ";                  //对 titles 表的查询
        ResultSet results=stmt.executeQuery(sql);
        while(results.next()){    //对查询结果集进行遍历并用 jsp 表达式输出字段的值
            %><tr>
            <td><%=results.getString("isbn")%></td>
            <td><%=results.getString("title")%></td>
            <td><%=results.getInt("editionNumber")%></td>
            <td><%=results.getString("copyright")%></td>
            <td><%=results.getDouble("price")%></td>
            </tr>
            <%
        }
    }else{
%><jsp:forward page="fail.jsp"/><!--登录失败到 fail.jsp 页面-->
    <%}%>
    </table>
</body>
</html>
```

在 checkUser.jsp 中对 login.jsp 页面中传递过来的用户名和密码进行了验证。首先是连接数据库，示例中用的是 MySQL 数据库，数据库名为 books，表名为 userinfo；其次是构造根据 loginName 和 password 进行查询的字符串，然后执行查询；最后判断查询结果集中是否有记录，如果有记录就证明数据库中找到了与用户名和密码相对应的记录。登录成功后对 titles 表进行查询，并显示 titles 表中的所有图书信息，否则登录失败，转到 fail.jsp 页面。登录和验证过程如图 12-7 所示。在登录页面中输入用户名和密码都为 admin。登录成功页面如图 12-8 所示。

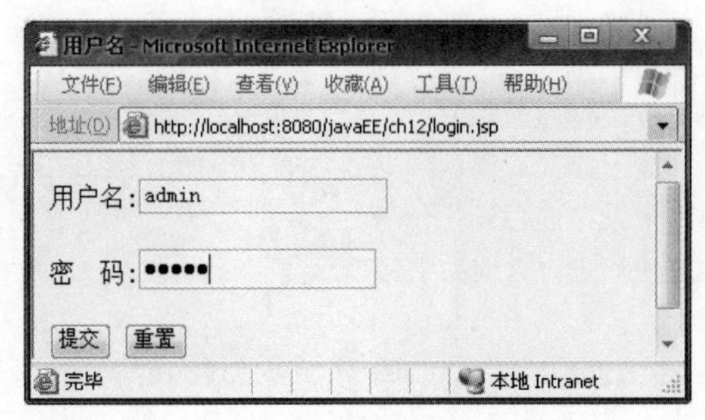

图 12-7 用户登录页面

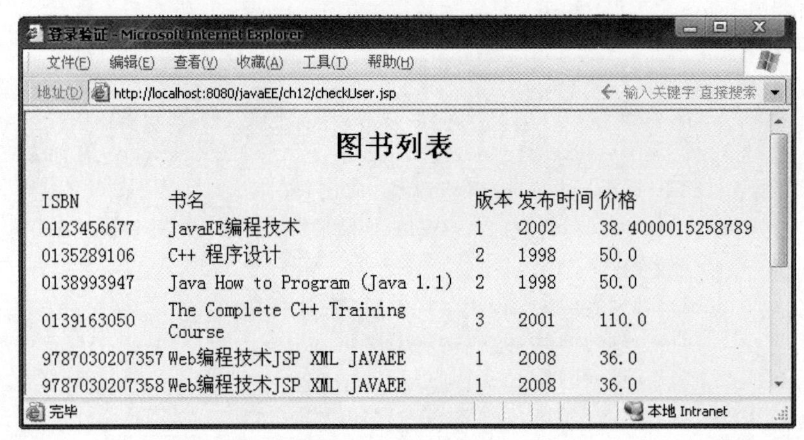

图 12-8 登录成功页面

习 题 12

1. JSP 页面中＜!--＞注释与＜％--＞注释有何区别？
2. 在 JSP 页面声明＜％!…％＞中定义的变量与在 JSP 程序段＜％…％＞中定义的变量有何不同？
3. 编写一个 JSP 程序，要求设置一个计数器，并输出访问该页面的次数。
4. 编写一个 JSP 程序，输出当前系统日期，日期格式为 YYYY 年 MM 月 DD 日。
5. 编写一个 JSP 页面，利用 for 循环语句动态生成如表 12-7 所示的表格。

表 12-7 生成的表格

第 1 列	第 2 列	第 3 列	第 4 列	第 5 列
1	2	3	4	5
6	7	8	9	10
11	12	13	14	15

6. 制作一个网站的首页，页面由上、中、下三个部分组成，每一部分都是一个独立的 JSP

页面。上面页面由一个Logo图片组成，下面页面是相关的版权信息和联系方式，中间页面是正文。在网站的首页index.jsp中用include指令将三个页面组织在一起。

7. 建立一个描述图书信息的BookBean，这个Bean有书号ISBN和标题title两个属性。编写一个book.jsp页面，useBean标准动作创建BookBean的实例，setProperty为Bean的两个属性赋值，分别用getProperty和JSP表达式两种方式在页面上输出两个属性的值。
8. 修改例12-10的代码，在第一个输入页面中增加"联系方式"和相应文本框。在第二个页面中输出第一个页面提交的所有信息。
9. 在第7题的基础上，将BookBean实例保存在session中，通过forward标准动作转发到book1.jsp页面，在此页面输出session中保存的BookBean实例的两个属性的值。
10. 为12.6节的网上书店编程示例的登录页面index.jsp添加验证码功能。实现思路如下：Random类可以产生指定范围的随机数，将产生的随机数保存在request对象中，在index.jsp页面添加一个文本框输入验证码，在checkUser.jsp页面对提交过来的验证码文本框中的值与保存在request对象中的值进行比较。
11. 修改12.6节网上书店编程示例，将checkUser.jsp页面分为两个页面：checkUser.jsp和listBooks.jsp。要求如下：

    (1) checkUser.jsp页面负责用户的验证，如果是合法用户则转发到listBooks.jsp页面，如果是非法用户则转回登录页面login.jsp。

    (2) listBooks.jsp页面通过获取session中的用户信息判断用户是否已登录，如果是已登录用户则显示图书信息，否则重定向到login.jsp页面。

[illegible]，[illegible]Bean[illegible]repository[illegible]

[illegible]

[illegible]forward[illegible]

第13章 JavaBean

CHAPTER

JavaBean是描述Java的软件组件模型,通过使用JavaBean可以实现代码重用,还可以实现显示层和业务逻辑层的分离。因此得到广泛的应用,尤其是在一些小型项目的开发中应用得比较多。

13.1 JavaBean的定义

JavaBean实际就是一个Java类,这个类可以重复地使用。例如,在第12章的数据库操作代码是写在JSP页面中的,JSP页面既有业务逻辑又有用于显示的HTML代码,这样非常不利于代码的维护和代码的可重用。因此,我们可将对数据库的连接和操作都写在JavaBean中,由JavaBean来执行对数据库的操作,而JSP只是用来接收和显示数据,这样就实现了业务逻辑和数据显示的分离。

标准的JavaBean中一定要有一个默认的公有构造函数,JavaBean中的属性一般是私有的,这样能起到对数据的封装作用。同时,属性应该提供public的get()和set()方法,以方便对属性的读写操作。JavaBean从功能上可以分为封装数据的JavaBean和数据库操作的JavaBean。

13.2 两种JavaBean的封装类

13.2.1 封装数据的JavaBean

在Web开发中,经常涉及对数据库的操作,数据库有多个表,每个表表示一个不同的实体,我们对数据库的操作实际就是对表的操作,当然也是对表中的记录操作。数据库的操作主要就是插入、更新、删除和查询这4种基本操作。在执行数据库操作过程中会涉及很多的参数要传递,这时可以通过封装数据的JavaBean来简化参数的个数,同时也很好地体现了面向对象的编程思想。下面通过一个例子说明什么是封装数据的JavaBean。

在第12章的网上书店中的图书表 title 可以封装为一个 JavaBean。具体代码如下。

例 13-1 图书信息表 title 的结构如表 12-6 所示,封装数据的类为 Title 类。

程序清单:ch13/Title.java

```
package com;
public class Title {
    private String isbn;                                   //ISBN
    private String title;                                  //书名
    private String copyright;                              //版权
    private String imageFile;                              //封面图像文件名称
    private int editionNumber;                             //版本号
    private int publisherId;                               //出版商 ID
    private float price;                                   //价格
    public String getIsbn() {
        return isbn;
    }
    public void setIsbn(String isbn) {
        this.isbn=isbn;
    }
    public String getTitle() {
        return title;
    }
    public void setTitle(String title) {
        this.title=title;
    }
    public String getCopyright() {
        return copyright;
    }
    public void setCopyright(String copyright) {
        this.copyright=copyright;
    }
    public String getImageFile() {
        return imageFile;
    }
    public void setImageFile(String imageFile) {
        this.imageFile=imageFile;
    }
    public int getEditionNumber() {
        return editionNumber;
    }
    public void setEditionNumber(int editionNumber) {
        this.editionNumber=editionNumber;
    }
    public int getPublisherId() {
```

```
        return publisherId;
    }
    public void setPublisherId(int publisherId) {
        this.publisherId=publisherId;
    }
    public float getPrice() {
        return price;
    }
}
```

以上代码中所有的属性是 private，而所有的方法是 public 的，也就是说，在类外不能直接对属性操作，必须通过相应的 set()和 get()方法才能对属性操作，这样保证了数据的安全。Eclipse 可以快速创建 JavaBean，首先创建一个类，并输入所有的属性，然后在这个类上右击，在弹出的快捷菜单中选择“源代码”→“生成 getter 和 setter 方法”，在弹出的对话框中选择要生成 get 和 set 方法的属性，单击“确定”按钮可以生成选中属性的 set()和 get()方法。

13.2.2 封装业务的 JavaBean

第 12 章对数据库表 title 的操作代码都写在了 JSP 页面中，这样做不利于系统的维护和代码的重用。通过对数据库操作的代码分析，我们把其中的代码分为两部分：一部分是数据库连接的代码，另一部分是对表操作的代码。具体代码如下。

例 13-2 对数据库连接的类 ConnectionManager。

程序清单：ch13/ConnectionManager.java

```
package com;
public class ConnectionManager {
    private static final String DRIVER_CLASS="com.mysql.jdbc.Driver";
    private static final String DATABASE_URL="jdbc:mysql://localhost:3306/
    books?useUnicode=true&characterEncoding=UTF-8";
    private static final String DATABASE_USRE="sa";
    private static final String DATABASE_PASSWORD="11";
    //返回连接
    public static Connection getConnction() {
        Connection dbConnection=null;
        try {
            Class.forName(DRIVER_CLASS);
            dbConnection=DriverManager.getConnection(DATABASE_URL,
                    DATABASE_USRE,DATABASE_PASSWORD);
        } catch (Exception e) {
            e.printStackTrace();
        }
        return dbConnection;
    }
}
```

这部分代码的功能是注册数据库驱动和获得数据库连接,这个类的完整代码还包括关闭数据库连接的一些代码,这里略去了。

例 13-3　对数据库表 title 操作的类 TitleDaoImpl。

程序清单：ch13\TitleDaoImpl.java

```
package com;
public class TitleDaoImpl  implements TitleDao{        //实现 TitleDao 接口
    private Connection connection;
    private PreparedStatement titlesQuery;
    private ResultSet results;
    //返回 BookBeans 列表
    public List getTitles() {
        List titlesList=new ArrayList();
        //获取书籍列表
        try {
            connection=ConnectionManager.getConnction();
            titlesQuery=connection
                    .prepareStatement("SELECT isbn,title,editionNumber,"
                            +"copyright,publisherID,imageFile,price "
                            +"FROM titles ORDER BY title");
            ResultSet results=titlesQuery.executeQuery();
            //读取行数据
            while (results.next()) {
                Titles book=new Titles();          //每次创建一个封装类的实例
                //将数据表中的一条记录数据添加到封装类中
                book.setIsbn(results.getString("isbn"));
                book.setTitle(results.getString("title"));
                book.setEditionNumber(results.getInt("editionNumber"));
                book.setCopyright(results.getString("copyright"));
                book.setPublisherId(results.getInt("publisherID"));
                book.setImageFile(results.getString("imageFile"));
                book.setPrice(results.getFloat("price"));
                titlesList.add(book);                //将封装类添加到数组中
            }
        }
        //处理数据库异常
        catch (SQLException exception) {
            exception.printStackTrace();
        }
        //释放资源
        finally {
            ConnectionManager.closeResultSet(results);
            ConnectionManager.closeStatement(titlesQuery);
            ConnectionManager.closeConnection(connection);
```

```
        }
        return titlesList;
    }
}
```

在这个类中只提供了一个方法 getTitles()，该方法返回了 titles 表中的所有数据，并将这些数据封装在一个数组中。这个类之所以能将数据封装在数组中，就是因为有了封装类 Titles。由此不难看出，封装类实际上就是一个自定义的数据类型，只是这个数据类型不但有属性而且还有方法。TitleDaoImpl 类实现了 TitleDao 接口。

接口 TitleDao 代码如下：

```
package com;
import java.util.List;
public interface TitleDao {
    public List getTitles();
}
```

在 Java 中提倡面向接口编程，这样的程序将来有很大的灵活性，特别是在多层体系结构中。当一个类实现了一个接口时，必须实现接口中的所有方法。

13.3　在 JSP 中使用 JavaBean

在第 12 章的例子中我们看到，在 JSP 中嵌入了大量的 Java 代码，这给调试程序带来了极大的不便。同时也不利于多层体系结构的设计，当在 JSP 页面中有大量的 Java 代码时，对于美工人员来说是非常难以理解的。如何将业务逻辑层和表示层的 HTML 很好地分离是我们必须解决的问题。为此，可以将复杂的业务逻辑写在 JavaBean 中，在 JSP 页面中调用 JavaBean，这样就实现了业务逻辑层与表示层的分离。即在 JSP 页面中使用 JavaBean 有两种方法，即在 JSP 页面中可以通过 userBean 标准动作使用 JavaBean，也可以通过在 JSP 脚本中创建类的实例来使用 JavaBean。

例 13-4　在 JSP 页面中调用 13.2 节的封装类显示图书的详细信息。

程序清单：ch13\listBook.jsp

```
<%@page language="java" contentType="text/html; charset=gbk"
    pageEncoding="gbk"%>
<%@page import="com.*,java.util.*"%>
<!DOCTYPE html PUBLIC "-//W3C//DTD HTML 4.01 Transitional//EN" "http://www.w3.
org/TR/html4/loose.dtd">
<html>
<head>
<title>图书列表</title>
<!--使用 userBean 动作创建 TitleDaoImpl 的实例，实例的名字为"dao"，作用域为
"request"-->
<jsp:useBean id="dao" class="ch13.TitleDaoImpl" scope="request"/>
```

```
</head>
<body>
<table bgcolor=lightgrey>
<tr><td>ISBN</td><td>书名</td><td>版本</td><td>发布时间</td><td>价格</td>
</tr>
<%List list=dao.getTitles();        //得到图书列表
  Titles titles=null;
  for(int i=0;i<list.size();i++){
     titles=(Titles)list.get(i);
                        //从 list 中得到的是一个 Object 对象,要强制转换为 Titles 对象
     %>
     <tr bgcolor=cyan><td><%=titles.getIsbn()%></td>
     <td><%=titles.getTitle()% ></td>
     <td><%=titles.getEditionNumber()%></td>
     <td><%=titles.getCopyright()%></td>
     <td><%=titles.getPrice()%></td></tr>
     <%
  }
%>
</table>
</body>
</html>
```

分析以上代码可以发现,数据库的连接和数据库的操作的 Java 代码在 JSP 页面中没有出现,唯一要处理的是存放记录的数组 list,页面也整洁得多,这就是 JavaBean 给我们带来的好处。

13.4 JSP 设计模式

目前 JSP Web 开发常见的有两种模式：Model Ⅰ和 Model Ⅱ。现在比较流行的开发模式是后一种,即 Model Ⅱ,它是 MVC 模式的实现。

13.4.1 Model Ⅰ 体系结构

Model Ⅰ就是 JSP+JavaBean 体系结构。在这种体系结构中,JSP 直接处理 Web 浏览器送来的请求,并辅以 JavaBean 处理相关的业务逻辑。这种结构实现起来比较简单容易,其实现过程如图 13-1 所示。JSP 页面负责接收客户端提交过来的数据,同时调用 JavaBean 中的方法。JavaBean 可以访问数据库,并进行一些数据处理,并将处理结果返回 JSP 页面。最终由 JSP 将处理结果返回给客户端浏览器。

13.3 节的例 13-4 就是 Model Ⅰ的一个典型应用。listBook.jsp 的任务很繁重,它需要知道 TitleDaoImple 对象的方法定义,并调用相应方法获取数据。JSP 页面获取数据后

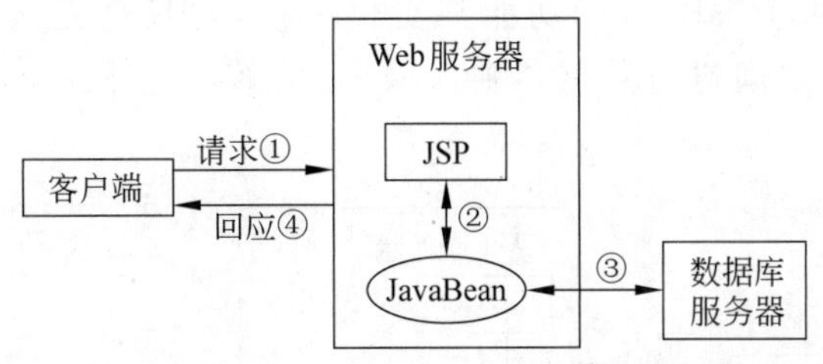

图 13-1　Model Ⅰ 体系结构

还负责将数据显示出来。而实际上，JSP 只是设计用来显示数据的，它不应该知道底层类的调用。从 listBook.jsp 可以看出，它做的事太多了，在项目比较大时，将很难维护这种 JSP 页面。

JSP＋JavaBean 是分层思想的一种体现，只是分层还不够彻底，因为它在 JSP 页面中仍然混杂了大量的业务逻辑。甚至有些 JSP 页面纯粹是用来做数据处理，然后转发页面，没有向浏览器输出任何数据。由于 JSP 页面中嵌入大量的 Java 代码，当业务逻辑复杂时，使用此模式会带来副作用，程序难以维护。因此在大型项目中，很少采用这种模式。

13.4.2　Model Ⅱ 体系结构

Model Ⅱ 与 Model Ⅰ 的最大区别是增加了控制器角色。这个控制器是由 Servlet 来充当的，Servlet 将在第 14 章进行讲解。在 Model Ⅱ 体系结构中，JSP 只负责输入、输出，它只是一个负责数据显示或传递的工具，至于什么时候显示数据，什么时候输入数据则由控制器 Servlet 来决定。其实这就是著名的 MVC 模式的一种实现。

MVC 本来是存在于 Desktop 程序中的，M 是指数据模型，V 是指用户视图，C 是控制器，MVC 的结构如图 13-2 所示。使用 MVC 的目的是将 M 和 V 的实现代码分离，从而使同一个程序可以使用不同的表现形式。

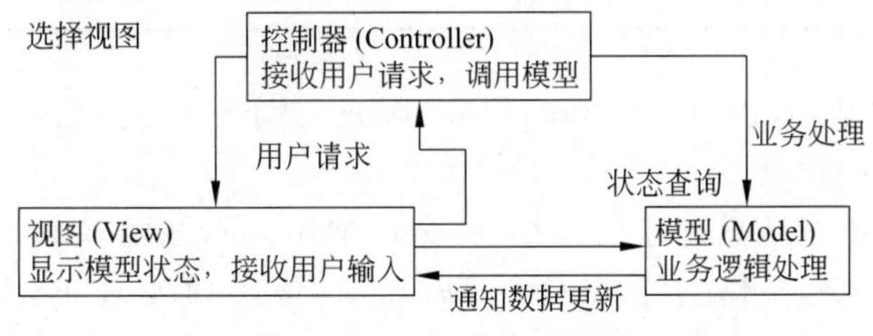

图 13-2　MVC 结构示意图

模型-视图-控制器（MVC）是 Xerox PARC 在 20 世纪 80 年代为编程语言 Smalltalk-80 发明的一种软件设计模式，至今已被广泛使用。最近几年被推荐为 Sun J2EE 平台的设计模式，并且受到越来越多的使用者和开发者的欢迎。

Model Ⅱ 的主要思想是用一个或多个 Servlet 作为控制器，请求由 Servlet 接收后，经 Servlet 处理后再转发给 JSP 页面。在 Servlet 作为控制器时，每个 Servlet 只完成某一个功能，但多个 Servlet 组合起来就可以完成复杂的功能，这样提高了代码的可重用性。在此模式中，JavaBean的功能其实很单一，它只是充当数据实体对象，用来在M、V、C三个组件之间进行数据传输。MVC的核心是Servlet。ModelⅡ体系结构如图13-3所示。

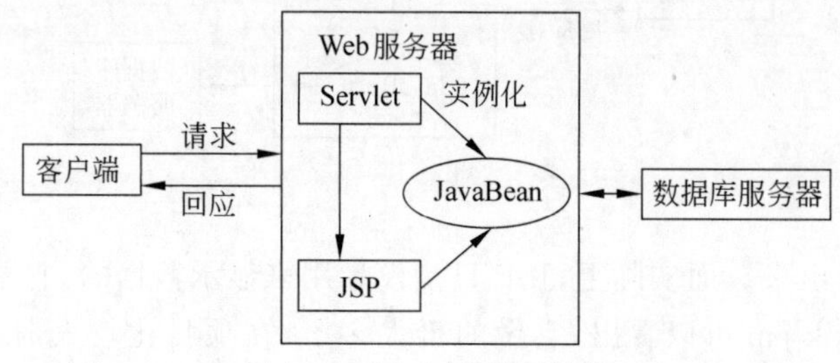

图13-3 ModelⅡ体系结构

MVC模式下每层的分工很清晰，程序员和美工的工作可以同时进行，程序员负责Java程序设计，实现复杂的业务逻辑。美工负责编写JSP页面，只需把数据接口的位置预留出来，专心设计静态网页内容。此模式很好地把显示和逻辑分离开来，适合于大型项目的开发。

习 题 13

1. 已知图书数据库books的订单表bookOrder的结构如表13-1所示。

表13-1 数据库books的订单表bookOrder的结构

字 段	类 型	说 明	字 段	类 型	说 明
ordered	INTEGER	订单ID	phone	Varchar(20)	电话
userName	Varchar(20)	用户名	creditcard	Varchar(20)	卡号
zipcode	Varchar(8)	邮编	total	double	金额

根据表13-1的结构，创建一个BookOrderBean，要求包含表中的6个属性和相应的set()、get()方法。

2. 例13-2已经给出了数据库连接类ConnectionManager，在此基础上创建第1题中表bookOrder数据库操作类BookOrderDaoImpl，该类须实现BookOrderDao接口。BookOrderDao接口代码如下：

```
public interface BookOrderDao {
    public List getBookOrderList();
}
```

要求在其实现类BookOrderDaoImpl中给出getBookOrderList()方法的具体实现，查询数据库得到订单列表。

3. 编写一个JSP页面bookOrderList.jsp，页面以表格形式显示数据库bookOrder表中的所有数据。要求用 useBean 标准动作创建 BookOrderDaoImpl 的实例。

4. 在第 2 题的基础上，BookOrderDao 接口添加以下两个方法：

```
Public int add(BookOrder bookOrder);            //添加订单
Public int del(int id);                         //删除订单
```

要求在其实现类 BookOrderDaoImpl 中实现这些方法。

5. 叙述 Model Ⅱ 与 Model Ⅰ 有何不同。

第14章 Servlet 基础知识

CHAPTER

14.1 Servlet 的定义

Servlet 程序是由服务器调用和执行的 Java 类，由浏览器内嵌的 JVM 执行的 Java 类叫 Applet，由 Web 服务端的 JVM 执行的 Java 类则叫 Servlet 程序。Servlet 程序可以看作运行在服务器上的一个模块，它可以接收从客户端传递过来的数据，对数据进行处理后将结果返回给客户端，当然，这里说的客户端指的是浏览器。

Javax.servlet 和 Javax.servlet.http 包为编写 Servlet 提供了接口和类。所有 Servlet 必须执行定义了生命周期的 Servlet 接口。执行服务时，可以使用或者扩展 Java Servlet API 提供的 GenericServlet 类。为了 HTTP 专有的服务，HttpServlet 类提供了一些方法，如 doGet 和 doPost。

最早支持 Servlet 技术的是 JavaSoft 的 Java Web Server。此后，一些其他基于 Java 的 Web Server 开始支持标准的 Servlet API。Servlet 的主要功能在于交互式地浏览和修改数据，生成动态 Web 内容。这个过程如下。

(1) 客户端发送请求至服务器端。

(2) 服务器将请求消息发送至 Servlet。

(3) Servlet 生成响应内容并将其传给 Server，响应内容通常取决于客户端的请求。

(4) 服务器将响应返回给客户端。

我们通过一个简单的例子说明什么是 Servlet。

例 14-1 在 Hello.jsp 页面中输入一个用户的名字，然后提交给 HelloServlet，在页面上输出"你好！欢迎使用 Servlet"这个字符串。

程序清单：ch14\HelloServlet.java

```
package ch14;
import java.io.IOException;
import java.io.PrintWriter;
```

```
import javax.servlet.ServletException;
import javax.servlet.http.HttpServlet;
import javax.servlet.http.HttpServletRequest;
import javax.servlet.http.HttpServletResponse;
public class HelloServlet extends HttpServlet {
    public S14_1() {
        super();
    }
    public void destroy() {
        super.destroy();//Just puts "destroy" string in log
    }
   public void doGet(HttpServletRequest request,HttpServletResponse response)
            throws ServletException,IOException {
        response.setContentType("text/html;charset=gbk");
        PrintWriter out=response.getWriter();
        String name=request.getParameter("name");     //得到 JSP 页面输入的用户名
        name=new String(name.getBytes("ISO-8859-1"),"GBK");      //字符编码转换
        out.println("<HTML>");
        out.println("<HEAD><TITLE>A Servlet</TITLE></HEAD>");
        out.println("<BODY>");
        out.print("你好！欢迎"+name+"使用 Servlet");
        out.println("</BODY>");
        out.println("</HTML>");
        out.flush();
        out.close();
    }
    public void doPost(HttpServletRequest request,HttpServletResponse response)
            throws ServletException,IOException {
        doGet(request,response);
    }

    public void init() throws ServletException {
        //Put your code here
    }
}
```

程序清单：ch14\Hello.jsp

```
<%@page language="java" import="java.util.*" pageEncoding="gbk"%>
<html>
  <head>
    <title>第一个 Servlet 示例</title>
  </head>
  <body>
    <form action="../HelloServlet" method="post"> //提交给 HelloServlet
```

```
    请输入姓名:<input type="text" name="name"/><br>
    <input type="submit" value="提交"/>
    </form>
  </body>
</html>
```

从以上代码可以看出 Servlet 就是一个 Java 类，但要将这个类发布到 Web 服务器中，同时在服务器的配置文件 web.xml 中要做如下配置。

WEB-INF\Web.xml 文件中的内容：

```
<!—servlet 的定义→
<servlet>
   <description>This is the description of my J2EE component</description>
<display-name>This is the display name of my J2EE component</display-name>
<!—定义一个名字为 HelloServlet 的 servlet→
<servlet-name>HelloServlet</servlet-name>
<!—名字为 HelloServlet 对应的处理类→
   <servlet-class>ch14.HelloServlet</servlet-class>
  </servlet>
<!—将上面定义的 HelloServlet 与具体访问的 URL 相对应→
  <servlet-mapping>
   <servlet-name>HelloServlet</servlet-name>
   <url-pattern>/HelloServlet</url-pattern>
  </servlet-mapping>
```

在浏览器地址栏中输入：http://localhost:8080/javaEE/ch14/hello.jsp，会出现如图 14-1 所示的页面。

提交后会显示如图 14-2 所示的页面。

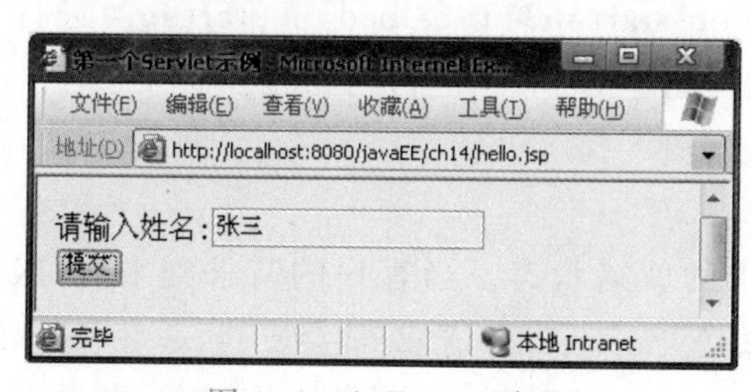

图 14-1　hello.jsp 页面

图 14-2　由 HelloServlet 显示的页面

doGet 和 doPost 两个方法分别对应 HTTP 协议的 GET 和 POST 请求方法，在图 14-1 中是使用了 POST 方法(这可以在 HTML 中的 FORM 的 method 属性来指定，默认为 GET)请求 Servlet。在 Servlet 中可以通过 request.getParameter("name")方法获得 FORM 表单中文本框控件名为 name 的值。

14.2 Servlet 的生命周期

运行在 Web 服务器中的 Servlet 是 Web 服务器进程的一部分，Web 服务器负责 Servlet 的生命周期，即加载和实例化、初始化、服务和销毁。

14.2.1 加载和实例化

当启动 Servlet 容器（这里是 Tomcat）时，容器首先到发布目录的 WEB-INF 下查找一个配置文件（称为描述符文件）web.xml。这个配置文件中有相关的 Servlet 的配置信息，主要是定义 Servlet 和对已定义的 Servlet 的映射。

Servlet 容器会为每个配置自动装入选项（在配置文件中使用了<load-on-startup>1</load-on-startup>）的 Servlet 创建一个实例，而没有设置自动装入选项的 Servlet，只有在第一次请求时，容器才为其创建实例。为了能让容器创建实例，每个 Servlet 类必须有一个公共的无参数的构造函数。通常，在设计 Servlet 类时不创建构造函数，而是使用默认的构造函数。

14.2.2 初始化

当 Servlet 被实例化以后，Servlet 容器将调用每个 Servlet 的 init()方法来为实例进行初始化。其中作为 init()方法参数的 ServletConfig 类中定义了初始 Servlet 需要的所有参数。Init()方法对于一个 Servlet 只可以被调用一次。

一般情况下，Servlet 容器在启动时并不立即初始化所有的 Servlet，只有服务器接收到某个客户端发送请求时才初始化这个 Servlet。这样做的优点是服务器启动时间较短，缺点是当有很多的 Servlet 同时向服务器发送请求时，由于服务器要花很长时间去初始化 Servlet 实例，就会延长服务器的反应时间。因此，为了缩短服务器的响应时间，可以在 web.xml 文件中为相应的 Servlet 添加<load-on-startup>1</load-on-startup>进行预先初始化，这样就可以保证在服务器启动时就对这些 Servlet 进行初始化。

14.2.3 服务

Servlet 被初始化以后，就处于能响应请求的就绪状态。当客户的请求到来时，服务器创建一个请求对象和一个响应对象。每个 Servlet 的请求都会产生一个 Servlet Request 对象，Servlet 给客户端的响应由一个 Servlet Response 对象来完成，这两个对象以参数的形式传给 service()方法。在 service()内，对客户端的请求方法进行判断，如果是以 GET 方法提交的，则调用 doGet()方法处理请求，如果是以 POST 方法提交的，则调用 doPost()方法处理请求。

14.2.4 销毁

Servlet 实例是由 Servlet 容器创建的，所以实例的销毁也是由容器来完成的。当 Servlet 容器不再需要某个 Servlet 实例时，容器会调用该 Servlet 的 destroy()方法，在这个方法内，Servlet 会释放掉所有在 init()方法内申请的资源，如数据库连接等。一般情况下，如果 Servlet 容器本身关闭，会释放所有的 Servlet 实例，但特殊情况下，如系统资源过低或一个 Servlet 很长时间没有被使用，Servlet 容器也会释放这个 Servlet。Servlet 的生命周期如图 14-3 所示。

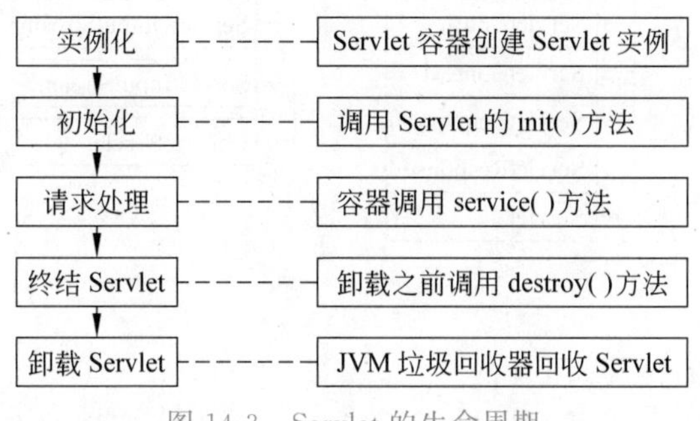

图 14-3 Servlet 的生命周期

14.3 Servlet 体系结构和层次结构

14.3.1 Servlet 体系结构

Servlet 容器启动会自动加载 Servlet。HTTP Servlet 使用 HTTP 响应标题与客户端进行交互。因此，Servlet 容器支持所有 HTTP 协议的请求和响应，Servlet 应用程序体系结构如图 14-4 所示。

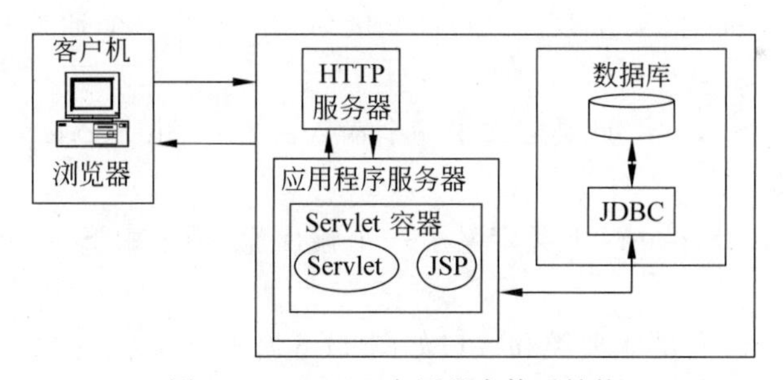

图 14-4 Servlet 应用程序体系结构

图 14-4 说明客户端的请求首先提交给 HTTP 服务器进行处理，HTTP 服务器只负责静态 HTML 页面的解析，对于 Servlet 的请求转交给 Servlet 容器，在 Servlet 容器内会根据 web.xml 文件中的映射关系，调用具体的 Servlet，如果 Servlet 要用到数据库中的信息，可以通过 JDBC 访问数据库。Servlet 将处理的结果返回给 HTTP 服务器，HTTP 服务将生成的 HTML 页面返回给客户端浏览器。从以上的过程可以看出，JSP 和 Servlet 都是运行在服务器端的程序，也就是说 JSP 和 Servlet 必须运行在服务器中。

14.3.2 Servlet API 层次结构

Servlet API 包含于两个包中，即 javax.servlet 和 javax.servlet.http。javax.servlet 包

的主要的类的接口如图14-5所示。

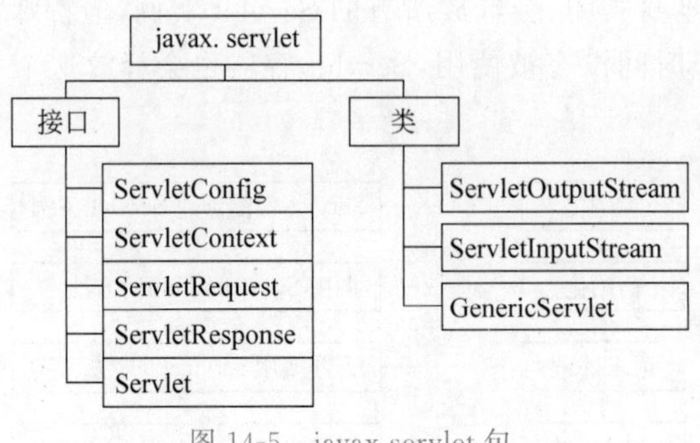

图14-5 javax.servlet包

以上的接口和类的含义如下。

- Interface Servlet：此接口定义了所有Servlet必须实现的方法。
- Interface ServletResponse：此接口定义了一个对象，由Servlet用于向客户端发送响应。
- Interface ServletRequest：此接口定义了用于向Servlet容器传递客户请求信息的对象。
- Interface ServletContext：此接口定义了一系列方法，以便Servlet与其运行的环境通信。
- Interface ServletConfig：此接口由Servlet引擎用在Servlet初始化时，向Servlet传递信息。
- GenericServlet：此类实现了Servlet接口，定义了一个通用的、与协议无关的Servlet。
- ServletInputStream：此类定义了一个输入流，用于由Servlet中读取客户请求的二进制数据。
- ServletOutputStream：此类定义了一个输出流，用于由Servlet向客户端发送二进制数据。

javax.servlet.http包的主要类和接口如图14-6所示。

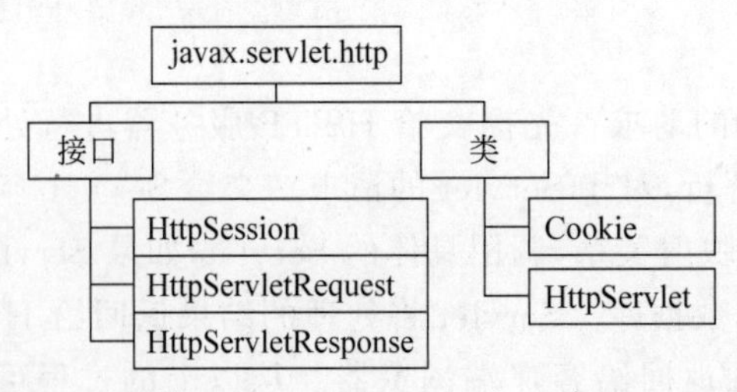

图14-6 javax.servlet.http包

- Interface HttpServletResponse：此接口继承了ServletRequest接口，为HttpServlet提供请求信息。

- Interface HttpServletRequest：此接口继承了 ServletRequest 接口，为 HttpServlet 提供请求信息。
- Interface HttpSession：此接口为维护 HTTP 用户的会话状态提供支持。
- Cookie：此类用于在 Servlet 中使用 Cookie 技术。
- HttpServlet：此类定义了一个抽象类，它继承自 GenericServlet 类，应被所有的 Servlet 继承。

14.4　Servlet 与 JSP 之间的关系

从前面的学习中我们知道，JSP 和 Servlet 都可以在页面上动态显示数据，那么它们之间是什么关系呢？

实际上，Servlet 是 JSP 的基础，也就是说，在执行 JSP 前要首先将 JSP 翻译成 Servlet，然后再执行 Servlet，所以一个 JSP 对应一个 Servlet。我们可以通过一个例子加以说明。

在 14.1 节有一个 hello.jsp 页面，代码这里略去，当我们在浏览器中访问该页面时，在"Tomcat 安装目录\work\Catalina\localhost\javaee\org\apache\jsp\ch14tomcat"的目录中，会找到一个名为 hello_jsp 的类文件，这个类文件的源代码如下：

```
package org.apache.jsp.ch14;
import javax.servlet.*;
import javax.servlet.http.*;
import javax.servlet.jsp.*;
import java.util.*;
public final class hello_jsp extends org.apache.jasper.runtime.HttpJspBase
    implements org.apache.jasper.runtime.JspSourceDependent {
  private static final JspFactory _jspxFactory=JspFactory.getDefaultFactory
();
  private static java.util.List _jspx_dependants;
  private javax.el.ExpressionFactory _el_expressionfactory;
  private org.apache.AnnotationProcessor _jsp_annotationprocessor;
  … }
  }
```

由代码可见，hello_jsp 类是 HttpJspBase 的子类，而 HttpJspBase 又是 HttpServlet 的子类，由此可见，一个 JSP 对应一个 Servlet，Servlet 是 JSP 的基础。

14.5　主要 Servlet API 介绍

javax.servlet.http 包是 javax.servlet 包的扩展，Servlet 主要应用于 HTTP 方面编程，因此 javax.servlet.http 包内的很多类、接口都是在 javax.servlet 包相对应的接口的基础上添加对 HTTP/1.1 协议的支持而成的。HttpServlet 类是其中最主要的类，如果理解了 HttpServlet 类和接口 HttpServletRequest、HttpServletResponse 之间的关系也就

理解了 Servlet 的工作过程。

14.5.1 HttpServlet 类

HttpServlet 类是 Servlet 容器中最重要的一个类，其主要功能是处理 Servlet 请求和回应处理结果。HttpServlet 首先必须读取 Http 请求的内容。Servlet 容器负责创建 HttpServlet 对象，并把 Http 请求直接封装到 HttpServlet 对象中，这样做大大简化了 HttpServlet 解析请求数据的工作量。HttpServlet 容器响应 Web 客户请求的流程如下。

（1）Web 客户向 Servlet 容器发出 HTTP 请求。

（2）Servlet 容器解析 Web 客户的 HTTP 请求。

（3）Servlet 容器创建一个 HttpServletRequest 对象，在这个对象中封装 HTTP 请求信息。

（4）Servlet 容器创建一个 HttpServletResponse 对象。

（5）Servlet 容器调用 HttpServlet 的 service() 方法，把 HttpServletRequest 和 HttpServletResponse 对象作为 service()方法的参数传给 HttpServlet 对象。

（6）HttpServlet 调用 HttpServletRequest 的有关方法，获取 HTTP 请求信息。

（7）HttpServlet 调用 HttpServletResponse 的有关方法，生成响应数据。

（8）Servlet 容器把 HttpServlet 的响应结果传给 Web 客户。

HttpServlet 类是一个抽象类，当我们创建一个具体的 Servlet 类时必须继承此类，同时要覆盖 HttpServlet 的部分方法，如覆盖 doGet()或 doPost()方法。HttpServlet 类的 doGet()和 doPost()方法的原型如下：

```
public void doGet(HttpServletRequest request,HttpServletResponse response)
        throws ServletException,IOException { …}
public void doPost(HttpServletRequest request,HttpServletResponse response)
        throws ServletException,IOException { …}
```

从以上代码中可以看到方法中的两个形参，一个是 HttpServletRequest 的实例，一个是 HttpServletResponse 的实例。这两个参数都是由 Servlet 容器对数据进行封装后传递过来的，一个用来处理请求，一个用来处理回应。

14.5.2 ServletRequest 接口

ServletRequest 接口是 HttpServletRequest 接口的父接口，在这个方法中定义了一些获取请求信息的方法。ServletRequest 接口主要有以下一些方法。

- public Enumeration getAttributeNames()：该方法可以获取当前 HTTP 请求过程中所有请求变量的名字。
- public String getCharacterEncoding()：该方法用于获取客户端请求的字符集编码。
- public String getContentType()：该方法用于获取 HTTP 请求的类型，返回值是 MIME 类型的字符串，如 text/html。
- public void setAttribute(String name,Object o)：该方法用于设定当前 HTTP

请求过程请求变量的值，第一个参数是请求变量的名称，第二个参数是请求变量的值，如果已经存在同名的请求变量，它的值将会被覆盖。

- public Object getAttribute(String name)：该方法用于获取当前请求变量的值，参数是请求变量的名称。
- public ServletInputStream getInputStream()：该方法可以获取客户端的输入流。
- public String getParameter(String name)：该方法可以获取客户端通过 HTTP POST/GET 方式传递过来的参数的值，getParameter 方法的参数是客户端所传递参数的名称，这些名称在 HTML 文件<form>标记中使用 name 属性指定。
- public String[] getParameterValues(String name)：如果客户端传递过来的参数中，某个参数有多个值(如复选框)，可通过该方法获得一个字符串数组。
- public String getRemoteAddr()：该方法返回当前会话中客户端的 IP 地址。
- public String getScheme()：该方法用于获取客户端发送请求的模式，返回值可以是 HTTP、HTTPS、TFP 等。
- public String getServerName()：该方法用于获取服务器的名称。
- public int getServerPort()：该方法用于获取服务器响应请求的端口号。

以上是 ServletRequest 接口中的主要方法，除此以外还有很多其他方法，在此不一一介绍，有兴趣的读者可以查看 Servlet API 帮助文档。

14.5.3　HttpServletRequest 接口

HttpServletRequest 接口继承自 ServletRequest 接口，自然继承了 ServletRequest 接口中的所有方法。在 HttpServletRequest 接口中自定义了一些方法，增加了对 HTTP/1.1 的支持。主要有以下几个方法。

- public Cookie[] getCookies()：该方法可以获取当前会话过程中所有的存在 Cookie 对象，返回值是一个 Cookie 类型的数组。
- public String getHeader(String name)：该方法可以获取特定的 HTTP Header 的值。
- public String getMethod()：该方法返回客户端发送 HTTP 请求所有的方式，返回值一般是 GET 或 POST 等。
- public String getServletPath()：该方法获得当前 Servlet 程序的真实路径。

例 14-2　通过 HttpServletRequest 接口输出客户端和服务器的相关信息。

程序清单：ch14\HttpServletRequest.java

```
package ch14;
//import 省略
public class HttpServletRequestSample extends HttpServlet {
    public HttpServletRequestSample() {
        super();
    }
public void doGet(HttpServletRequest request,HttpServletResponse response)
           throws ServletException,IOException {
        doPost(request,response);
```

```
    }
    public void doPost(HttpServletRequest request,HttpServletResponse response)
            throws ServletException,IOException {
        response.setContentType("text/html;charset=gbk");
        PrintWriter out=response.getWriter();
        Out..println("<! DOCTYPE HTML PUBLIC\"-//W3C//DTD HTML 4.01 Transitional//
        EN\">");
        out.println("<HTML>");
        out.println("<HEAD><TITLE>A Servlet</TITLE></HEAD>");
        out.println("<BODY>");
        out.println("客户端提交方法:"+request.getMethod()+"</br>");
        out.println("传输协议:"+request.getProtocol()+"</br>");
        out.println("客户端请求模式:"+request.getScheme()+"</br>");
        out.println("服务器端口号:"+request.getLocalPort()+"</br>");
        out.println("客户端 IP:"+request.getRemoteAddr()+"</br>");
        out.println("</BODY>");
        out.println("</HTML>");
        out.flush();
        out.close();
    }
}
```

在 WEB-INF\web.xml 中添加如下代码：

```
<servlet>
    <servlet-name>HttpServletRequestSample</servlet-name>
    <servlet-class>ch14.HttpServletRequestSample</servlet-class>
  </servlet>
<servlet-mapping>
    <servlet-name>HttpServletRequestSample</servlet-name>
    <url-pattern>/httpServletRequestSample</url-pattern>
  </servlet-mapping>
```

在浏览器地址栏中输入：

http://localhost:8080/javaEE/httpServletRequestSample，看到如图 14-7 所示的画面。

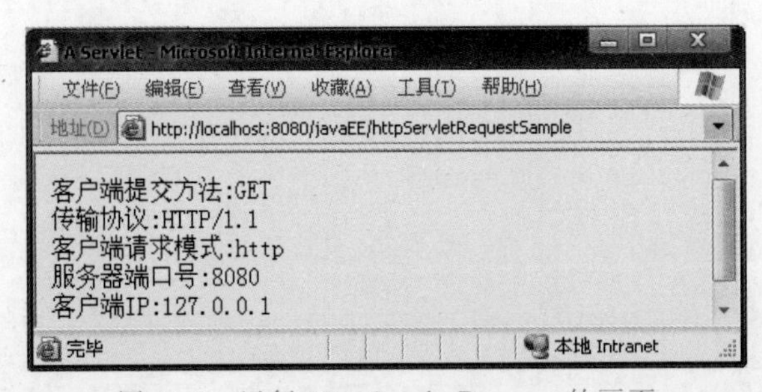

图 14-7 运行 HttpServletRequest 的画面

14.5.4 ServletResponse 接口

ServletResponse 接口可以发送 MIME 编码数据到客户端，服务器在 Servlet 程序初始化以后，会创建 ServletResponse 接口对象，作为参数传递给 service()方法，该接口主要有以下方法。

- Public String getCharacterEncoding()：该方法可以获取向客户端发送数据的 MIME 编码类型，如 text/html 等。
- Public ServletOutputStream getOutputStream()：该方法返回一个 ServletOutputStream 对象，此对象可用于向客户端输出二进制数据。
- Public PrintWriter getWriter()：该方法可以打印各种数据类型到客户端。
- Public void setContentType(String type)：该方法指定向客户端发送内容的类型，如 setContentType("text/html")。

14.5.5 HttpServletResponse 接口

HttpServlet 接口继承自 ServletResponse 接口，在此基础上，增加了对 HTTP/1.1 支持的一些方法，在 HttpServletResponse 接口中主要定义了以下一些方法。

- Public void addcookie(Cookie cookie)：该方法的作用是添加一个 Cookie 对象到当前会话中。
- Public void sendRedirect(String location)：该方法的作用是使当前的页面重定向到另一个 URL。

例 14-3 示例中的 Servlet 演示了如何在客户端创建 Cookie 和获取 Cookie 的值。

程序清单：ch14\CookieReader.java

```
package ch14;
//import 省略
public class CookieReader extends HttpServlet {
    public void doGet(HttpServletRequest request,HttpServletResponse response)
        throws ServletException,java.io.IOException {
        Cookie cookie=null;
        request.setCharacterEncoding("GBK");                    //处理中文
//获取客户端的所有 Cookie,返回一个 Cookie 数组
        Cookie[] cookies=request.getCookies();
        boolean hasCookies=false;
        if(cookies!=null) {
            hasCookies=true;
        }
//显示每个 Cookie 的名称/值对
        response.setContentType("text/html;charset=gb2312");
        response.setCharacterEncoding("GBK");
        java.io.PrintWriter out=response.getWriter();
```

```
        out.println("<html>");
        out.println("<head>");
        out.println("<title>Cookie 信息</title>");
        out.println("</head>");
        out.println("<body>");
        if(hasCookies) {                          //如果 Cookie 存在则取出 Cookie
            out.println("<h2>每个找到的 Cookie 的名称和值</h2>");
            for (int i=0;i<cookies.length;i++) {
                cookie=cookies[i];
                out.println("Cookie #"+(i+1)+" 的名称:  "+cookie.getName()+
                        "<br>");
                out.println("Cookie #"+(i+1)+" 的值:  "+cookie.getValue()+
                        "<br><br>");
            }
        } else {        //如果 Cookie 不存在则创建一个名为 username,值为 ntu 的 Cookie
            out.println("<h2>此请求不包括任何 Cookie</h2>");
//创建一个 Cookie
            Cookie myCookie=new Cookie("username","ntu");
            myCookie.setMaxAge(60 * 1);           //设置 Cookie 的生命周期为 60 秒
            response.addCookie(myCookie);         //在客户端添加 Cookie
        }
        out.println("</body>");
        out.println("</html>");
        out.close();
    }
    public void doPost(HttpServletRequest request,
                    HttpServletResponse response) throws ServletException,
            java.io.IOException {
        doGet(request,response);
    }
}
```

在 web.xml 中添加如下代码：

```
<servlet><!--定义 servlet-->
  <servlet-name>cookiereader</servlet-name>
  <servlet-class>ch14.CookieReader</servlet-class>
</servlet>
<servlet-mapping><!--映射 servlet-->
  <servlet-name>cookiereader</servlet-name>
  <url-pattern>/cookiereader</url-pattern>
  </servlet-mapping>
```

在地址栏中输入：http://localhost:8080/javaEE/cookiereader，当第一次访问此页面时会得到如图 14-8 所示的画面。

图 14-8　第一次运行 cookiereader 时的效果

如果在一分钟之内刷新此页面时会得到如图 14-9 所示的画面，如果超过一分钟，再次刷新页面又会得到如图 14-8 所示的效果。

图 14-9　第二次运行 cookiereader 时的效果

为什么是这样的呢？因为当第一次访问此页面时，客户端还没有创建 Cookie，所以会出现如图 14-8 所示的页面，此时通过 Cookie myCookie = new Cookie("username","ntu")语句创建了一个 Cookie，但这个 Cookie 生命周期为 60 秒，这是通过 myCookie.setMaxAge(60 * 1)语句设置的。当在一分钟之内再次访问此页面时，由于在 Cookie 的生命周期之内，所以出现如图 14-9 所示的画面。如果超过一分钟后访问此页面，又会出现如图 14-8 所示页面，这是因为一分钟以后超过了它的生命周期，客户端的 Cookie 已经不存在了。

14.5.6　ServletContext 接口

ServletContext 接口定义了一系列方法用于与相应的 Servlet 容器通信。每个 Web 应用只有一个 ServletContext 实例，通过此接口可以访问 Web 应用的所有资源，也可以用于不同的 Servlet 间的数据共享，但不能与其他 Web 应用交换信息。该接口主要有以下方法。

- public ServletContext getContext(String uripath)：该方法返回一个指定 URL 地址的一个子 ServletContext 对象。
- public Set getResourcePaths(String path)：该方法返回存储在 Web 应用中的所有资源路径的 Set(集合)，这个 Web 应用的子路径必须和参数提供的匹配。以"/"结尾表示一个子目录，以"/"开头表示一个对于当前 Web 应用的相对路径。
- public String getRealPath(String path)：该方法返回一个指定虚拟路径的真实路径的字符串。
- public Object getAttribute(String name)：该方法返回保存在 Servlet 容器中变量的值，如果无该变量则返回 null。

- public void setAttribute(String name,Object object)：该方法在 Servlet 容器内创建一个名为 name，值为 object 的变量，如果该变量已经存在，则用新值覆盖原来的值。

下面通过例子说明以上方法的使用。

例 14-4 通过 ServletContext 输出 Web 服务的资源列表和服务器的根目录。

程序清单：ServletContextSample.java

```
package ch14;
//import 语句省略
public class ServletContextSample extends HttpServlet {
    public ServletContextSample() {
        super();
    }
        public void doGet(HttpServletRequest request,HttpServletResponse response)
        throws ServletException,IOException {
        response.setContentType("text/html;charset=gbk");
        PrintWriter out=response.getWriter();
        ServletContext context=getServletContext();
                                                    //得到当前 Web 下的所有资源
        Iterator resources=context.getResourcePaths("/").iterator();
        out.println("<! DOCTYPE HTML PUBLIC\"-//W3C//DTD HTML 4.01 Transitional//
        EN\">");
        out.println("<HTML>");
        out.println("  <HEAD><TITLE>A Servlet</TITLE></HEAD>");
        out.println("  <BODY>");
        out.print(" Web 资源列表:</p>");
        while(resources.hasNext())
        {
        out.print("</p>"+(String)resources.next()+"</p>");
        }
        out.println(context.getRealPath("/"));
        out.println("</BODY>");
        out.println("</HTML>");
        out.flush();
        out.close();
    }
}
```

在 web.xml 中添加如下代码：

```
<servlet>
    <servlet-name>ServletContextSample</servlet-name>
    <servlet-class>ch14.ServletContextSample</servlet-class>
</servlet>
<servlet-mapping>
    <servlet-name>ServletContextSample</servlet-name>
    <url-pattern>/servletContextSample</url-pattern>
```

```
</servlet-mapping>
```

在浏览器地址栏输入：http://localhost:8080/javaEE/servletContextSample 程序运行结果如下：

```
Web 资源列表:
/META-INF/
/ch14/
/images/
/ch12_jsp1.jsp
/ch12/
/WEB-INF/
/ch13/
/count.jsp
/MyJsp.jsp
/ch11/
/hello.jsp
D:\Program Files\Tomcat 6.0\webapps\javaEE\
```

结果分析：除了最后一行以外，其他都是发布 Web 服务根目录下的子目录和文件名字，这是由 context.getResourcePaths("/")获取的资源列表输出的结果，最后一行是发布的 Web 服务在服务器上的真实目录，这是由 out.println(context.getRealPath("/"))输出的。

14.6　在 Eclipse 中创建 Servlet

在 Web 开发项目中创建 Servlet 有两种方式，一种是在创建的类中添加@WebServlet 注解的方式，另一种是在 web.xml 中定义 Servlet。现在比较常用的是注解的方式。

首先介绍通过注解的方式创建 Servlet。先要创建一个 Web 工程，工程的名称为 ch14，在此工程下有一个 com.servlet 包，用来存放 Servlet 类。选中要创建 Servlet 所在的包 com.servlet，右击，弹出快捷菜单，在快捷菜单中选择 new→other，弹出如图 14-10 所示的窗口。

在窗口中选择 Servlet，单击 Next 按钮，出现如图 14-11 所示的界面。

这里将 Servlet 类名定义为 HelloServlet，所在的包为 com.servlet，然后单击两次 Next 按钮，出现如图 14-12 所示的界面。在这里选择创建类时要添加的方法名称，默认只添加 doGet()和 doPost()方法。

以上的配置信息是系统自动生成的，如果不能满足需要，可以修改，单击 Finish 按钮即可。创建的 HelloServlet 类的代码如下：

程序清单：HelloServlet.java

```
package com.servlet;
///注解@ WebServlet("/HelloServlet")表示创建一个名称为 HelloServlet 的 Servlet,
```

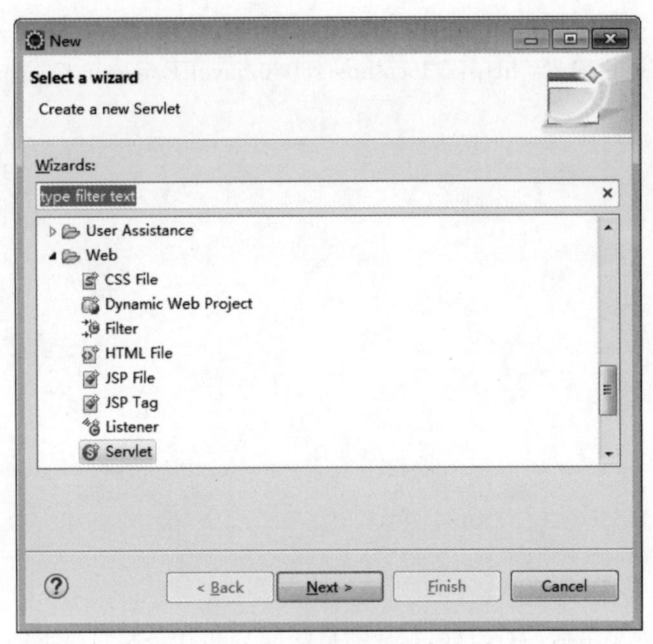

图 14-10　创建 Servlet 向导

图 14-11　创建 Servlet 向导添加类名

```
//同时访问的址也是这个名称
@ WebServlet("/HelloServlet")
public class HelloServlet extends HttpServlet {
private static final long serialVersionUID =1L;
```

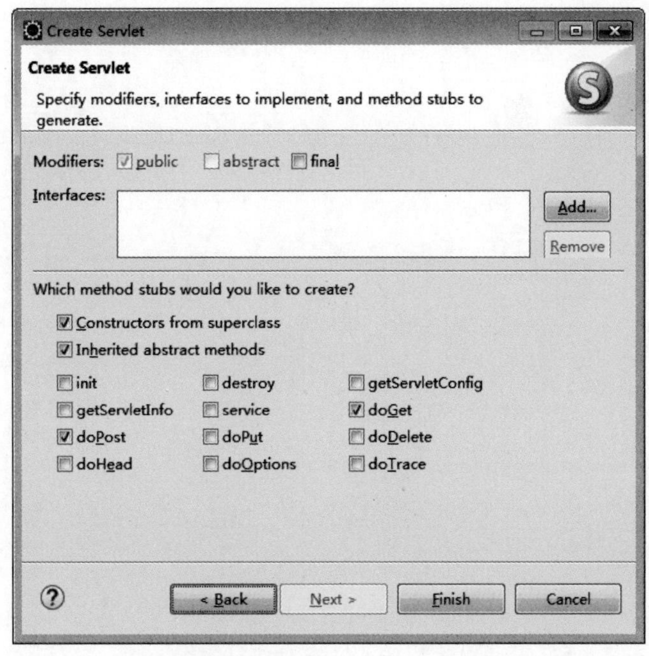

图 14-12　创建 Servlet 向导配置 Servlet

```
    //这是处理请求的 Servlet 类的构造方法
    public HelloServlet() {
        super();
    }
//这是处理 Get 请求的方法
protected void doGet (HttpServletRequest request, HttpServletResponse
response) throws ServletException, IOException {
    System.out.println("HelloServlet");
}
//这是处理 Post 请求的方法
protected void doPost (HttpServletRequest request, HttpServletResponse
response) throws ServletException, IOException {
    // TODO Auto-generated method stub
    doGet(request, response);
}


}
```

打开 WEB-INF\\web.xml 文件可以看到 HelloServlet 的配置信息已经添入其中。到此，HelloServlet 已经初步建成，接下来就要完善 doGet()方法，重写此方法来完成自己的业务逻辑。

第二种创建 Servlet 的方法是在 web.xml 中定义 Servlet。打开 web.xml 文件，在文件中添加 Servlet 定义的标签，代码如下：

程序清单：web.xml

```
<?xml version="1.0" encoding="UTF-8"?>
<web-app xmlns:xsi="http://www.w3.org/2001/XMLSchema-instance" xmlns="
http://xmlns.jcp.org/xml/ns/javaee" xsi:schemaLocation="http://xmlns.jcp.
org/xml/ns/javaee http://xmlns.jcp.org/xml/ns/javaee/web-app_4_0.xsd" id="
WebApp_ID" version="4.0">
   <display-name>ch14</display-name>
   <servlet>
   <servlet-name>helloServlet</servlet-name>
   <servlet-class>com.servlet.HelloServlet</servlet-class>
   </servlet>
   <servlet-mapping>
   <servlet-name>helloServlet</servlet-name>
   <url-pattern>/</url-pattern>
   </servlet-mapping>
   <welcome-file-list>
      <welcome-file>index.html</welcome-file>
      <welcome-file>index.htm</welcome-file>
      <welcome-file>index.jsp</welcome-file>
      <welcome-file>default.html</welcome-file>
      <welcome-file>default.htm</welcome-file>
      <welcome-file>default.jsp</welcome-file>
   </welcome-file-list>
</web-app>
```

在 web.xml 中利用<servlet>标签定义了一个 servlet，具体处理请求的类就是前面定义的 HelloServlet 类，此时可以将@WebServlet 注解去掉，利用<servlet-mapping>映射一个处理请求的路径，此处的“/”表示当前的 servlet 处理所有的请求。

Servlet 创建完成后，在 Eclipse 中发布 ch14 这个服务，启动 Tomcat，在浏览器中输入网址：http://localhost:8080/ch14/helloServlet，这个可以测试在 web.xml 中创建的 Servlet。

如果输入网址：http://localhost:8080/ch14/HelloServlet，则可以测试注解创建的 Servlet，此时可以在控制台中看到打印的字符串 HelloServlet。

14.7 编程示例：网上书店

在第 13 章的基础之上为网上书店增加“添加、编辑和删除”功能，在此通过 Servlet 来实现这些功能。

14.7.1 修改图书操作类代码

首先，修改 TitleDao 接口，增加 add()、update()和 delete()方法。

程序清单：ch14\TitleDao.java

```
package ch14;
import java.util.List;
import ch13.Titles;
public interface TitleDao {
    public List getTitles();                    //获得图书列表
    public int add(Titles title);               //添加图书
    public int delete(int id);                  //删除图书
    public int update(Titles title);            //修改图书
    public Titles findByIsbn(String isbn);  //根据 ISBN 查找图书
}
```

其次，修改实现类 TitleDaoImpl，对接口中添加的方法加以实现。

程序清单：ch14\TitleDaoImpl.java

```
package ch14;
public class TitleDaoImpl  implements TitleDao{
    private Connection connection;
    private PreparedStatement titlesQuery;
    private ResultSet results;
    //返回 BookBeans 列表
    public List getTitles() {
    …这部分代码省略
    }
    public int add(Titles title) {     //以封装类的实例为参数向表 titles 中插入记录
        int result=0;
        try{
            connection=ConnectionManager.getConnction();
            String sql="insert into titles(isbn,title,editionNumber,";
            sql+="copyright,publisherID,imageFile,price) values(?,?,?,?,?,?,?)";
            titlesQuery=connection.prepareStatement("sql");
            titlesQuery.setString(1,title.getIsbn());
            titlesQuery.setString(2,title.getTitle());
            titlesQuery.setInt(3,title.getEditionNumber());
            titlesQuery.setString(4,title.getCopyright());
            titlesQuery.setInt(5,title.getPublisherId());
            titlesQuery.setString(6,title.getImageFile());
            titlesQuery.setFloat(7,title.getPrice());
            result=titlesQuery.executeUpdate();
        }catch(Exception e){
            e.printStackTrace();
        }
      //释放资源
        finally {
```

```
        ConnectionManager.closeResultSet(results);
        ConnectionManager.closeStatement(titlesQuery);
        ConnectionManager.closeConnection(connection);
    }
    return result;
}
public int delete(String isbn) {          //根据 ISBN 删除图书记录
    int result=0;
    try{
        connection=ConnectionManager.getConnction();
        String sql="delete from titles where isbn='"+isbn+"'";
        titlesQuery=connection.prepareStatement(sql);
        result=titlesQuery.executeUpdate();
    }catch(Exception e){
        e.printStackTrace();
    }
  //释放资源
    finally {
        ConnectionManager.closeResultSet(results);
        ConnectionManager.closeStatement(titlesQuery);
        ConnectionManager.closeConnection(connection);
    }
    return result;
}
public int update(Titles title) {   //利用封装类的实例更新表 titles 中的记录
    int result=0;
    try{
        connection=ConnectionManager.getConnction();
        String sql="update titles set title=?,editionNumber=?,";
        sql+="copyright=?,publisherID=?,imageFile=?,price=? where isbn=?";
        titlesQuery=connection.prepareStatement(sql);
        titlesQuery.setString(1,title.getTitle());
        titlesQuery.setInt(2,title.getEditionNumber());
        titlesQuery.setString(3,title.getCopyright());
        titlesQuery.setInt(4,title.getPublisherId());
        titlesQuery.setString(5,title.getImageFile());
        titlesQuery.setFloat(6,title.getPrice());
        titlesQuery.setString(7,title.getIsbn());
        result=titlesQuery.executeUpdate();
    }catch(Exception e){
        e.printStackTrace();
    }
  //释放资源
    finally {
```

```
            ConnectionManager.closeResultSet(results);
            ConnectionManager.closeStatement(titlesQuery);
            ConnectionManager.closeConnection(connection);
        }
        return result;
    }
    public Titles findByIsbn(String isbn) {      //根据 ISBN 查找图书
        Titles book=null;
        try{
            connection=ConnectionManager.getConnction();
            String sql="SELECT * FROM titles where isbn='"+isbn+"'";
            titlesQuery=connection.prepareStatement(sql);
            results=titlesQuery.executeQuery();
            if(results.next()) {
                book=new Titles();              //每次创建一个封装类的实例
              //将数据表中的一条记录数据添加到封装类中
                book.setIsbn(results.getString("isbn"));
                book.setTitle(results.getString("title"));
                book.setEditionNumber(results.getInt("editionNumber"));
                book.setCopyright(results.getString("copyright"));
                book.setPublisherId(results.getInt("publisherID"));
                book.setImageFile(results.getString("imageFile"));
                book.setPrice(results.getFloat("price"));
                    }
        }catch(Exception e){
            e.printStackTrace();
        }finally {
            ConnectionManager.closeResultSet(results);
            ConnectionManager.closeStatement(titlesQuery);
            ConnectionManager.closeConnection(connection);
        }
        return book;
    }
}
```

以上代码完成了 titles 表的增、删、改和查的数据库操作。

14.7.2　图书列表页面 listBook.jsp 和其他页面

在图书显示 listBook.jsp 页面中，添加增、删和改的超级链接。修改以后的显示图书代码如下：

程序清单：ch14\listBook.jsp

```
<%@page language="java" contentType="text/html;charset=gbk"
    pageEncoding="gbk"%>
```

```
<%@page import="ch13.*,ch14.*,java.util.*"%>
<!DOCTYPE html PUBLIC "-//W3C//DTD HTML 4.01 Transitional//EN" "http://www.w3.
org/TR/html4/loose.dtd">
<html>
<head>
<title>图书列表</title>
<!--使用 userBean 动作创建 TitleDaoImpl 的实例,实例的名字为"dao",作用域为
"request"-->
<jsp:useBean id="dao" class="ch13.TitleDaoImpl" scope="request"/>
</head>
<body>
<table  bgcolor=lightgrey>
<tr><td>ISBN</td><td>书名</td><td>版本</td><td>发布时间</td><td>价格
</td><td>删除</td>
</tr>
<%List list=dao.getTitles();          //得到图书列表
  Titles titles=null;
  for(int i=0;i<list.size();i++){
     titles=(Titles)list.get(i);
                    //从 list 中得到的是一个 Object 对象,要强制转换为 Titles 对象
     %><!—单击 ISBN 可编辑此图书信息,这是一个链接→
     <tr bgcolor=cyan><td><a href="/javaEE/toEditTitles?isbn=<%=titles.
     getIsbn()%>">
     <%=titles.getIsbn()%></a></td>
     <td><%=titles.getTitle()%></td>
     <td><%=titles.getEditionNumber()%></td>
     <td><%=titles.getCopyright()%></td>
     <td><%=titles.getPrice()%>     </td>
<!—单击"删除"链接提交给 doDeleteTitle 这个 Servlet 进行删除操作→
     <td><a href="/javaEE/doDeleteTitle?isbn=<%=titles.getIsbn()%>">删除
     </a></td>
     </tr>
     <%
  }
%>
</table>
<table  align="center" bgcolor=lightgrey><tr ><td ><a href="addTitle.jsp">
添加图书</a></td></tr></table>
</body>
</html>
```

在 listBook.jsp 中为图书 ISBN 列添加了一个链接,当单击某一本书的 ISBN 时提交给 editTitle,这是一个 Servlet,负责提取这本书的详细信息并转发到编辑界面。请注意,在 JSP 页面是如何将参数传递给 Servlet 的。在 JSP 页面可以通过这种方式传递参数:

<a href="modifyTitles? isbn=<%=titles.getIsbn()%>，其中 isbn 是传递的变量的名称，JSP 表达式<%=titles.getIsbn()%>是变量 isbn 的值，这个变量的值在 Servlet 中可以通过 request.getParameter("isbn")得到。如果传递多个参数可以用 & 作为分隔符。删除链接也是通过以上的方式将 ISBN 传递给 deleteTitle，这也是一个 Servlet，负责从表 titles 中删除数据，然后转发页面。添加图书链接直接跳转到 addTitle.jsp 页面。在地址栏中输入：http://localhost:8080/ch14/listBook.jsp，运行效果如图 14-13 所示。

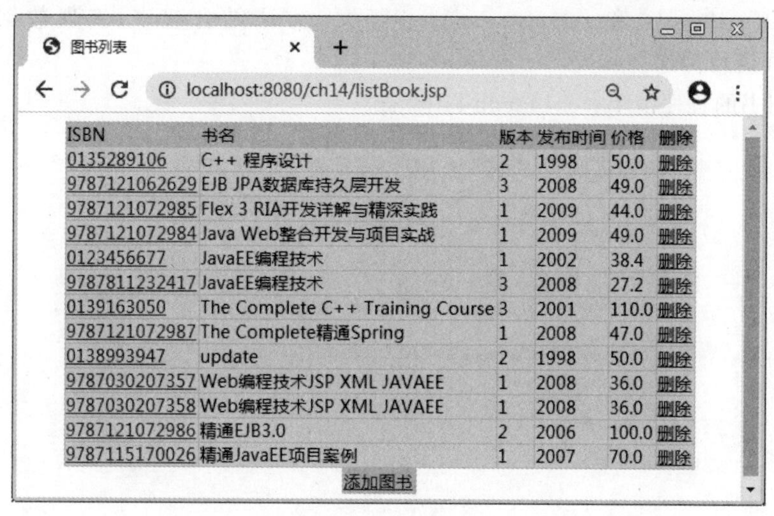

ISBN	书名	版本	发布时间	价格	删除
0135289106	C++ 程序设计	2	1998	50.0	删除
9787121062629	EJB JPA数据库持久层开发	3	2008	49.0	删除
9787121072985	Flex 3 RIA开发详解与精深实践	1	2009	44.0	删除
9787121072984	Java Web整合开发与项目实战	1	2009	49.0	删除
0123456677	JavaEE编程技术	1	2002	38.4	删除
9787811232417	JavaEE编程技术	3	2008	27.2	删除
0139163050	The Complete C++ Training Course	3	2001	110.0	删除
9787121072987	The Complete精通Spring	1	2008	47.0	删除
0138993947	update	2	1998	50.0	删除
9787030207357	Web编程技术JSP XML JAVAEE	1	2008	36.0	删除
9787030207358	Web编程技术JSP XML JAVAEE	1	2008	36.0	删除
9787121072986	精通EJB3.0	2	2006	100.0	删除
9787115170026	精通JavaEE项目案例	1	2007	70.0	删除

添加图书

图 14-13　listBook.jsp 效果

程序清单：添加图书页面代码 ch14\addTitle.jsp

```
<%@page language="java" pageEncoding="gbk"%>
<html>
  <head>
    <title>添加图书页面</title>
  </head>
  <body>
    <h1>添加图书</h1>
    <form method="post" action="/javaEE/doAddTitle"><table>
     <tr><td>ISBN</td><td><input type="text" name="isbn"/></td></tr>
    <tr><td>书名</td><td><input type="text" name="title"/></td></tr>
    <tr><td>封面图像文件名称</td><td><input type="text" name="imageFile"/>
    </td></tr>
     <tr><td>版本号</td><td><input type="text" name="editionNumber"/></td></tr>
      <tr><td>出版商 ID</td><td><input type="text" name="publisherId"/></td></tr>
      <tr><td>价格</td><td><input type="text" name="price"/></td></tr>
       <tr><td>版权</td><td><input type="text" name="copyright"/></td></tr>
       <tr><td><input type="submit" value="添加"/></td></tr>
       </table>
```

```
    </form>
  </body>
</html>
```

此页面提交给 doAddTitle 这个 Servlet 来处理 titles 表的添加操作。下面是修改页面,修改页面与添加页面基本相同,只是在修改页面中要将当前编辑的记录的值提取出来,并在页面上显示。此时涉及如何从 Servlet 中将数据传递到 JSP 页面,可以利用 request.setAttribute( )和 request.getAttribute( )方法结合起来,实现数据在 JSP 和 Servlet 之间进行传递。

编辑图书的程序清单:ch14\editTitle.jsp

```
<%@page language="java" import="ch14.*,ch13.*" pageEncoding="gbk"%>
<html>
  <head>
    <title>修改图书页面</title>
<%                          //从 request 对象中取出属性 titles 的值
Titles titles=(Titles)request.getAttribute("titles");%>
  </head>
  <body>
    <h1>"修改图书</h1>
    <form method="post" action="doEditTitle">
    <table>
      <tr><td>ISBN</td><td><input type="text" name="isbn" readOnly="true"
      value="<%=titles.getIsbn()%>"/></td></tr>
      <tr><td>书名</td><td><input type="text" name="title"
      value="<%=titles.getTitle()%>"/></td></tr>
      <tr><td>封面图像文件名称</td><td><input type="text" name="imageFile"
      value="<%=titles.getImageFile()%>"/></td></tr>
      <tr><td>版本号</td><td><input type="text" name="editionNumber"
      value="<%=titles.getEditionNumber()%>"/></td></tr>
      <tr><td>出版商 ID</td><td><input type="text" name="publisherId"
      value="<%=titles.getPublisherId()%>" readOnly="true"/></td></tr>
      <tr><td>价格</td><td><input type="text" name="price"
      value="<%=titles.getPrice()%>"/></td></tr>
      <tr><td>版权</td><td><input type="text" name="copyright"
      value="<%=titles.getCopyright()%>"/></td></tr>
      <tr><td><input type="submit" value=" 修改"/></td></tr>
    </table>
    </form>
  </body>
</html>
```

在上面的代码中,通过 request.getAttribute("titles")得到 Servlet 中传递过来的属

性值，再利用 JSP 表达式为文本框的 value 属性赋值，如黑体字所示。这样在页面中可以显示当前记录的内容。Input 标签中的 readOnly＝"true"表示文本框值为只读，在 editTitle.jsp 页面中，ISBN 是表的键，不能修改，还有 publisherId 在这里不能直接修改，它是 publisher 表的外键，因此，它们的 readOnly＝"true"表示不能修改。

14.7.3　编写 Servlet

当 JSP 页面将请求提交给 Servlet 后，Servlet 接收从页面传送过来的数据，同时调用 JavaBean 的方法进行业务逻辑的处理，并将处理结果返回客户端。在此 Servlet 起到控制作用。首先编写添加图书的 Servlet 代码。

添加图书 doAddTitle 类的程序清单：ch14\DoAddTitle.java

```
package ch14;
//省略 import 语句
public class doAddTitle extends HttpServlet {
public void doPost(HttpServletRequest request,HttpServletResponse response)
        throws ServletException,IOException {

        response.setContentType("text/html");
        //从页面获取文本框数据
        String isbn=request.getParameter("isbn");               //ISBN
        String title=request.getParameter("title");             //书名
        title=new String(title.getBytes("ISO-8859-1"),"GBK");
        String copyright=request.getParameter("copyright");  //版权
        String imageFile=request.getParameter("imageFile");    //封面图像文件名称
        //版本号
        int editionNumber=Integer.parseInt(request.getParameter("editionNumber"));
        int publisherId=Integer.parseInt(request.getParameter("publisherId"));
                                                                 //出版商 ID
        float price=Float.parseFloat(request.getParameter("price"));   //价格
        //将数据添加进封装类中
        Titles titles=new Titles();
        titles.setIsbn(isbn);
        titles.setCopyright(copyright);
        titles.setEditionNumber(editionNumber);
        titles.setImageFile(imageFile);
        titles.setPrice(price);
        titles.setPublisherId(publisherId);
        titles.setTitle(title);
        //调用数据库操作类执行插入操作
        TitleDao titleDao=new TitleDaoImpl();
        System.out.print(title);
        int n=titleDao.add(titles);
        if(n>0)                                   //如果添加成功重定向到 listBook.jsp
```

```
            response.sendRedirect("/javaEE/ch14/listBook.jsp");
        else                                        //如果添加失败重定向到 error.jsp
            response.sendRedirect("/javaEE/ch14/error.jsp");
    }
}
```

删除图书的 Servlet 类程序清单：ch14\DoDeleteTitle.java

```
package ch14;
//省略 import 语句
public class doDeleteTitle extends HttpServlet {
public void doPost(HttpServletRequest request,HttpServletResponse response)
        throws ServletException,IOException {

        response.setContentType("text/html");
        String isbn=request.getParameter("isbn");
        TitleDao titleDao=new TitleDaoImpl();
        int n=titleDao.delete(isbn);
        if(n>0)                                     //如果删除成功重定向到 listBook.jsp
            response.sendRedirect("/javaEE/ch14/listBook.jsp");
        else                                        //如果删除失败重定向到 error.jsp
            response.sendRedirect("/javaEE/ch14/error.jsp");
    }
}
```

在编辑图书之前获取图书信息的 Servlet 类程序清单：ch14\ToEditTitle.java

```
package ch14;
//省略 import 语句
public class ToEditTitle extends HttpServlet {
public void doPost(HttpServletRequest request,HttpServletResponse response)
        throws ServletException,IOException {
        response.setContentType("text/html");
        String isbn=request.getParameter("isbn");
        TitleDao titleDao=new TitleDaoImpl();
        Titles titles=titleDao.findByIsbn(isbn);
        request.setAttribute("titles",titles); //将图书信息保存在 request 对象中
        //转发到编辑页面 editTitle.jsp
            request. getRequestDispatcher ( " ch14/editTitle. jsp "). forward
            (request,
            response);
        }
}
```

执行更新图书信息的 Servlet 类程序清单：DoEditTitle.java

```
package ch14;
```

```
public class DoEditTitle extends HttpServlet {
public void doPost(HttpServletRequest request,HttpServletResponse response)
        throws ServletException,IOException {
    response.setContentType("text/html");
    //从页面获取文本框数据
    String isbn=request.getParameter("isbn");           //ISBN
    String title=request.getParameter("title");         //书名
    title=new String(title.getBytes("ISO-8859-1"),"GBK");
    String copyright=request.getParameter("copyright"); //版权
    String imageFile=request.getParameter("imageFile"); //封面图像文件名称
    //版本号
    int editionNumber=Integer.parseInt(request.getParameter("editionNumber"));
    int publisherId=Integer.parseInt(request.getParameter("publisherId"));
                                                        //出版商 ID
    float price=Float.parseFloat(request.getParameter("price"));   //价格
    //将数据添加进封装类中
    Titles titles=new Titles();
    titles.setIsbn(isbn);
    titles.setCopyright(copyright);
    titles.setEditionNumber(editionNumber);
    titles.setImageFile(imageFile);
    titles.setPrice(price);
    titles.setPublisherId(publisherId);
    titles.setTitle(title);
    //调用数据库操作类执行更新操作
    TitleDao titleDao=new TitleDaoImpl();
    int n=titleDao.update(titles);
    if(n>0)                                   //如果更新成功重定向到 listBook.jsp
        response.sendRedirect("/javaEE/ch14/listBook.jsp");
    else                                      //如果更新不成功重定向到 error.jsp
        response.sendRedirect("/javaEE/ch14/error.jsp");
  }
}
```

执行更新的 Servlet 代码和执行添加的 Servlet 代码基本相同，唯一不同的是调用 TitleDao 的方法不同，一个是 addTitle()方法，另一个是 updatTitle()方法。

习　题　14

1. HttpServlet 中的 doGet()和 doPost()方法的原型是什么？
2. Servlet 实例是什么时候创建的？什么时候销毁的？
3. JSP 与 Servlet 关系如何？
4. 通过哪个对象可以获取 Web 容器的相关信息？
5. 如何通过 HttpServletRequest 对象在 JSP 和 Servlet 之间或 Servlet 之间传递数据？

第15章 Servlet 的会话跟踪技术

CHAPTER

Servlet 容器提供了会话管理功能，通过会话管理可以有效地跟踪用户，为客户提供个性化的服务。同时通过会话的持久化，可以很好地保存会话信息，即使服务器出现了故障，仍然可以恢复客户的会话信息。

15.1 Session 与会话

HTTP 是一种无状态协议，也就是说，当一个客户访问服务器时，服务器不会保留客户端的任何信息，因此，Web 服务器会将同一个客户的每次访问都当作一次新的访问。但有时需要服务器保留客户端的信息，以识别同一个客户的多次访问，那又如何实现呢？

在前面的例子中，要进行网上购物，客户为了选购商品可能在不同的页面间进行浏览，在浏览的过程中不断地将商品添加到购物车中，当 Servlet 容器接收到客户端的请求后，如何判断是哪个客户发出的请求，又如何将商品添加到购物车中呢？为了跟踪用户的操作状态，Servlet 容器使用了一个称为 HttpSession 的对象实现这个功能，称为会话机制。

会话(Session)是指在一段时间内，一个客户与 Web 服务器的一系列交互过程，在一次会话过程中，客户可能多次访问同一个页面，也可能访问多个不同的服务器资源。

例如，在网上购书的过程是这样的，首先登录网上书店首页，浏览图书目录，选中一本书，查看书的详细信息，如果喜欢就添加到购物车，继续浏览，重复以上过程，最后查看购物车并结账，到此一个会话过程结束。

Servlet 容器通过 HttpSession 对象实现会话管理，主要有两种实现方式，一种是用 Cookie，另一种是用 URL 重定向。当一个会话开始时，Servlet 容器为每位客户创建一个 HttpSession 对象，在 HttpSession 对象中可以存放客户状态信息(如购物车)。在服务器中为了识别同一个 Session 对象，Servlet 容器为每个子 Session 分配一个唯一标识，称为 SessionID。在客户端向服务器发送请求时，Servlet 容器将生成的 SessionID 保存在客户端的 Cookie 中，如果客户端关闭了 Cookie，则可以通过 URL 重定向保存这个 SessionID。

Session 的生命周期是由 Servlet 容器来管理的，Servlet 容器可以通过 HttpSession 的 setMaxInactiveInterval()方法设置 Session 的最大生存时间，也可以通过 HttpSession 的 invalidate()方法结束一个会话。

在客户端，浏览器保存会话标识，并在每一个后继请求中把这个会话标识发送给 Servlet 容器。服务器根据客户端的会话标识来确定用户是不是新用户，如果已经存在一个会话标识，服务器不再创建新的 HttpSession 对象，而是寻找具有相同会话标识的 HttpSession 对象，然后建立该 Session 对象和当前请求的关联。如果不存在 SessionID，则创建一个新的 HttpSession 对象。HttpSession 接口常用的方法如表 15-1 所示。

表 15-1 HttpSession 接口常用方法

方 法	功能描述
String getId()	返回 SessionID
long getGreationTime()	返回 Session 被创建的时间
Long getLastAccessedTime()	返回 Session 最后被客户发送的时间
void setMaxInactiveInterval(int interval)	设置 Session 的有效生存时间
Int getMaxInactiveInterval()	返回超时时间间隔(秒)，负值表示 Session 永远不会超时
Object getAttribute(String name)	根据 name 返回存储在 Session 中的 Java 对象
void setAttribute(String name，Object value)	以键-值对的方式将变量保存在 Session 中
void invalidate()	使 Session 对象失效，并释放所有与这个 Session 绑定的对象

15.2 Servlet 实现会话跟踪

1. 会话的创建

在 Servlet 中可以通过 request 对象获得 HttpSession 对象，具体方法如下：

```
HttpSession session=request.getSession(Boolean value);
HrrpSession session=request.getSession();
```

第一种方法中，布尔值为 true 时，表示如果存在与当前请求关联的会话，就返回该会话，如果没有关联的会话，则创建一个新的会话。布尔值为 false 时，表示如果存在与当前请求关联的会话，就返回该会话，如果没有关联的会话返回 null，并且不创建新的会话。第二种方法的作用与第一种方法的布尔值为 true 时相同。

2. 会话的使用

在 Servlet 容器与客户端进行会话的过程中，要进行多次的请求和回应，不断地进行数据交换。这就带来一个问题：在会话过程中如何保证交换的数据不会丢失？在 15.1 节中介绍了 HttpSession 接口的方法，其中有两个方法 setAttribute()和 getAttribute()。这两个方法可以实现在整个会话过程中数据的正确传输。

setAttribute(String name，Object value)是把一个值对象 value 保存在 HttpSession

对象中,并为其指定引用名称为 name。在会话过程中,需要使用数据时可以使用 getAttribute(String name)方法,将数据取出来,取出来的这个值是一个 Object 类型的对象,我们必须对其进行数据类型转换,而且要与存入时的类型保持一致。

3. 结束 HttpSession 对象生命周期

可以通过以下三种方法中的任何一种结束 HttpSession 对象生命周期。

- 客户端关闭浏览器时,表示这一次会话结束,HttpSession 对象生命周期结束。
- 调用 HttpSession 的 invalidate()方法,可以结束 HttpSession 对象的生命周期。
- 两次访问服务器的时间间隔大于 session 定义的最大非活动时间间隔时,也会结束 session。

15.3　编程示例:网上书店

网上书店分为前台和后台,后台管理的用户是系统管理员,前面的内容是后台管理,主要包括图书的增、删、改、查。而前台用户是普通的顾客,也就是普通消费者,主要功能是浏览图书、查看图书详细信息、添加购物车和结账的功能。购物流程图如图 15-1 所示。

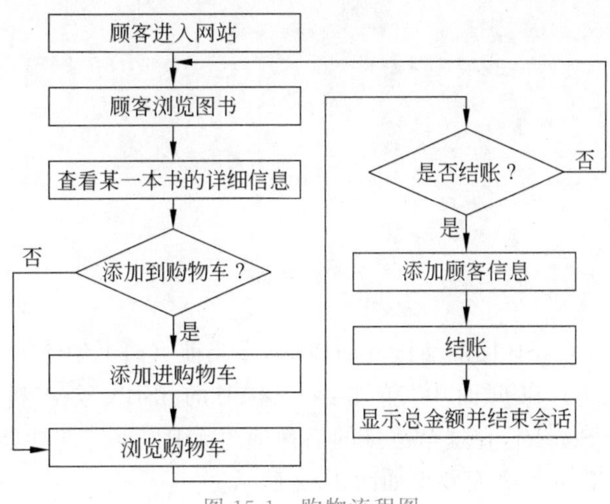

图 15-1　购物流程图

15.3.1　顾客浏览图书

顾客进入网站首先看到的是图书的列表,显示的主要内容是图书的 ISBN、书名、作者、出版社。这和前面的 listBook.jsp 的页面是一样的,只是 ISBN 的链接显示图书的详细信息。

顾客浏览图书信息页面程序清单:ch15\viewBook.jsp

```
<%@page language="java" contentType="text/html;charset=gbk" pageEncoding="gbk"%>
<%@page import="ch14.*,java.util.*" %>
<html>
<head>
```

```
<title>图书列表</title>
<!--使用 userBean 动作创建 TitleDaoImpl 的实例,实例的名字为"dao",作用域为"request"-->
<jsp:useBean id="dao" class="ch14.TitleDaoImpl" scope="request"/>
</head>
<body><h1 align="center">浏览图书</h1>
<table align="center" bgcolor=lightgrey>
<tr><td>ISBN</td><td>书名</td><td>版本</td><td>发布时间</td><td>价格</td
>
</tr>
<%List list=dao.getTitles();                //得到图书列表
  Titles titles=null;
  for(int i=0;i<list.size();i++){
     titles=(Titles)list.get(i);
                          //从 list 中得到的是一个 Object 对象,要强制转换为 Titles 对象
     %>
     <tr bgcolor=cyan><td><a href="/javaEE/toViewTitle? isbn=<%=titles.
     getIsbn()%>" title="单击显示详细信息">
     <%=titles.getIsbn()%></a></td>
     <td><%=titles.getTitle()%></td>
     <td><%=titles.getEditionNumber()%></td>
     <td><%=titles.getCopyright()%></td>
     <td><%=titles.getPrice()%>    </td>
          </tr>
     <%
  }
%>
</table>
</body>
</html>
```

以上代码中用到了 JSP 标准动作 userBean,在当前页面上创建了 TitleDaoImpl 类的一个实例名字为 dao。在页面中,单击某一本书的 ISBN 会将链接提交给名字为 toViewTitle 的一个 Servlet,在这个链接的后面通过 URL 重定向功能将这本书的 ISBN 一同提交给 toViewTitle。页面效果如图 15-2 所示。

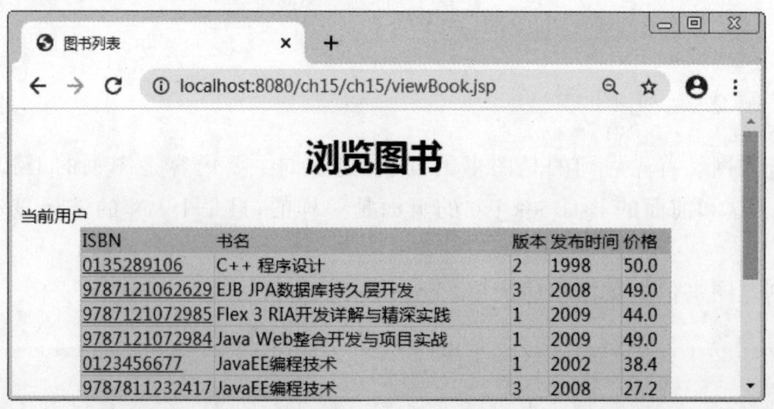

图 15-2 浏览图书页面

15.3.2　显示图书详细信息

在图 15-2 中单击某一本书的 ISBN 可查看书的详细信息。这个功能是由一个 Servlet 和一个 JSP 页面共同完成的。对应于 ISBN 的链接的是一个 Servlet，其对应的是 ToViewTitle 类。

程序清单：ToViewTitle.java

```
package ch15;
//略去 import
public class ToViewTitle extends HttpServlet {
    public void doGet(HttpServletRequest request,HttpServletResponse response)
            throws ServletException,IOException {
        response.setContentType("text/html");
        String isbn=request.getParameter("isbn");
        TitleDao titleDao=new TitleDaoImpl();
        Titles titles=titleDao.findByIsbn(isbn);    //根据 ISBN 查找图书
        HttpSession session=request.getSession();    //获取当前会话的 session 对象
                    //将图书对象 titles 保存在 session 对象中,保存属性名为 titles
        session.setAttribute("titles",titles);       //转发显示详细信息页面
          request. getRequestDispatcher ( " ch15/detail. jsp"). forward (request,
          response);
        }
}
```

以上代码中根据传递过来的 ISBN，调用 TitleDaoImpl()类的 findByIsbn()方法在数据库中查找，返回一个 Titles 类的实例，并将此对象保存在了会话对象 session 中。然后转发到 ch15/detail.jsp 页面显示图书详细信息。在 detail.jsp 页面中通过<% Titles titles=(Titles)session.getAttribute("titles");%>JSP 脚本从 session 中取出相关图书信息，并用 JSP 表达式将图书信息显示出来，如图 15-3 所示。

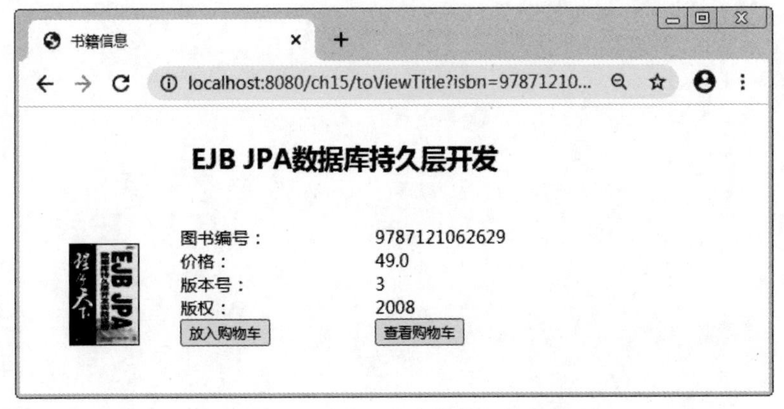

图 15-3　显示某一本书的详细信息页面

15.3.3 将图书添加到购物车并显示购物车信息

在图 15-3 中单击“放入购物车”按钮时，提交给处理购物车的 Servlet 类 AddTitlesToCart。

程序清单：AddTitlesToCart.java

```
package ch15;
@WebServlet("/addTitlesToCart")
public class AddTitlesToCart extends HttpServlet {
public void doPost(HttpServletRequest request,HttpServletResponse response)
        throws ServletException,IOException {
    HttpSession session=request.getSession(false);
    RequestDispatcher dispatcher;
    //如果 session 不存在,转向/ch14/listBook.jsp
    if(session==null) {
       dispatcher=request.getRequestDispatcher("/ch15/viewBooks.jsp");
       dispatcher.forward(request,response);
    }
    //取出购物车和添加的书籍
    Map cart=(Map) session.getAttribute("cart");
    Titles titles=(Titles) session.getAttribute("titles");
    //如果购物车不存在,创建购物车
    if(cart==null) {
       cart=new HashMap();
         //将购物车存入 session 中
       session.setAttribute("cart",cart);
    }
    //判断要添加的书籍是否已在购物车中
    CartItem cartItem=(CartItem) cart.get(titles.getIsbn());
    //如果书籍在购物车中,更新其数量
    //否则,创建一个条目到 Map 中
    if(cartItem!=null)
       cartItem.setQuantity(cartItem.getQuantity()+1);
    else{
       CartItem cartItem1=new CartItem();
       cartItem1.setTitles(titles);
       cartItem1.setQuantity(1);
       cart.put(titles.getIsbn(),cartItem1);
    }
    //转向 viewCart.jsp 显示购物车
    dispatcher=request.getRequestDispatcher("/ch15/viewCart.jsp");
    dispatcher.forward(request,response);
}
```

上面的代码中用到了会话技术和 Java 集合类。程序中 request.getSession(false)获取已经存在的会话，如果不存在则将页面转到浏览图书页面。如果存在会话，则从 session 中取出购物车，也即是一个 HashMap 集合类对象 cart。如果是第一次添加商品，则购物车为空，此时创建一个 HashMap 对象 cart，并将其存入 session 中，保存购物车的命令为 session.setAttribute("cart",cart)。在添加一种图书之前，要在购物车 cart 中查找这本书是否已经添加过，这实际上是在 cart 中查找是否存在与要存入的书的 ISBN 有相同键-值的对象，(CartItem) cart.get(titles.getIsbn())语句完成此功能。其中 CartItem 是对图书的进一步封装。

程序清单：CartItem.java

```
package ch15;
import ch14.*;
public class CartItem {
    private Titles titles;                          //Titles 类的对象作为属性
    private int quantity;                           //表示图书数量
    public Titles getTitles() {
        return titles;
    }
    public void setTitles(Titles titles) {
        this.titles=titles;
    }
    public int getQuantity() {
        return quantity;
    }
    public void setQuantity(int quantity) {
        this.quantity=quantity;
    }
}
```

在 Titles 类中存放了图书的相关信息，但没有表示图书数量的属性，为此构建这个 CartItem 类，它不但可以存放图书的相关信息，同时还可以存放某种图书的数量。在购物车中(HashMap 对象 cart)的键必须是唯一的，图书的 ISBN 号是不会有重复的，可作为这个 Map 的键，购物车中的值就是每种书对应的一个 CartItem 对象。将图书添加进购物车后，转发到 ch15/viewCart.jsp 页面显示购物车的信息。

程序清单：ch15/viewCart.jsp

```
<%  //第一阶段
    Map cart=(Map) session.getAttribute("cart");  //从 session 中获取购物车对象
    double total=0;                                //存放购书总金额的变量
    if(cart==null || cart.size()==0)
        out.println("<p>购物车当前为空.</p>");
    else {
        //创建用于显示内容的变量
```

```
        Set cartItems=cart.keySet();                //得到购物车 cart 中的键的集合
        Object[] isbn=cartItems.toArray();          //将这个 Set 转换为 Object 数组
        Titles book;
        CartItem cartItem;
        int quantity;
        double price,subtotal;
%>
    <table cellSpacing=0 cellPadding=0 width=590 border=1>
<thead><tr align="center"><th>书籍名称</th><th>数量</th><th>价格</th>
<th>小计</th></tr></thead>
<%                                                                  //第二阶段
    int i=0;
        while (i<isbn.length) {      //取出购物车 cart 中所有键值对并计算总金额
        //根据键 ISBN 获取对应的值(CartItem)对象
            cartItem=(CartItem) cart.get((String)isbn[i]);
            book=cartItem.getTitles();              //某种图书名称
            quantity=cartItem.getQuantity();        //购物车中某种书的数量
            price=book.getPrice();                  //某种书的价格
            subtotal=quantity*price;                //某种书的金额
            total +=subtotal;                       //购物车中的总金额
            i++;
//第三阶段%>        <tr>
        <td><%=book.getTitle()%></td>
        <td align="center"><%=quantity %></td>
        <td class="right">
          <%=new DecimalFormat("0.00").format(price)%><!—格式化输出价格 price→
        </td>
        <td class="bold right">
          <%=new DecimalFormat("0.00").format(subtotal)%>
        </td>
      </tr>
<%
    }                                   //end of while loop
%>
    <tr>
      <td colspan="4" class="bold right"><b>&#24635;&#35745;&#65306;</b>
         <%=new DecimalFormat("0.00").format(total)%>
      </td>
    </tr>
  </table>
<%                                      //将总金额保存到 session 中
    session.setAttribute("total",new Double(total));
  }                                     //end of else
%>
```

```
  <p class="bold green">
    <a href="/ch15/ch15/viewBook.jsp">继续购物</a>
</p>
<form method="get" action="/ch15/ch15/order.html">
    <p><input type="submit" value="结　账" /></p>
</form>
```

代码可以分为三个阶段：第一个阶段从购物车 cart 中取出所有图书的 ISBN，也即是购物车的键；第二阶段根据 ISBN 从 cart 中取出所有的 CartItem 对象，即图书商品信息，并计算商品的金额；第三阶段利用 JSP 表达式显示购物车的详细信息，同时将总金额保存在 session 中，以备将来结账时用。在代码中用到一个类 DecimalFormat，这是一个用来格式化小数的类，这个类可以先定义模板，并根据模板样式输出小数。viewCart.jsp 的运行结果如图 15-4 所示。

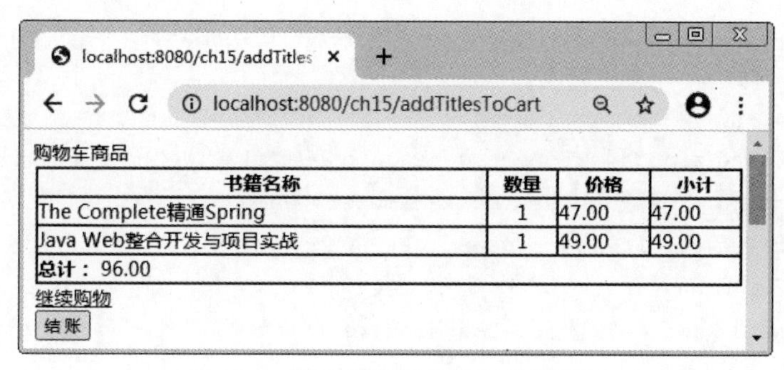

图 15-4　显示购物车的详细信息页面

15.3.4　添加订单信息并结账

在图 15-4 中单击“继续购物”链接可导航到 viewBook.jsp 页面，单击“结账”按钮则提交给 order.html 页面，这个页面可输入顾客的相关信息，如图 15-5 所示，代码略去。

图 15-5　输入顾客详细信息页面

order.html 页面中的 form 格式：

<form method="POST" name="order" action="/javaEE/doOrder">，即提交到了 URL 为 doOrder 的 Servlet，这个 Servlet 对应类 DoOrder，在此进行订单处理。

程序清单：DoOrder.java

```
package ch15;
@WebServlet("/doOrder")
public class DoOrder extends HttpServlet {
public void doPost(HttpServletRequest request,HttpServletResponse response)
        throws ServletException,IOException {
    //处理中文输入
    request.setCharacterEncoding("GBK");
    //获取 session
    HttpSession session=request.getSession();
    //获取输入的表单数据
    String username=request.getParameter("username");         //用户名
    String zipcode=request.getParameter("zipcode");           //邮编
    String phone=request.getParameter("phone");               //电话
    String creditcard=request.getParameter("creditcard");     //信用卡
    //读出总的金额
    double total=((Double)session.getAttribute("total")).doubleValue();
    OrderOperation op=new OrderOperation();
    op.saveOrder(username,zipcode,phone,creditcard,total);
    request.getRequestDispatcher("/ch15/bye.jsp").forward(request,response);
    session.invalidate();
    }
}
```

在 DoOrder 类中引用了 OrderOperation 类的实例。OrderOperation 类是 bookorder 表的操作类，该类的 saveOrder( )方法可将订单数据存入数据库中的 bookorder 表。bookorder 表的结构如表 15-2 所示。

表 15-2　bookorder 表的结构

字　段	类　型	说　明	字　段	类　型	说　明
orderId	int	订单 ID	phone	Varchar(20)	电话
username	Varchar(20)	顾客名	creditcard	Varchar(20)	卡号
zipcode	Varchar(8)	邮编	total	double	金额

OrderOperation 类与 Titles 表的操作类 TitlesOperation 相似，在此不再列出代码，可查看相关源代码。在 DoOrder 类中处理订单完成后转发到 bye.jsp 页面，然后调用 session.invalidate()，使当前会话失效，至此整个购物过程结束。

习　题　15

1. HttpSession对象是如何保存客户端信息的？
2. 在Servlet中如何创建一个会话？
3. 结束HttpSession对象的生命周期有哪几种方法？
4. 已知用户表userinfo的结构如表15-3所示。

表15-3　userinfo表的结构

字　段	类　型	说　明	字　段	类　型	说　明
userId	int	用户ID	password	Varchar(20)	密码
loginname	Varchar(20)	登录名			

要求：

(1) 为表userinfo创建一个数据封装类UserInfo。

(2) 为表userInfo创建一个数据操作接口UserDao和实现类UserDaoImpl，UserDao接口如下：

```
Public interface UserDao{
Public UserInfo doLogin(String name,String password);
}
```

(3) 创建一个登录页面index.jsp，输入用户名和密码，提交给DoUser类，这是一个Servlet。

(4) 在DoUser类中获取页面提交的数据，并调用UserDaoImpl类的login方法对用户的合法性进行验证。如果是合法用户则将用户信息保存在session中，并转发到成功页面success.jsp，在此页面中将保存在session中的信息输出。如果不是合法用户则重定向到登录页面。

第16章 过滤器

CHAPTER

16.1 Servlet 过滤器简介

Servlet 过滤器 Filter 最初是在 Java Servlet 规范 2.3 中定义的，后来的 2.4 规范对它进行了重大升级。Servlet 过滤器能够对 Servlet 容器的请求和响应对象进行检查和修改。Servlet 过滤器本身并不生成请求和响应对象，它只提供过滤作用。Servlet 过滤器能够在调用请求的 Servlet 之前检查 Request 对象，修改 Request Header 和 Request 对象本身的内容；在 Servlet 被调用之后检查 Response 对象，修改 Response Header 和 Response 内容。Servlet 过滤器可以过滤的资源有 Servlet、JSP 页面和 HTML 页面。Servlet 过滤器的工作过程如图 16-1 所示。

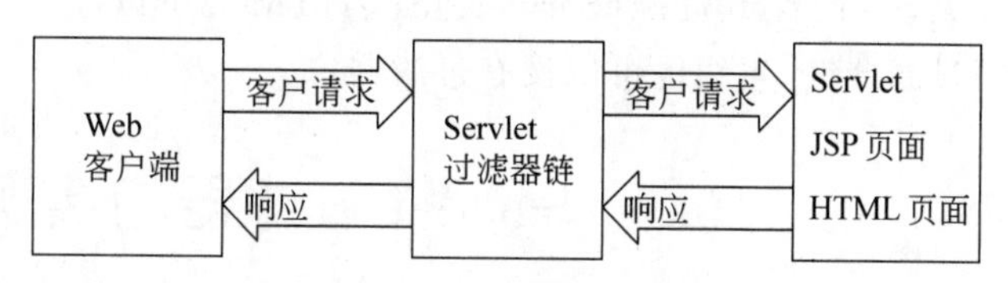

图 16-1 Servlet 过滤器的工作过程

过滤器主要有以下作用。

(1) 以常规的方式调用资源。

(2) 在调用 Servlet 之前修改请求信息。

(3) 在调用 Servlet 之后修改响应信息。

(4) 阻止资源调用，转到其他资源，返回一个特定的状态码或生成替换输出。

过滤器主要有以下几方面的应用。

(1) 权限检查：根据请求过滤非法用户。

(2) 记录日志：记录指定的日志信息。

(3) 解码：对非标准的请求解码。

(4) 解析 XML：和 XSLT 结合生成 HTML。

（5）设置字符集：解决中文乱码问题。

16.2 Servlet 过滤器体系结构

Servlet 过滤器用于拦截传入的请求和传出的响应，并监视、修改正通过的数据流。过滤器是自包含的组件，可以在不影响 Web 应用程序的情况下添加或删除它们。一个过滤器可以被关联任意多个资源，一个资源也可以被关联到任意多个过滤器，Web 资源与过滤器的关系如图 16-2 所示。

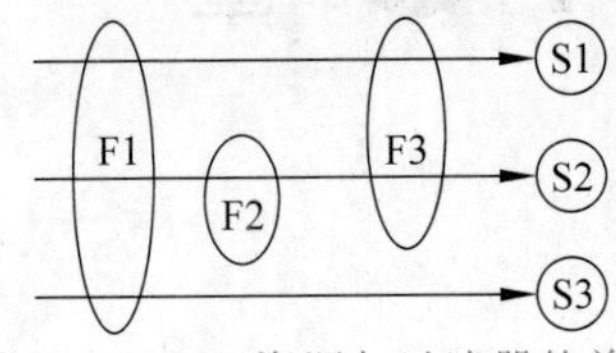

图 16-2 Web 资源与过滤器的关系

图中 S1、S2、S3 分别代表资源，F1、F2、F3 分别代表过滤器。它们的关系如下。

- 过滤器 F1 被关联到资源 S1、S2、S3。
- F1、F2、F3 将依次作用于资源 S2。
- F1、F3 将依次作用于 S1。
- F1 只作用于 S3。

过滤器是如何工作的呢？以资源 S2 为例，客户要访问资源 S2，就要依次经过过滤器 F1、F2 和 F3，最后才能访问资源 S2。客户的请求信息必须经过每个过滤器的处理，如果有一个过滤器不能通过，则请求信息将无法到达资源 S2。在请求信息到达资源 S2 后，S2 要送回一个响应信息，响应信息返回过程中也要通过过滤器，请求信息经过几个过滤器，回应信息也要经过几个过滤器，只是回应信息经过过滤器的次序与请求信息的正好相反。S2 的响应信息首先经过 F3，然后是 F2 和 F1。

由此可见，一个 Web 资源（Servlet、JSP、HTML）可以配置一个过滤器，或由多个过滤器组成的过滤器链，当然也可以没有过滤器。

16.3 Servlet 过滤器的实现

过滤器必须实现 javax.servlet.Filter 接口，这一接口声明了如下三个方法：init()、doFilter()和 destroy()。它们的作用如下。

Init(FilterConfig config)：这个方法是由容器调用进行初始化，它是在第一次访问时被执行的，并且只执行一次。通过这个方法可以获取在 web.xml 文件中指定的初始化参数。

doFilter(ServletRequest,ServletResponse,FilterChain)：过滤器的自定义行为主要在这里完成，其中参数 FilterChain 对象提供了后续过滤器所要调用的信息。

destroy()：在停止使用过滤器前，由容器调用过滤器的这个方法，完成必要的清除和释放资源的工作。

过滤器的实现有两种方式：一种是通过注解的方式，另一种是在配置文件 web.xml 中实现。下面分别介绍这两种实现方式。

16.3.1　以注解@WebFilter实现Filter

下面以一个示例来说明如何创建过滤器。在线考试系统中经常有这样的需求，只有在指定范围的IP地址才可以登录考试，而不在此范围的IP地址则拒绝登录。为此我们可将起始IP地址和终止IP地址写在注解的形参中。当有客户请求资源时，首先获取客户的IP地址，并将客户的IP与读取配置文件的IP地址作比较，如果客户IP在有效范围内，则允许登录，否则拒绝登录。

程序清单：ch16\\FilterIP.java

```
package ch16;
import java.io.IOException;
import javax.servlet.Filter;
import javax.servlet.FilterChain;
import javax.servlet.FilterConfig;
import javax.servlet.ServletException;
import javax.servlet.ServletRequest;
import javax.servlet.ServletResponse;
import javax.servlet.http.HttpServletRequest;
import javax.servlet.http.HttpServletResponse;
//定义了过滤器名称为 filterIp,同时传了两个参数 startIp 和 endIp,这两个
//参数限定了用户访问 IP 的范围
@ WebFilter(filterName="FilterIp",urlPatterns="/* ",
initParams={@ WebInitParam(name="startIp", value="127.0.0.0"),
      @ WebInitParam(name="endIp", value="192.168.0.3")})
public class FilterIp implements Filter {
    private FilterConfig filterConfig;
    private int startIp;                        //起始 IP 地址
    private int endIp;                          //结束 IP 地址
    public void destroy() {
    }
    public void doFilter(ServletRequest arg0,ServletResponse arg1,
        FilterChain arg2) throws IOException,ServletException {
            //将 ServletRequest 转换为 HttpServletRequest
            HttpServletRequest request=(HttpServletRequest)arg0;
            //将 ServletResponse 转换为 HttpServletResponse
      HttpServletResponse response=(HttpServletResponse)arg1;
      String s1=request.getRemoteHost();//获取客户端的 IP 地址
      String s2=s1.replace(".","");
                                  //将 IP 地址中的"."去掉,如 127.0.0.1 变为 127001
      int ip=Integer.parseInt(s2);        //将字符串转为 int 型数据
      if(ip<startIp||ip>endIp){           //如果用户的 IP 不在允许范围内
                                          //则转发到 error.jsp 页面
        request.getRequestDispatcher("error.jsp").forward(request,response);
        }
        System.out.println("这是对 request 的过滤");
        arg2.doFilter(arg0,arg1);         //调用下一个 Filter 或调用资源
```

```
        System.out.println("这是对 response 的过滤");
    }
    public void init(FilterConfig arg0) throws ServletException {
        this.filterConfig=arg0;
        //从 web.xml 中读取初始化参数 startIP
        String s1=filterConfig.getInitParameter("startIp").replace(".","");
        //从 web.xml 中读取初始化参数 endIP
        String s2=filterConfig.getInitParameter("endIp").replace(".","");
        startIp=Integer.parseInt(s1);    //将起始的 IP 地址送给属性 startIp
        endIp=Integer.parseInt(s2);      //将结束的 IP 地址送给属性 endIp
    }
}
```

定义类时类的名称前面加上注解@WebFilter(),就表示定义了一个过滤器,其中的参数含义如下：

filterName="FilterIp"：表示定义一个 Filter,其名称为 FilterIp。

urlPatterns="/*"：表示过滤所有的资源,也就是过滤所有的请求。

initParams：用来定义初始化参数列表。

@WebInitParam：每个注解定义一个参数,此处定义两个参数,分别是 startIp 和 endIp,表示 IP 的起始地址和终止地址,其值分别为 127.0.0.0 和 192.168.0.3。

过滤器中的 init()方法是在第一次访问时被调用,并只调用一次。其中 FilterConfig 对象的 getInitParameter()方法可以一次读取 web.xml 文件中的配置信息,利用 request 对象的 getRemoteHost()方法可以获取客户端的 IP 地址,将客户端的 IP 地址与配置文件中的 IP 地址范围比较,就可以实现对登录用户的控制。

16.3.2 通过配置文件创建过滤器

16.3.1 节是通过注解的方式创建过滤器,其实也可以在置文件 web.xml 中创建过滤器。我们对 16.3.1 节中的例子进行修改,以注解方式改为配置文件方式创建过滤器。在 web.xml 中添加如下代码：

```
<filter>
    <filter-name>filterIp</filter-name>
    <filter-class>com.FilterIp</filter-class>
    <init-param>
    <param-name>startIp</param-name>
    <param-value>192.168.0.1</param-value>
    </init-param>
    <init-param>
    <param-name>endIp</param-name>
    <param-value>192.168.0.3</param-value>
    </init-param>
</filter>
<filter-mapping>
```

```
    <filter-name>filterIp</filter-name>
    <url-pattern>/*</url-pattern>
</filter-mapping>
```

在上面的配置中，<filter>元素配置了过滤 IP 地址的过滤器，过滤器的名字是 filterIp，实现类的完整类名是 com.FilterIp，其中的<init-param>子元素定义了两个初始化参数 starpIp 和 endIp，分别表示 IP 的起始地址和终止地址；<filter-mapping>元素定义了 filterIP 过滤器对哪些资源的访问进行过滤，这里设置为/*，表示对所有资源都要过滤。配置文件完成以后还要定义过滤器的实现类，这个类与注解方式创建的实现类是完全相同的，只是不需要在类的名称前再添加注解@WebFilter()。

为了验证我们定义的过滤器，创建一个 Web 工程，在工程的根目录下建立三个 JSP 文件：index.jsp、success.jsp 和 error.jsp。当访问 Web 服务下的任何一个资源时，这个过滤器都会起作用，如我们在地址栏中输入如下网址：http://127.0.0.1:8080/ch16/index.jsp，则出现如图 16-3 所示的 index.jsp 页面。

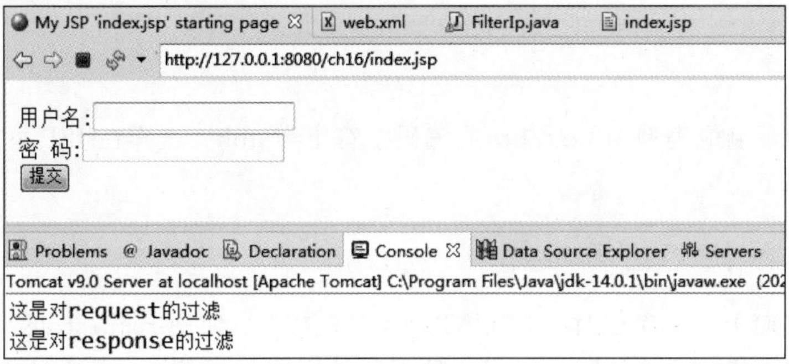

图 16-3　index.jsp 页面

这是因为从本机访问的 IP 地址是 127.0.0.1，而配置文件中的起始地址也是 127.0.0.1，客户的 IP 地址在允许范围内，可以请求 index.jsp 页面。如果改变 web.xml 文件中的 startIp 的值为 127.0.0.2，重启 Tomcat 服务器，访问与上面同样的网址，会出现如图 16-4 所示的 error.jsp 页面。这是因为请求的 IP 地址不在允许范围内，请求被过滤器拦截，被转发到了 error.jsp 页面(如图 16-4 所示)，不能到达请求资源 index.jsp 页面。

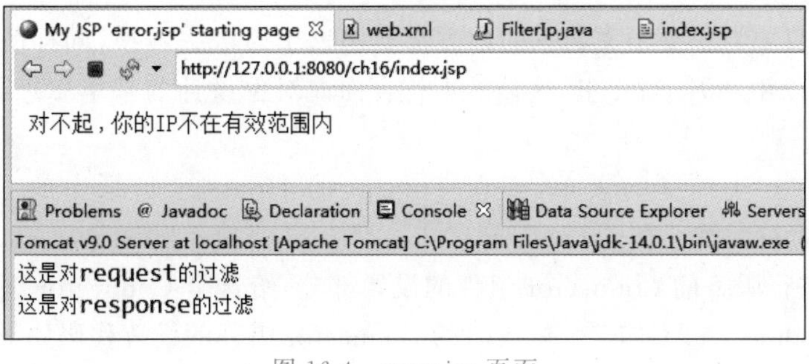

图 16-4　error.jsp 页面

16.4 中文乱码问题

由于 Java 语言内部采用 Unicode 编码，所以在程序运行时，就存在着一个从 Unicode 编码和对应操作系统及浏览器支持的编码格式转换输入、输出的问题。在这个转换过程中有一系列的步骤，如果其中任何一步出错，则输出就会出现乱码。这就是常见的中文乱码问题。在 Web 开发中遇到的中文编码问题主要有 JSP 页面显示、表单提交和数据库应用等。

16.4.1 JSP 页面中文乱码问题

在 JSP 页面中输出中文时乱码，这是因为没有指定 JSP 文件的响应结果 MIME 类型。JSP 页面默认的字符编码是 ISO-8859-1，这个字符集不能包含中文字符。解决办法是在 JSP 页面中通过 page 指令指定响应结果的 MIME 类型，即在 JSP 文件第一行添加如下代码：

```
<%@page contentType="text/html;charset=gbk"%>
```

此命令表示响应类型为 text/html，编码字符集为 gbk。这样在 JSP 页面上的中文就不会出现乱码了。

16.4.2 表单提交乱码问题

在 JSP 页面中提交表单时(用 POST 或 GET 方法)，使用 request.getParameter()方法获取表单控件值时出现乱码。出现这种现象的原因是在 Tomcat 中处理参数时，采用默认的字符集为 ISO-8859-1，而这个字符集是不包含中文的，所以出现乱码。在 Tomcat 中由于对 POST 方法和 GET 方法提交数据处理方式不同，因此解决中文乱码方法也不相同。

在网上书店的程序设计过程中，我们对提交数据中文乱码的解决方法是，首先获取字符串的字节码，然后再转换为相应的字符编码，命令如下：

```
new String(s.getBytes("ISO-8859-1"),"GBK");                //s 为要转换的字符串变量
```

在程序中只要有提交中文数据的地方都要用这个命令去转换，同样的代码分布在大部分的 JSP 页面中和 Servlet 里，这显然不符合面向对象设计的基本思想，如何解决这个问题呢？

对于 GET 方法提交的表单，要在 Tomcat 的 Home 主目录中的 Conf 目录下的 server.xml 中进行配置。在＜Tomcat_Home＞\conf 目录下的 server.xml 文件中，找到对 8080 端口进行服务的 Connector 组件的设置部分，给这个 Connector 组件添加一个属性?：URIEncoding＝? "GBK"。修改后的 Connector 组件的设置代码如下：

```
<Connector port="8080" protocol="HTTP/1.1"
        connectionTimeout="20000"
```

```
        redirectPort="8443" URIEncoding="GBK" />
```

这样修改后，重启 Tomcat 服务器就可以正确处理 GET 访问提交的请求数据了。

对 POST 方法提交的表单数据可以通过编写过滤器的方法解决，过滤器在用户提交的数据被处理之前被调用，可以在这里改变请求参数的编码方式。我们只要在过滤器中设置一个命令：

```
request.setCharacterEncoding("gbk");
```

这个命令可以解决 POST 请求字符串带来的字符乱码问题。具体实现步骤如下。

(1) 创建过滤器。

(2) 配置过滤器。

程序清单：SetCharacterEncodingFilter.java

```
package ch16;
//省略 import 语句
@WebFilter(filterName="SetCharacterEncodingFilter",urlPatterns="/* ",
initParams={@WebInitParam(name="encoding", value="GBK")})
public class SetCharacterEncodingFilter implements Filter {
  protected FilterConfig filterConfig;
  protected String encodingName;
  public void init(FilterConfig filterConfig) throws ServletException {
    this.filterConfig=filterConfig;
  //读取 web.xml 文件中参数 encoding 的值
    encodingName=filterConfig.getInitParameter("encoding");
  }
  public void doFilter(ServletRequest request,
                       ServletResponse response,
                       FilterChain chain)
                    throws IOException,ServletException {
    request.setCharacterEncoding(encodingName);     //设置请求对象的字符编码
     chain.doFilter(request,response);
    response.setCharacterEncoding(encodingName);    //设置回应信息的字符编码
  }
  public void destroy() {
  }
}
```

在 web.xml 文件中添加如下配置信息(注：如果在定义 Filter 类时添加了 @WebFilter 注解，在此外无须再定义 Filter)：

```
<filter>
        <filter-name>SetCharacterEncodingFilter</filter-name>
        <filter-class>ch16.SetCharacterEncodingFilter</filter-class>
        <init-param>
            <param-name>encoding</param-name>
```

```
            <param-value>GBK</param-value>
        </init-param>
    </filter>
    <filter-mapping>
        <filter-name>SetCharacterEncodingFilter</filter-name>
        <url-pattern>/*</url-pattern>
    </filter-mapping>
```

在配置文件中定义了一个 encoding 参数，其值为 GBK，过滤器中就是根据这个参数设置的字符集。这样做的好处是更改字符集时不需要更改源程序，只需修改配置文件即可。在过滤器中添加了这个设置以后，会对所有的请求资源进行字符转换，程序中不再需要将 ISO-8859-1 字符转换为 GBK 了，可以将程序中的所有 new String(s.getBytes("ISO-8859-1"),"GBK")语句去掉。

习　题　16

1. 已知有一个 index.jsp 页面，页面提交给 CheckServlet，对 Web 服务资源定义了两个过滤器 f1 和 f2，请画图说明 f1 和 f2 的工作过程。
2. 过滤器与 Servlet 有何不同？
3. 为第 15 章习题 4 添加过滤器，实现在控制台上打印登录用户名和登录的时间。
4. 为第 15 章习题 4 添加过滤器，实现登录 IP 地址控制，只允许 IP 地址在 192.168.1.1 到 192.168.1.10 之间的用户登录，不在此范围内的用户拒绝登录。

第17章 EL 与 JSTL

CHAPTER

17.1 EL 表达式

EL 全名为 Expression Language，它原本是 JSTL 1.0 为方便存取数据所自定义的语言。当时 EL 只能在 Java 标准标签库（JSTL）中使用，如：<c:out value="${3+7}">，程序执行结果为 10，但不能直接在 JSP 网页中使用。到了 JSP 2.0 之后，EL 已经正式纳入，成为标准规范之一。因此，只要是支持 Servlet 2.4/JSP 2.0 的 Web 服务器，就都可以在 JSP 网页中直接使用 EL 了。除了 JSP 2.0 建议使用 EL 之外，JavaServer Faces（JSR-127）也考虑将 EL 纳入规范，由此可知，EL 如今已经是一项成熟、标准的技术。

17.1.1 EL 表达式的基础知识

1. EL 表达式的语法

EL 表达式的语法为

```
${expression}
```

2. []与.操作符

EL 提供“.”和“[ ]”两种运算符来存取数据。当要存取的属性名称中包含一些特殊字符，如“.”或“?”等并非字母或数字的符号，就一定要使用“[ ]”。例如：

```
${user.My-Name}
```

应当改为

```
${user["My-Name"] }
```

如果要动态取值，就可以用“[]”来做，而“.”无法做到动态取值。如：${sessionScope.user[data]}中 data 是一个变量。

3. 变量

EL存取变量数据的方法很简单，如：${username}。它的意思是取出某一范围中名称为 username 的变量。因为我们并没有指定哪一个范围的 username，所以它会依次从 Page、Request、Session、Application 范围中查找。假如途中找到 username，就直接回传，不再继续找下去，假如全部的范围都没有找到，就回传 null。

4. 常量

EL 表达式中的常量如表 17-1 所示。

表 17-1 EL 表达式中的常量

常量类型	说明
布尔型	true 和 false
整型	与 Java 类似。可以包含任何正数或负数，如 24、－45、567
浮点型	与 Java 类似。可以包含任何正的或负的浮点数，如 －1.8E－45、4.567
字符串型	任何由单引号或双引号限定的字符串。对于单引号、双引号和反斜杠，使用反斜杠字符作为转义序列
Null	null

5. 运算符

EL 表达式提供的运算符如表 17-2 所示。

表 17-2 EL 表达式运算符

运算符	说明	运算符	说明
!或 not	布尔值取反	＞或 gt	大于
Empty	检查空值	＜＝或 le	小于或等于
*	乘法	＞＝或 ge	大于或等于
/或 div	除法	＝＝或 eq	等于
%或 mod	求余或取模	!＝或 ne	不等于
＋	加法	&& 或 and	逻辑与
－	减法	||或 or	逻辑或
＜或 lt	小于	Num1? num2:result	条件运算

17.1.2 EL 隐式对象

在 EL 表达式中可以使用 JSP 隐式对象，详情如表 17-3 所示。

表 17-3 EL 表达式可使用的隐式对象

对　　象	说　　明
param	将请求参数名称映射到单个字符串参数值。表达式 $(param. name)相当于 request.getParameter(name)
paramValues	将请求参数名称映射到一个数值数组。它与 param 隐式对象非常类似,但它检索一个字符串数组而不是单个值。表达式 ${paramvalues. name}相当于 request.getParamterValues(name)
header	将请求头名称映射到单个字符串头值。表达式 ${header. name}相当于 request.getHeader(name)
headerValues	将请求头名称映射到一个数值数组。它与头隐式对象非常类似。表达式 ${headerValues.name}相当于 request.getHeaderValues(name)
cookie	将 Cookie 名称映射到单个 Cookie 对象。向服务器发出的客户端请求可以获得一个或多个 Cookie。表达式 ${cookie.name.value}返回带有特定名称的第一个 Cookie 值。如果请求包含多个同名的 Cookie,则应该使用 ${headerValues.name}表达式
initParam	将上下文初始化参数名称映射到单个值
pageContext	JSP 页的上下文。它可以用于访问 JSP 隐式对象,如请求、响应、会话、输出、servletContext 等
pageScope	将页面范围的变量名称映射到其值。例如,EL 表达式可以使用 ${pageScope.objectName}访问一个 JSP 中页面范围的对象,还可以使用 ${pageScope.objectName.attributeName}访问对象的属性
requestScope	将请求范围的变量名称映射到其值。该对象允许访问请求对象的属性。例如,EL 表达式可以使用 ${requestScope.objectName}访问一个 JSP 请求范围的对象,还可以使用 ${requestScope.objectName.attributeName}访问对象的属性
sessionScope	将会话范围的变量名称映射到其值。该对象允许访问会话对象的属性。例如:${sessionScope.name}
applicationScope	将应用程序范围的变量名称映射到其值。该隐式对象允许访问应用程序范围的对象

17.1.3 EL 表达式的使用示例

例 17-1 创建一个 person 类,这个类有两个属性 name 和 page,在 JSP 页面 simpleBeanEL.jsp 中,标准动作 userBean 创建 JavaBean 实例,setProperty 为 JavaBean 的属性赋值,EL 表达式输出属性的值。

程序清单:ch17\Person.java

```
package ch17;
public class Person {
    private String name;
    private int age;
    public String getName() {
        return name;
    }
```

```
    public void setName(String name) {
        this.name=name;
    }
    public int getAge() {
        return age;
    }
    public void setAge(int age) {
        this.age=age;
    }
}
```

程序清单：ch17\simpleBeanEL.jsp

```
<%@page contentType="text/html;charset=GBK"%>
<jsp:useBean id="person" class="ch17.Person" scope="request">
<jsp:setProperty name="person" property="*"/><!—将页面中控件的值赋值给同名的
JavaBean 的属性变量
</jsp:useBean>
<html>
<head>
<title>EL 与简单的 JavaBean</title>
</head>
<body>
<h2>EL 与简单的 JavaBean</h2>
<table border="1">
  <tr>
    <td>${person["name"]}</td><!--输出 person 实例中属性名为 name 的变量的值-->
    <td>${person["age"]}</td><!--输出 person 实例中属性名为 age 的变量的值-->
    <td> </td>
  </tr>
  <tr>
  <form action="simpleBeanEL.jsp" method="get">
  <table><TR>
    <td>用户名:
      <input type="text" name="name"/>
    </td>
    <td>年龄:
      <input type="text" name="age"/>
    </td>
    <td>
      <input type="submit" value="提交查询"/>
    </td></TR></table>
  </form>
  <tr>
</table>
```

```
</body>
</html>
```

在浏览器地址栏中输入：http://localhost:8080/ch17/ch17/simpleBeanEL.jsp，得到如图 17-1 所示的页面。

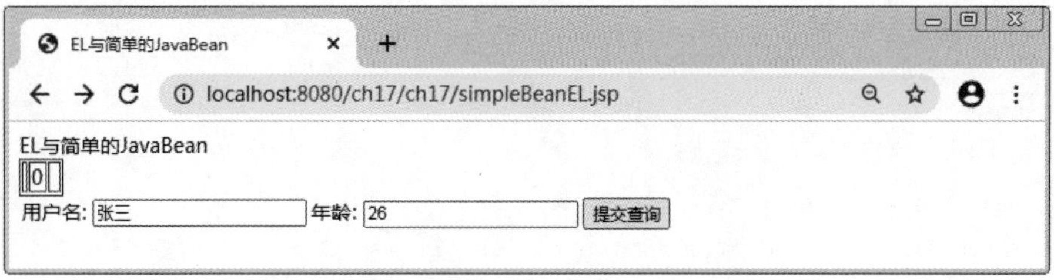

图 17-1　simpleBeanEL.jsp 的运行界面

单击“提交查询”按钮后得到如图 17-2 所示的页面。

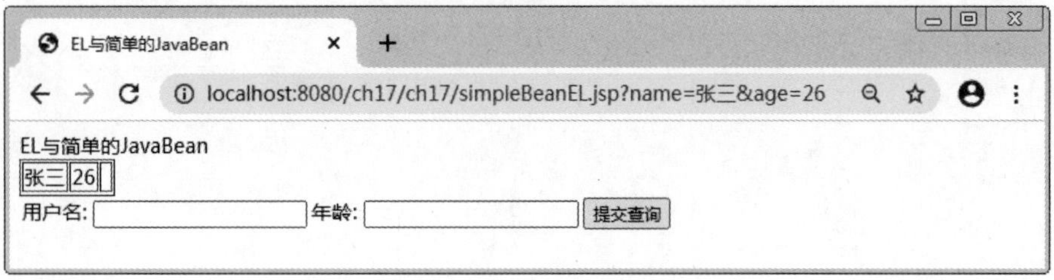

图 17-2　提交查询后的界面

在上面的例子中，表单控件的值提交给了自己，＜jsp:setProperty name＝"person" property＝"＊"/＞标准动作负责将表单控件变量的值赋给 person 实例同名属性变量，即 person 实例中的 name 和 age 属性。页面中 person 实例属性的值是通过 ${person["name"]}和${person["age"]}输出的，这相当于 JSP 表达式＜%＝person.name%＞和＜%＝person.age%＞。这个例子演示了 EL 表达式的简单应用，下面的例子演示了如何用 EL 表达式获取隐式对象变量的值。

例 17-2　这个例子演示了如何用 EL 表达式中的 sessionScope 获取 session 对象、requestScope 对象获取 request 对象中的变量的值，如何在 EL 表达式中调用 request 请求对象的相关方法以及 EL 表达式中 param 对象获取表单控件的值。

程序清单：ch17\implicitEL.jsp

```
<%@page contentType="text/html;charset=GBK"%>
<jsp:useBean id="sessionperson" class="ch17.Person" scope="session"/>
<jsp:useBean id="requestperson" class="ch17.Person" scope="request"/>
<jsp:setProperty name="requestperson" property="*"/>
<jsp:setProperty name="sessionperson" property="*"/>
<html>
<head><title>JSP EL 隐式对象</title></head>
```

```
<body>
<h2>JSP EL 隐式对象</h2>
<table>
  <tr>
    <td>概念</td>
    <td>代码</td>
    <td>输出</td>
  </tr>
  <tr>
    <td>PageContext</td>
    <td>${'${'}      pageContext.request.requestURI}
</td>
    <td>${pageContext.request.requestURI}    </td>
  </tr>
  <tr>
    <td>sessionScope</td>
    <td>${'${'}      sessionScope.sessionperson.name}
</td>
    <td>${sessionScope.sessionperson.name}    </td>
  </tr>
  <tr>
    <td>requestScope</td>
    <td>${'${'}      requestScope.requestperson.name}
</td>
    <td>${requestScope.requestperson.name}    </td>
  </tr>
  <tr>
    <td>param</td>
    <td>${'${'}      param["name"]}
</td>
    <td>${param["name"]}    </td>
  </tr>
  <tr>
    <td>paramValues</td>
    <td>${'${'}      paramValues.multi[1]}
</td>
    <td>${paramValues.multi[1]}    </td>
  </tr>
</table>
<form action="implicitEL.jsp">
  <input type="text" name="name"/>
  <input  type="submit" value="ok"/>
```

```
</form>
</body>
</html>
```

在浏览器地址栏中输入：localhost:8080/ch17/ch17/implicitEL.jsp，得到如图 17-3 所示的页面。

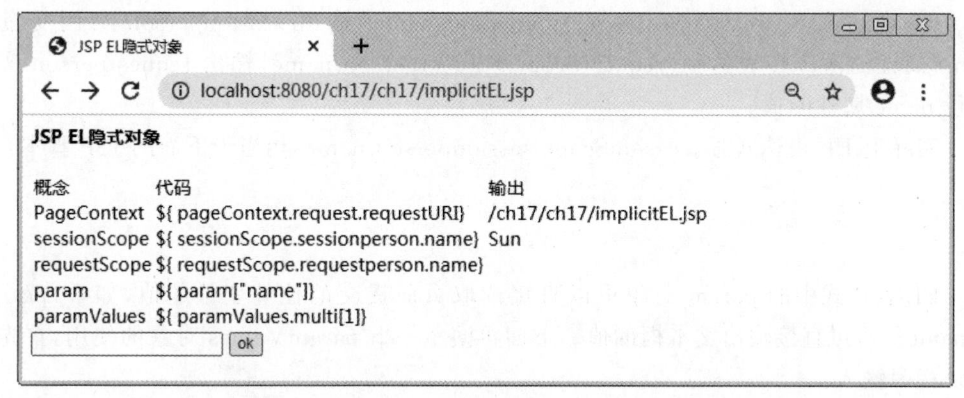

图 17-3　simplicitEL.jsp 运行界面

从页面显示看到了客户端请求的 URI 信息，这是通过 pageContext 对象调用 JSP 隐式对象 request 的 getRequestURI()方法实现的。EL 表达式 ${pageContext.request.requestURI}与 JSP 表达式＜％＝request.getRequestURI()％＞的作用是等价的。pageContext 对象可以用于访问 JSP 隐式对象，如请求、响应、会话、输出、servletContext 等。单击 OK 按钮提交请求，得到如图 17-4 所示的页面。

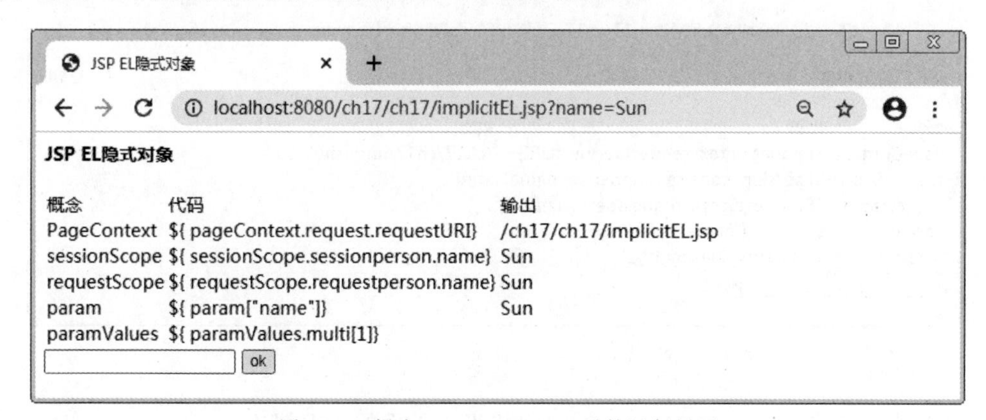

图 17-4　提交 simplicitEL.jsp 后的运行界面

在 implicitEL.jsp 页面中

```
<jsp:useBean id="sessionperson" class="ch17.Person" scope="session"/>
<jsp:useBean id="requestperson" class="ch17.Person" scope="request"/>
```

这两行语句为 Person 类创建了两个实例，一个是 session 会话范围的 sessionperson 实例变量，一个是 request 请求范围的 requestperson 实例变量。这两行语句相当于下面的JSP脚本：

```
<%Person person=new Person();
  session.setAttribute("sessionperson",person);
  request.setAttribute("requestperson",person);
%>
```

EL表达式${sessionScope.sessionperson.name}输出sessionperson实例变量的name属性的值；EL表达${requestScope.requestperson.name}输出requestperson实例变量name属性的值。

实际上EL表达式${sessionScope.sessionperson.name}相当于下面的JSP脚本：

```
<%Person person =(Person)session.getAttribute("sessionperson");
  out.println(person.getName());%>
```

EL表达式中的param对象可以直接读取页面提交的控件变量的值，如${param["name?"]}可直接输出文本框的值。下面再演示一下paramValues对象的使用，首先在地址栏中输入：

```
http://localhost:8080/ch17/ch17/implicitEL.jsp?multi=1&multi=2
```

注意，直接按回车键，不要单击OK按钮提交。URL中带了两个参数multi=1和multi=2，由于同一个参数有两个值，在JSP页面中以数组方法进行处理，${paramValues.multi[1]}命令输出了multi数组中的第二个元素的值，如图17-5所示。

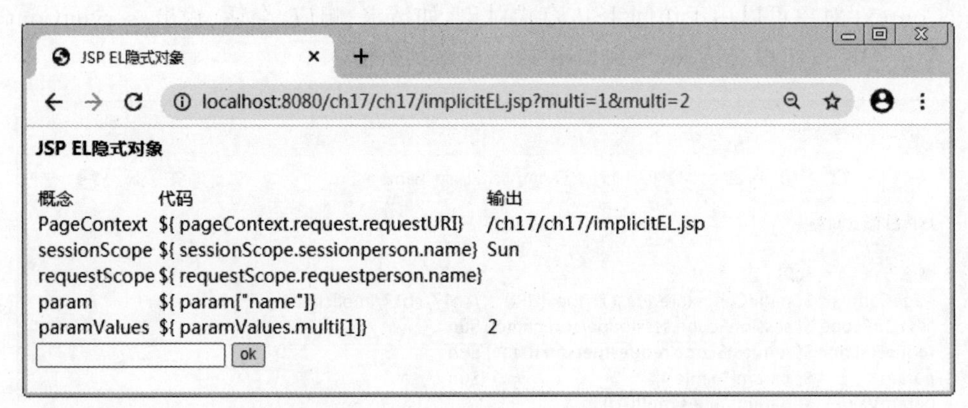

图17-5 URL带参数提交simplicitEL.jsp页面

EL表达式${paramValues.multi[1]}相当于下面的JSP脚本：

```
<%String multi[]=request.getParameterValues("multi?");
  out.println(multi[1]);
%>
```

由此可见，EL表达式比JSP脚本要少写很多代码，这也是EL表达式受欢迎的重要原因。

17.2 JSTL 简介

JSP 标准标记库(JSP Standard Tag Library,JSTL)是一个实现 Web 应用程序中常见的通用功能的定制标记库集,这些功能包括迭代和条件判断、数据管理格式化、XML 操作以及数据库访问。JSP 标准标记库是 JSP 1.2 定制标记库集,这些标记库实现大量服务器端 Java 应用程序常用的基本功能。通过为典型表示层任务(如数据格式化和迭代或条件内容)提供标准实现。在 JSP 页面中使用 Java 脚本和表达式,使得页面代码比较繁杂,不易阅读,不易维护。而 JSTL 可以很好地解决这些问题。

JSTL 提供了 4 个主要的标签库:核心标签库、国际化(I18N)与格式化标签库、SQL 标签库和 XML 标签库,其结构如图 17-6 所示。本书主要介绍核心标签库,其他内容有兴趣的读者可以访问网址:http://java.sun.com/products/jsp/jstl/index.jsp 自行学习。

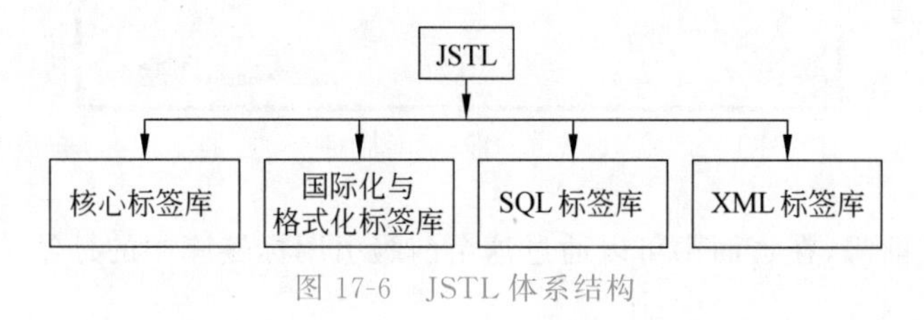

图 17-6 JSTL 体系结构

17.3 JSTL 核心标签库

JSTL 核心标签库主要由 3 个部分组成:通用标签、条件标签和迭代标签。通用标签用于操作 JSP 页面中创建的变量,条件标签用于对 JSP 页面中的代码进行条件判断和处理,迭代标签用于循环遍历一个对象集合。核心标签库的结构如图 17-7 所示。

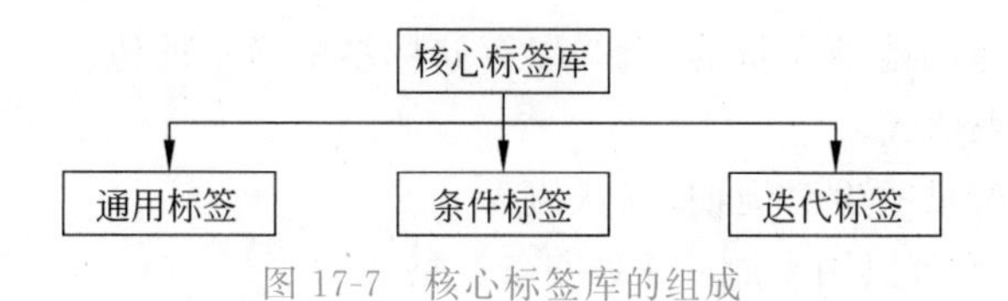

图 17-7 核心标签库的组成

17.3.1 工程中添加对 JSTL 的支持

在 JSP 页面中要使用 JSTL 必须将 JSTL 标签库添加到 Web 应用的 classpath 中,对于 JSTL 1.1 版本有两个文件:jstl.jar 和 standard.jar。在 Eclipse 6.0 中创建 Web 工程时可添加对 JSTL 的支持,如图 17-8 所示。如果选择 J2EE 1.4 版本,则可以选中下面的复选框,添加对 JSTL 的支持。如果选择 J2EE 5.0 时,则不需再单独添加 JSTL 库。

在 JSP 页面中要想使用 JSTL,必须用 taglib 指令将标签库导入 JSP 页面,命令如下:

```
<%@taglib uri="http://java.sun.com/jsp/jstl/core" prefix="c"%>
```

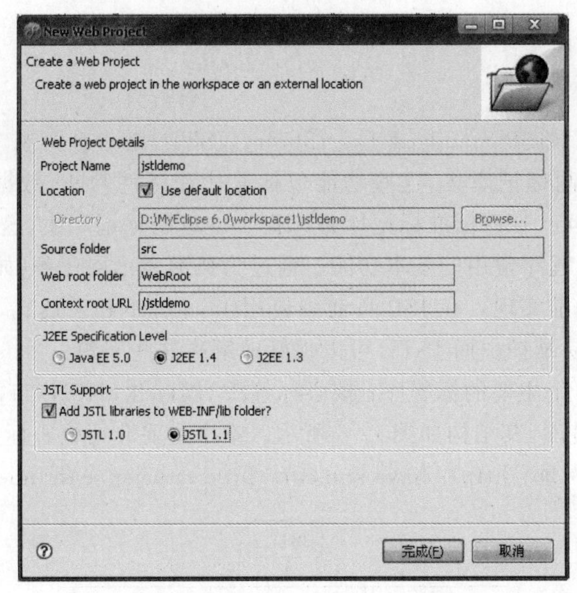

图 17-8 创建 Web 工程时添加对 JSTL 的支持

其中 c 为自定义前缀,在页面中可以通过这个前缀引用标签库中的标签。

17.3.2 通用标签

通用标签共有 3 个：set、remove 和 out。

(1) set 标签负责对任何 JSP 页面中的 EL 变量的值或变量的属性进行设置。如果变量不存在,则创建变量。格式为

```
<c:set var="varName" value="value" scope="page|request|session|application"/>:
```

其中：

- var 指定创建的范围变量的名称,以存储标签中指定的值。
- value 指定表达式。
- scope 指定变量的生命周期,默认值为 page。

(2) remove 标签可以用来删除 EL 变量。格式为

```
<c:remove var="varName" scope="page|request|session|application"/>
```

其中,var 指定要删除变量的名称,scope 表示变量的范围。

(3) out 标签计算一个表达式,将计算结果输出到当前的 JspWriter 对象。格式为

```
<c:out value="value" escapeXml="true|fase" default="defaultValue"/>
scope="page|request|session|application"/>
```

其中：

- value 指定表达式。
- default 指定默认值。

- scope 表示作用域。
- escapeXml 确定是否应将结果中的字符(如<、>、& 等)转换为字符实体代码,默认值为 true,即要转换为实体代码。字符实体代码如表 17-4 所示。

表 17-4　字符实体代码

字　　符	字符实体代码	字　　符	字符实体代码
<	<	'	'
>	>	"	"
&	&		

例 17-3　通用标签使用示例,用 JSP 标签输出变量的值。

程序清单：ch17\jstlCoreExample1.jsp

```
<%@page language="java" import="java.util.*" pageEncoding="gbk"%>
<%@taglib uri="http://java.sun.com/jsp/jstl/core" prefix="c" %>
<html>
  <head>
    <title>JSTL 通用标签演示程序</title>
  </head>
  <body><!--创建变量 x,并赋值-->
    <c:set var="x" value="${1+2}"/>
    <!--输出变量 x 的值-->
   变量 x 的值为: <c:out value="${x}"/>
  </body>
</html>
```

在浏览器中输出结果如图 17-9 所示。

图 17-9　jstlCoreExample1.jsp 输出结果

17.3.3　条件标签

条件标签根据其 test 属性值决定是否执行其标签体中的内容。条件标签有如下两种类型。

(1) if 标签用于有条件地执行代码,如果 test 属性值为 true,则会执行其标签体。该标签是一个容器标签,其语法格式为

```
<c:if test="testCondition" var="varName" scope="page|request|session|application">
```

```
Body Content
</c:if>
```

其中：

- test 指定条件。
- var 指定 test 条件的变量的名称。
- scope 指定 var 的范围。

(2) choose 标签类似于 Java 语言的 switch 语句，它用于执行多条件选择的情况。在 choose 标签中嵌入了多个 when 子标签，每个 when 子标签中有一个 test 属性，如果 test 的值为 true 则执行 when 标签体。其语法格式为

```
<c:choose>
  <c:when test="testcondition1">
   Body content
  </c:when>
<c:when test="testcondition2">
   Body content
  </c:when>
  …
  <c:otherwise>
Body content
        </c:otherwise>
      </c:choose>
```

例 17-4 if 和 choose 标签示例，此例是根据文本框输入的成绩，在页面上显示相应的等级。

程序清单：ch17\jstlCoreExample2.jsp

```
<%@page language="java" import="java.util.*" pageEncoding="gbk"%>
<%@taglib uri="http://java.sun.com/jsp/jstl/core" prefix="c" %>
<html>
  <head>
    <title>JSTL 通用标签演示程序 2</title>
  </head>
  <body><!--将文本框的值赋给变量 X-->
    <c:set var="x" value="${param.score}"/>
    <!--根据变量 x 的值输出相应的等级-->
<c:if test="${x<0 }">
  成绩不能为负
</c:if>
      <c:choose>
        <c:when test="${x>=90 }">
          优秀
        </c:when>
        <c:when test="${x>=80 }">
          良好
```

```
        </c:when>
        <c:when test="${x>=70 }">
          中
        </c:when>
        <c:when test="${x>=60 }">
          及格
        </c:when>
        <c:when test="${x<60&&x>0 }">
          不及格
        </c:when>
    </c:choose>
    <form action="">
    请输入成绩：<input type="text" name="score"/>
    <br>
    <input type="submit" value="提交"/>
    </form>
      </body>
</html>
```

运行结果如图 17-10 所示。这是在文本框中输入 90 后输出的结果。

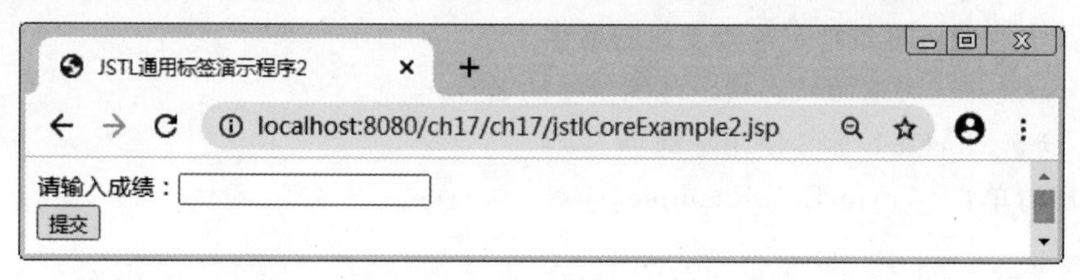

图 17-10　jstlCoreExample2.jsp 运行结果

17.3.4　迭代标签

迭代标签有两种：forEach 和 forTokens。forEach 标签允许遍历一个对象集合，支持的集合类型包括 java.util.Collection 和 java.util.Map 的所有实现。forTokens 标签用来对使用分隔符分开的记号集合进行遍历。

1. forEach 标签

格式：

```
<c:forEach var="varName" items="collection" varStatus="varStatusName" begin
="begin" end="end>
Body Content
</c:forEach>
```

其中：

- var 指定导出的范围变量的名称。
- items 指定要遍历的对象集合。

- varStatus 为遍历状态指定范围变量的名称。
- begin 指定开始遍历的索引。
- end 指定结束遍历的索引。

当 forEach 的 items 属性中的表达式的值是 java.util.Map 时，则 var 中命名的变量的类型就是 java.util.Map.Entry。这时 var=entry，用表达式 ${entry.key}取得键名。用表达式 ${entry.value}得到每个 entry 的值。这是因为 java.util.Map.Entry 对象有 getKey()和 getValue()方法。

2. forTokens 标签

格式：

```
<c:forTokens items="stringofToken" delims="delimiters" var="varName" varStatus="
varStatusNames>
Body content
</c:forTokens>
```

其中：

- items 指定要遍历的值的字符串。
- delims 指定用于分隔字符串中的记号的字符。
- var 为遍历对象指定范围变量的名称。
- varStatus 为遍历状态指定范围变量的名称。

例 17-5 forEach 标签使用示例。

程序清单：ch17\forEachExample.jsp

```
<%@page language="java" import="java.util.*" pageEncoding="gbk"%>
<%@taglib uri="http://java.sun.com/jsp/jstl/core" prefix="c" %>
<html>
  <head>
    <title>forEach 标签演示</title>
  </head>
   <body>
   <%List list=new ArrayList();
     list.add("第一个元素");
     list.add("第二个元素");
     list.add("第三个元素");
     list.add("第四个元素");
     session.setAttribute("list",list);
   %>
   <c:forEach var="emp" items="${list}" varStatus="state">
   ${state.count}行 值为 ${emp }<br>
   </c:forEach>
  </body>
</html>
```

程序中首先创建一个数组list，并添加了4个元素，然后将数组保存到当前的session中。在迭代标签forEach中输出数组的值。其中${state.count}表示输出的是第几行。运行结果如图17-11所示。

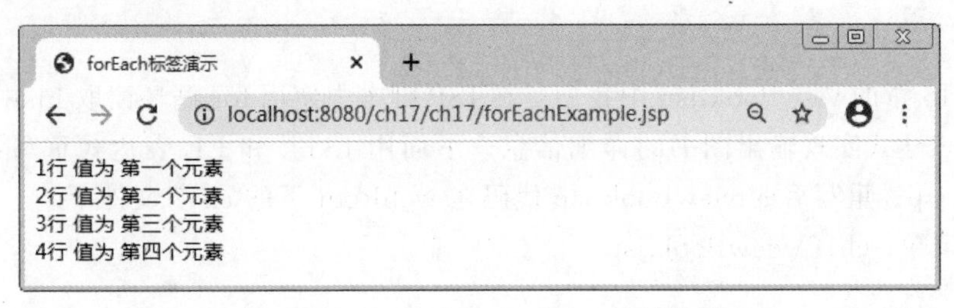

图17-11 forEachExample.jsp运行结果

例17-6 forTokens标签演示示例。

程序清单：\ch17\forTokensExample.jsp

```
<%@page language="java" import="java.util.*" pageEncoding="gbk"%>
<%@taglib uri="http://java.sun.com/jsp/jstl/core" prefix="c" %>
<html>
  <head>
    <title>forTokens 标签示例</title>
   </head>
  <body>
   <%String names="c++,java,c#";                    //创建一个字符串
     request.setAttribute("names",names);           //将 names 保存在 request 对象中
    %>
    <c:forTokens items="${names }" delims="," var="currentName">
    ${currentName }<br>
    </c:forTokens>
  </body>
</html>
```

代码中字符串变量names中保存了三种编程语言，每种编程语言用“,”作为分隔符。forTokens标签可以根据delims属性设置的分隔符来循环提取字符串，运行结果如图17-12所示。

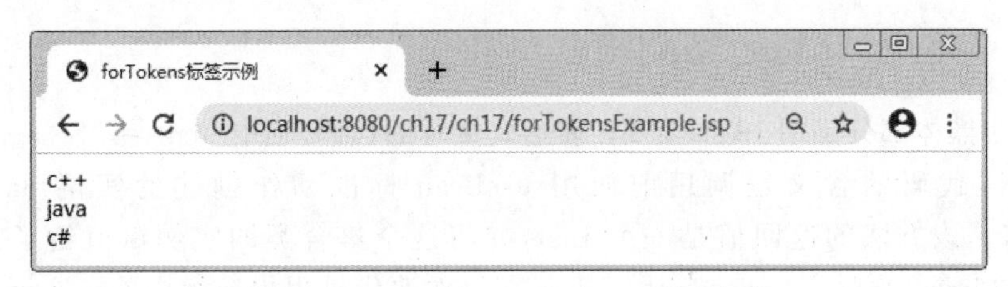

图17-12 forTokensExample.jsp运行结果

17.4 编程示例：网上书店

17.4.1 用 EL 表达式重写图书显示页面

在第 15 章的 viewBook.jsp 中我们是在 JSP 脚本中使用 for 循环读取 List 中的数据，并用 JSP 表达式实现输出图书的详细信息。下面用 JSTL 和 EL 表达式重写第 15 章的 viewBook.jsp。重写后的 viewBook.jsp 代码在 webRoot 下的 ch17 文件下。

程序清单：ch17\viewBook.jsp

```
<%@page language="java" contentType="text/html;charset=gbk" pageEncoding="gbk"%>
   <%@taglib uri="http://java.sun.com/jsp/jstl/core" prefix="c" %>
<html>
<head>
<title>图书列表</title>
<!--使用 userBean 动作创建 TitleDaoImpl 的实例,实例的名字为"dao",作用域为"request"-->
<jsp:useBean id="dao" class="ch14.TitleDaoImpl" scope="request"/>
</head>
<body><h1 align="center">浏览图书</h1>
<table align="center" bgcolor=lightgrey>
<tr><td>ISBN</td><td>书名</td><td>版本</td><td>发布时间</td><td>价格</td>
</tr>
<c:forEach var="titles" items="${requestScope.dao.titles}" >
  <tr bgcolor=cyan><td><a href="/javaEE/toViewTitle1? isbn=${titles.isbn }"
  title="单击显示详细信息">
      ${titles.isbn}</a></td>
      <td>${titles.title}</td>
      <td>${titles.editionNumber}</td>
      <td>${titles.copyright}</td>
      <td>${titles.price} </td>
   </tr>
  </c:forEach>
</table>
</body>
</html>
```

代码中黑体部分是用 JSTL 和 EL 表达式重写的代码，其中 items="${requestScope.dao.titles}"代码的含义是调用前面用 useBean 标准动作创建的实例 dao 的方法 getTitles()，该方法的返回值是一个 List，并将这个集合类的实例赋值给了迭代标签 forEach 的 items 属性。Var="titles"表示在每次迭代过程中数组中的一个元素赋值给了 titles 变量，实际上 titles 是一个 Titles 类的实例。

将以上代码与第 15 章的 viewBook.jsp 代码比较，不难发现，用 JSTL 标签编写的

JSP页面明显较之前的代码要简洁得多。从代码中看不到一行Java代码，取而代之的是JSTL标签，这样非常有利于美工人员对界面进行美化。

17.4.2　用EL表达式重写显示图书详细信息的页面

将第15章的details.jsp重写后的代码放在了webRoot下的ch17文件夹中，其部分代码如下：

```
<%@page language="java" import="java.util.*" pageEncoding="GBK"%>
<html>
    <body>
    ⋮
        <table>
            <h2>${sessionScope.titles.title}</h2>
                <img style="border: thin solid black"
    src="/javaEE/images/${sessionScope.titles.imageFile}"
                alt="${sessionScope.titles.title}" />
            图书编号: ${sessionScope.titles.isbn}
            价格:     ${sessionScope.titles.price}
            版本号:   ${sessionScope.titles.editionNumber}
            版权:     ${sessionScope.titles.copyright}
    ⋮
    </body>
</html>
```

上面的代码没有给出详细的HTML代码，只是给出了主要的EL表达式，详细内容可以查看源代码。${sessionScope.titles.isbn}表示取出保存在session中的titles对象的isbn属性，这个EL表达式相当于下面的JSP代码：

```
<%
Titles titles=(Titles)session.getAttribute("titles");
out.println(titles.getIsbn());
%>
```

由此可见，用EL表达式获取page、request、session和application范围内的变量非常方便，可以减少代码量，降低代码复杂度，便于维护JSP页面。

习　题　17

1. 在JSP页面中如何用EL表达式直接获取保存在request或session中的数据？
2. 如何用EL表达式获取form表单中控件的值？
3. 如果定义了一个数组String s1[]={"teacher","student"}。并将此数组保存在request对象中，请在JSP页面中用EL表达式和迭代标签输出数组s1中所有元素的值。

4. 如果保存在 request 对象中的数据是一个对象 user，而这个对象有一个方法 getName()返回的是一个字符串，请给出在 JSP 页面中用 EL 表达式输出 getName()值的表达式。
5. 创建一个 JSP 页面，包含一个 10 行 5 列的表格，用 JSTL 的迭代标签和 EL 表达式实现表格奇数行背景色为红色，偶数行背景色为白色。

第18章 JSP 自定义标签

CHAPTER

自定义 JSP 标签是在 JSP 1.1 中出现的，它使得用户可以在 JSP 文件中自定义标签。通过使用自定义 JSP 标签可以对复杂的逻辑运算和事务进行封装，使得 JSP 页面代码更加简洁。本章介绍如何使用自定义 JSP 标签的相关知识，并详细讲述创建和使用自定义 JSP 标签的步骤。

18.1 JSP 自定义标签简介

从 JSP 1.1 规范开始，JSP 支持在 JSP 文件中使用自定义标签(jsp custome tag library)。用户可以把可重用的复杂的逻辑运算和事务或者特定的数据表示方式定义到自定义 JSP 标签中，提高代码的简洁性和可重用性。自定义标签在功能逻辑上与 JavaBean 类似，都是对 Java 代码的封装。自定义标签是可重用的组件代码，而 JavaBean 也是可重用的组件。自定义标签易于使用，且与 XML 样式标签类似，允许开发人员为复杂的操作提供逻辑名称。开发自定义 JSP 标签的基本步骤如下。

1. 标签处理程序类

这是自定义标签的核心。一个标签处理类将会引用其他的资源(包括自定义的 JavaBean)和访问 JSP 页面的指定信息。JSP 页面可以通过自定义标签将标签的属性或标签体中的内容传送给标签处理类进行处理，标签处理类还可以将处理的结果输出到 JSP 页面。

2. 标签库的描述文件(tld 文件)

这是一个简单的 XML 文件，它记录着标签处理程序类的属性和位置。JSP 容器通过这个文件来得知自定义标签的标签处理程序的信息。

3. Web 应用的 web.xml 文件

web.xml 文件是 Web 应用的初始化文件，在这个文件中，定义了 Web 应用中用到的自定义标签，以及标签库描述文件的位置。

4. 自定义标签的使用

在 JSP 页面中首先用 taglib 指令声明，然后就可以在 JSP 页面中任何位置使用此自定义标签。

18.2 开发自定义 JSP 标签

标签库提供了建立可重用代码的简单方式，它需要 JavaBean 组件的支持。本节以随机数生成的验证码为例讲述自定义标签的开发过程。

18.2.1 创建标签处理类

首先要制作一个 Java 类，用来告诉 JSP 程序遇到这个标签后应该做什么。这个类必须实现 javax.servlet.jsp.tagext.Tag 接口。Tagext 包中有两个类，即 TagSupport 和 BodyTagSupport。这两个类提供了 Tag 接口的默认实现。在实际开发中，标签处理类通过继承 javax.servlet.jsp.tagext.TagSupport 或 javax.servlet.jsp.tagext.BodyTagSupport 这两个类，根据需要重写类中的相关方法，从而简化标签处理程序的开发。

TagSupport 与 BodyTagSupport 的区别主要是标签处理类是否需要对标签体进行处理，如果不需要处理标签体就用 TagSupport，否则就用 BodyTagSupport。对标签体处理就是标签处理类要读取标签体的内容和改变标签体返回的内容。用 TagSupport 实现的标签，都可以用 BodyTagSupport 来实现，因为 BodyTagSupport 继承了 TagSupport。

TagSupport 类：实现了 Tag 和 InterationTag 接口。这个类支持简单标签和带主体迭代的标签。TagSupport 类的方法如下。

- doStartTag()：JSP 页面遇到开始标签时执行。如果用户希望在处理主体内容和结束标签之前进行其他处理，则可以重写该方法。doStartTag()的原型为

```
int doStartTag() throws JspException
```

- doEndTag()：JSP 页面遇到结束标签且在执行 doStartTag()之后执行。其语法为

```
int doEndTag() throws JspException
```

- doAfterBody()：允许用户有条件地重新处理标签的主体。在处理完标签的主体之后调用。如果标签没有主体，则不会调用 doAffterBody 方法。其语法为

```
int doAfterBody() throws JspException
```

BodyTagSupport 类：实现 BodyTag 接口，扩展 TagSupport 类。BodyTagSupport 在 TagSupport 类的基础上又增加了以下两个方法。

- setBodyContent()：设置标签体的内容。在执行 doInitBody()方法之前执行此方法。其语法为

```
void setBodyContent(BodyContent bc)
```

- doInitBody()：用于准备处理页面主体。在 setBodyContent()方法之后被调用。其语法为

```
void doInitBody() throws JspException
```

BodyTagSupport 类的方法执行过程如图 18-1 所示。

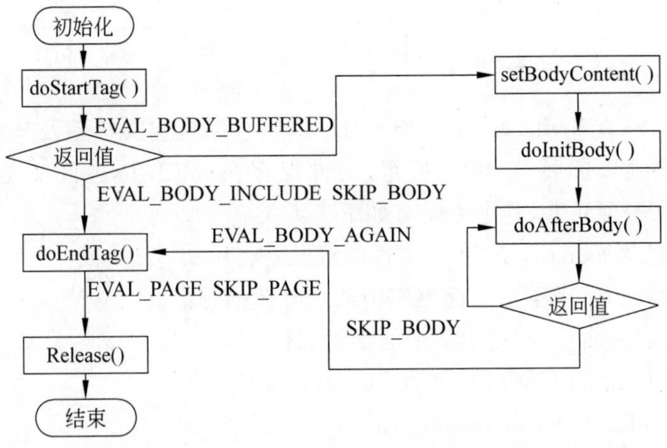

图 18-1　BodyTagSupport 类的方法执行过程流程图

从流程图可以看出，是否对标签体进行处理是由 doStartTag()方法的返回值决定的。如果 doStartTag()方法返回 EVAL_BODY_BUFFERED 则处理标签体，否则执行 doEndTag()方法。下面以生成一个随机验证码的标签为例，说明如何创建自定义标签。

例 18-1　创建一个自定义标签，此标签产生随机验证码。

程序清单：自定义标签处理类 ch18\IdentifyingTag.java

```
package ch18;
import java.util.Random;
import java.io.*;
import javax.servlet.jsp.*;
import javax.servlet.jsp.tagext.BodyContent;
import javax.servlet.jsp.tagext.BodyTagSupport;
public class IdentifyingTag extends BodyTagSupport {
    public int doStartTag() throws JspException{
        java.util.Random r=new java.util.Random();
        int n=r.nextInt(10000);
        try {
        pageContext.getOut().print(n);
        } catch (IOException e) {
            //TODO Auto-generated catch block
            e.printStackTrace();
        }
        return EVAL_BODY_INCLUDE;
    }
}
```

这个标签处理类继承自 BodyTagSupport 类，由于此标签功能较简单，只是重写了 doStartTag()方法，而没有对标签体内容的处理。在 doStartTag()方法中调用 Random

类的实例生成一个 4 位数的随机数，并通过 pageContext 对象获得输出流，将随机数输出到页面上。

18.2.2 创建标签库描述文件 TLD

TLD 文件是一个 XML 文件，为 JSP 引擎提供有关自定义标签及其实现位置的元信息。TLD 文件必须以扩展名 tld 为后缀，文件保存在 WEB-INF 目录或它的子目录中。TLD 文件可以有多个元素，其中主要有如下三大类。

- taglib：标签库元素，是 TLD 文件的根元素。
- tag：标签元素，用于定义标签库中某个具体的标签。
- attribute：属性元素，指定某个标签的属性。

例 18-2 随机验证码的 TLD 文件 identifying.tld。

程序清单：WEB-INF\identifying.tld

```
<!DOCTYPE taglib
  PUBLIC "-//Sun Microsystems,Inc.//DTD JSP Tag Library 1.2//EN"
   "http://java.sun.com/dtd/web-jsptaglibrary_1_2.dtd">
<taglib xmlns="http://java.sun.com/JSP/TagLibraryDescriptor">
  <tlib-version>1.0</tlib-version>
  <jsp-version>1.2</jsp-version>
  <short-name>Simple Tags</short-name>
  <tag>
    <name>identifying</name>
    <tag-class>ch18.IdentifyingTag</tag-class>
    <body-content>empty</body-content>
  </tag>
</taglib>
```

上面 TLD 文件中定义了一个标签 identifying，标签的处理类为 ch18.IdentifyingTag，这个标签没有标签体。

18.2.3 JSP 中使用自定义标签

已经定义好了标签处理类和标签库描述文件以后，就可以在 JSP 文件中使用自定义标签了。

例 18-3 在 JSP 页面中调用自定义标签显示验证码。

程序清单：ch18\tagExample.jsp

```
<%@page language="java" import="java.util.*" pageEncoding="gbk"%>
<%@taglib uri='/WEB-INF/identifying.tld' prefix="idf" %>
  <html>
  <head>
      <title>自定义标签示例</title>
    </head>
```

```
  <body>    自定义标签产生的验证码为<idf:identifying/><br></body>
</html>
```

第二行 taglib 指令将自定义标签库文件导入 JSP 文件中，并为其声明前缀为 idf，以便于在 JSP 页面中引用。当 JSP 程序运行至自定义标签<idf:identifying/>时，调用标签处理类将运行结果（一个随机数）输出在 JSP 页面上。运行结果如图 18-2 所示。在浏览器中每次刷新都会得到一个不同的值。

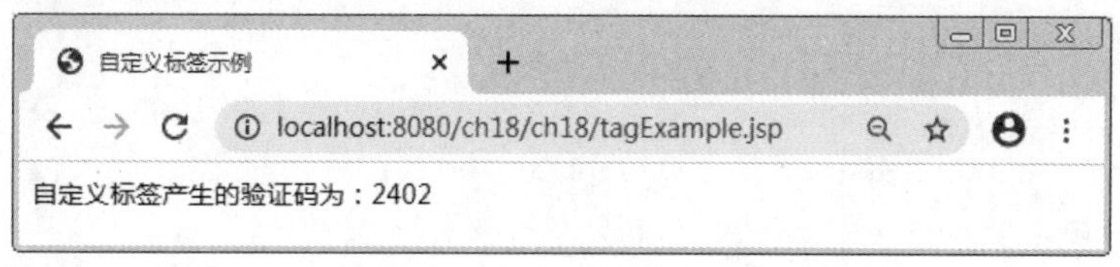

图 18-2 自定义标签运行结果

18.3 编程示例：网上书店

利用自定义标签对第 17 章的网上书店实例的 viewBook.jsp 页面实现分页功能。实现分页后的页面如图 18-3 所示。

图书列表

localhost:8080/ch18/toViewBooks?pageResult.pageSize=4&pageResult.pageNo=1

浏览图书

ISBN	书名	版本	发布时间	价格
0135289106	C++ 程序设计	2	1998	50.0
9787121062629	EJB JPA数据库持久层开发	3	2008	49.0
9787121072985	Flex 3 RIA开发详解与精深实践	1	2009	44.0
9787121072984	Java Web整合开发与项目实战	1	2009	49.0

共13条记录 每页显示 4 条 第 1 页 / 共4页 第一页 上一页 下一页 最后一页 转到

图 18-3 viewBook.jsp 页面效果

18.3.1 分页标签处理类

创建标签处理类之前需要一个辅助的 JavaBean，用这个 JavaBean 存放有关分页每一页的相关信息，如一共有多少条记录、一共有多少页、当前是第几页、每页有多少条记录等信息。

程序清单：ch18\PageResult.java

```
package ch18;
import java.util.ArrayList;
import java.util.List;
public class PageResult<E>{
    private List<E>list=new ArrayList<E>();          //查询结果
```

```
    private int pageNo=1;                                  //实际页号
    private int pageSize=2;                                //每页记录数
    private int recTotal=0;                                //总记录数

    public List getList() {
        return list;
    }
    public void setList(List<E>list) {
        this.list=list;
    }
    public int getPageNo() {
        return pageNo;
    }
    public void setPageNo(int pageNo) {
        this.pageNo=pageNo;
    }
    public int getPageSize() {
        return pageSize;
    }
    public void setPageSize(int pageSize) {
        this.pageSize=pageSize;
    }
    public int getRecTotal() {
        return recTotal;
    }
    public void setRecTotal(int recTotal) {
        this.recTotal=recTotal;
    }
    public int getPageTotal() {                            //根据记录数计算总的页数
        int ret=(this.getRecTotal()-1)/this.getPageSize()+1;
        ret=(ret<1)? 1:ret;
        return ret;
    }
    public int getFirstRec()                               //计算第一页的记录数
    {
        int ret=(this.getPageNo()-1) * this.getPageSize(); //+1;
        ret=(ret<1)?0:ret;
        return ret;
    }
```

程序清单：ch18\PaginationTag.java

```
package ch18;
import javax.servlet.jsp.JspWriter;
import javax.servlet.jsp.tagext.TagSupport;
```

```
public class PaginationTag extends TagSupport {
    private static final long serialVersionUID=-5904339614208817088L;
    public int doEndTag() {
        try {
         PageResult pageResult=null;
         pageResult=(PageResult) pageContext.getRequest().getAttribute("pageResult");
        if(pageResult!=null) {
            StringBuffer sb=new StringBuffer();
            sb.append("<div style=\"text-align:right;padding:6px 6px 0 0;\">\r\n")
            .append("共"+pageResult.getRecTotal()+"条记录  \r\n")
            .append("每页显示<input name=\"pageResult.pageSize\" value=\""+
            pageResult.getPageSize()+"\" size=\"3\" />条  \r\n")
              .append("第<input name=\"pageResult.pageNo\" value=\""+
             pageResult.getPageNo()+"\" size=\"3\" />页")
            .append("/共"+pageResult.getPageTotal()+"页\r\n")
            .append("<a href=\"javascript:page_first();\">第一页</a>\r\n")
            .append("<a href=\"javascript:page_pre();\">上一页</a>\r\n")
            .append("<a href=\"javascript:page_next();\">下一页</a>\r\n")
            .append("<a href=\"javascript:page_last();\">最后一页</a>\r\n")
            .append("<input type=\"button\" onclick=\"javascript:page_go();\"
            value=\"转到\" />\r\n")
            .append("<script>\r\n")
       … //省略一些 JS 函数
            .append("  var pageTotal="+pageResult.getPageTotal()+";\r\n")
            .append("  var recTotal="+pageResult.getRecTotal()+";\r\n")
            .append("</script>\r\n")
            .append("</div>\r\n");
            sb.append("<script>\r\n");
            JspWriter out=pageContext.getOut();
                    out.println(sb.toString());
                }
        } catch (Exception e) {
        }
        return EVAL_PAGE;
    }
}
```

PaginationTag 标签处理类继承了 TagSupport，而 pageContext 属性是在 TagSupport 中定义的，所以在类中可以直接使用这个对象。

在标签处理类 PaginationTag 中，有如下语句：

```
pageResult=(PageResult) pageContext.getRequest().getAttribute("pageResult");
```

pageContext 是上文对象，通过这个对象可以获取封装在请求对象中的信息 pageResult 对象。这个 pageResult 对象是在下面的 ToViewBook 这个 Servlet 中保存在

request 对象中的对象。只要得到 pageResult 对象，就可以获得有关分页的所有信息。在标签类中大部分代码是打印 HTML 页面，同时将分页的相关信息写进 HTML 中。在使用这个标签类时要注意，标签一定要放在一个表单 form 中。因为在单击"上一页"或"下一页"的链接时实际上是提交一个请求，这个请求提交给了所在 form 的 action 所指向的服务器处理程序。为了节省篇幅我们没有列出全部的代码，其余代码可查看源程序。

PaginationTag 标签处理类中没有标签体，所以只需要重写 doEndTag ()或 doStartTage () 方法就可以，标签处理代码是写在 doEndTag()方法中的。

18.3.2 分页标签库描述文件

标签库描述文件对标签处理类和标签之间建立映射关系，这样在 JSP 页面中只要引入标签库，就可以使用标签库中声明的所有标签。分页标签库描述文件为 jb-command.tld。

程序清单：WEB-INF\jb-command.tld

```
<?xml version="1.0" encoding="UTF-8"?>
<!DOCTYPE taglib PUBLIC "-//Sun Microsystems, Inc.//DTD JSP Tag Library 1.1//
EN" "http://java.sun.com/j2ee/dtds/web-jsptaglibrary_1_1.dtd">
<taglib>
    <tlibversion>1.2</tlibversion>
    <jspversion>1.1</jspversion>
    <shortname>common</shortname>
    <tag>
        <name>pager</name>
        <tagclass>ch18.PaginationTag</tagclass>
        <bodycontent>empty</bodycontent>
    </tag>
</taglib>
```

标签库中只定义了一种标签 pager，对应的处理类为 ch18 包中 PaginationTag 类，标签没有标签体。标签库文件保存在 WEN-INF 目录下。

18.3.3 使用分页标签

在图书显示这个示例中，首先请求一个 Servlet，在 Servlet 中接收页面传递过来的请求参数，请求参数包括当前要显示第几页，以及每页的记录数。其次创建 PageResult 类的实例，将分页的相关信息封装在对象中，再将这个对象保存在 request 中。处理请求的 Servlet 类为 ToViewBooks。

程序清单：ch18\ToViewBooks.java

```
package ch18;
import ch14.TitleDao;
import ch14.TitleDaoImpl;
public class ToViewBooks extends HttpServlet {
```

```
public void doPost(HttpServletRequest request,HttpServletResponse response)
            throws ServletException,IOException {
        PageResult pageResult=new PageResult();
        TitleDao dao=new TitleDaoImpl();
        List list=dao.getTitles();                          //得到图书列表
        int pageSize=pageResult.getPageSize();              //每页显示的记录数
        int pageNo;                                         //当前页号
        if(request.getParameter("pageResult.pageNo")!=null){
                                                            //从请求中获取当前页号
         pageNo=Integer.parseInt(request.getParameter("pageResult.pageNo"));
        }
        else
            pageNo=pageResult.getPageNo();                  //采用默认的页号
        if(request.getParameter("pageResult.pageSize")!=null)
        //获取请求中每页显示的记录数
            pageSize=Integer.parseInt(request.getParameter("pageResult.pageSize"));
        int len=list.size();
                                                            //显示到当前页时的记录数
        len=len>(pageNo)*pageSize?(pageNo)*pageSize:len;
                                        //将第pageNo页的数据从list中复制到list1数组中
        List list1=list.subList((pageNo-1)*pageSize,len);
        //将要显示的当前页的数据,当前页数,总记录数保存在pageResult对象中
        pageResult.setList(list1);
        pageResult.setPageNo(pageNo);
        pageResult.setRecTotal(list.size());
        pageResult.setPageSize(pageSize);
                                                //将pageResult对象保存在request中
        request.setAttribute("pageResult",pageResult);
        //转发到ch18目录中viewBook.jsp页面
        request.getRequestDispatcher("/ch18/viewBook.jsp").forward(request,
        response);
    }
}
```

在上面代码中将pageResult对象保存在了request中,然后转发到viewBook.jsp页面。程序清单:ch18\viewBook.jsp

```
<%@page language="java" contentType="text/html; charset=gbk" pageEncoding="gbk"%>
    <%@taglib uri="http://java.sun.com/jsp/jstl/core" prefix="c" %>
    <%@taglib uri="/WEB-INF/jb-common.tld" prefix="page" %>
<html>
<head>
<title>图书列表</title>
</head>
<body><h1 align="center">浏览图书</h1>
<form action="/javaEE/toViewBooks">
```

```
<table align="center" bgcolor=lightgrey width="800">
<tr><td>ISBN</td><td>书名</td><td>版本</td><td>发布时间</td><td>价格</td>
</tr>
<c:forEach var="titles" items="${requestScope.pageResult.list}" >
  <tr bgcolor=cyan><td><a href="/javaEE/toViewTitle?isbn=${titles.isbn }"
  title="单击显示详细信息">
     ${titles.isbn}</a></td>
     <td>${titles.title}</td>
     <td>${titles.editionNumber}</td>
     <td>${titles.copyright}</td>
     <td>${titles.price} </td>
     </tr>
  </c:forEach>
</table>
<table align="center">
<tr><td><page:pager/></td></tr>
</table>
  </form>
</body>
</html>
```

这个页面与第 17 章的 viewBook.jsp 相比较，主要区别是，前一个页面是通过 useBean 标准动作创建 TitleDaoImpl 类的实例，调用类的 getTitles()方法得到图书列表；而在这一章的 viewBook.jsp 页面中是利用 EL 表达式直接从 request 对象中取得要显示的记录集合。为了使用自定义标签，要首先导入标签库：

```
<%@taglib uri="/WEB-INF/jb-common.tld" prefix="page"%>
```

这一行命令是将前面定义的标签库导入当前页面，同时定义前缀为 page。页面中<page:pager/>这一命令就是调用了标签库中定义的 pager 标签，输出自定义标签的分页功能。

在浏览器的地址栏中输入：http://localhost:8080/javaEE/toViewBooks 就可以看到前面如图 18-1 所示的画面。在这个页面中，当单击翻页链接时，实际上是提交给了 toViewBooks 类，在这个 Servlet 中重新获取页面的相关数据并进行处理，并将处理结果保存在 request 对象中，然后再转发到 viewBook.jsp 页面，最终实现了翻页功能。

习　题　18

1. 自定义一个标签，实现将标签体中的小写字母转为大写字母。
2. 修改例 18-1 标签处理类，为标签添加一个属性 length，在使用标签时可根据标签属性产生指定位数的验证码。

图书资源支持

感谢您一直以来对清华版图书的支持和爱护。为了配合本书的使用，本书提供配套的资源，有需求的读者请扫描下方的“书圈”微信公众号二维码，在图书专区下载，也可以拨打电话或发送电子邮件咨询。

如果您在使用本书的过程中遇到了什么问题，或者有相关图书出版计划，也请您发邮件告诉我们，以便我们更好地为您服务。

我们的联系方式：

地　　址：北京市海淀区双清路学研大厦 A 座 714

邮　　编：100084

电　　话：010-83470236　010-83470237

客服邮箱：2301891038@qq.com

QQ：2301891038（请写明您的单位和姓名）

资源下载：关注公众号“书圈”下载配套资源。

资源下载、样书申请

书圈

获取最新书目

观看课程直播